建筑装饰装修材料检测技术培训教材之七

JIANZHUYONG GUANCAI YU GUANJIAN JIANCE JISHU

建筑用管材与管件检测技术

中国建筑材料检验认证中心
国家建筑材料测试中心
组编

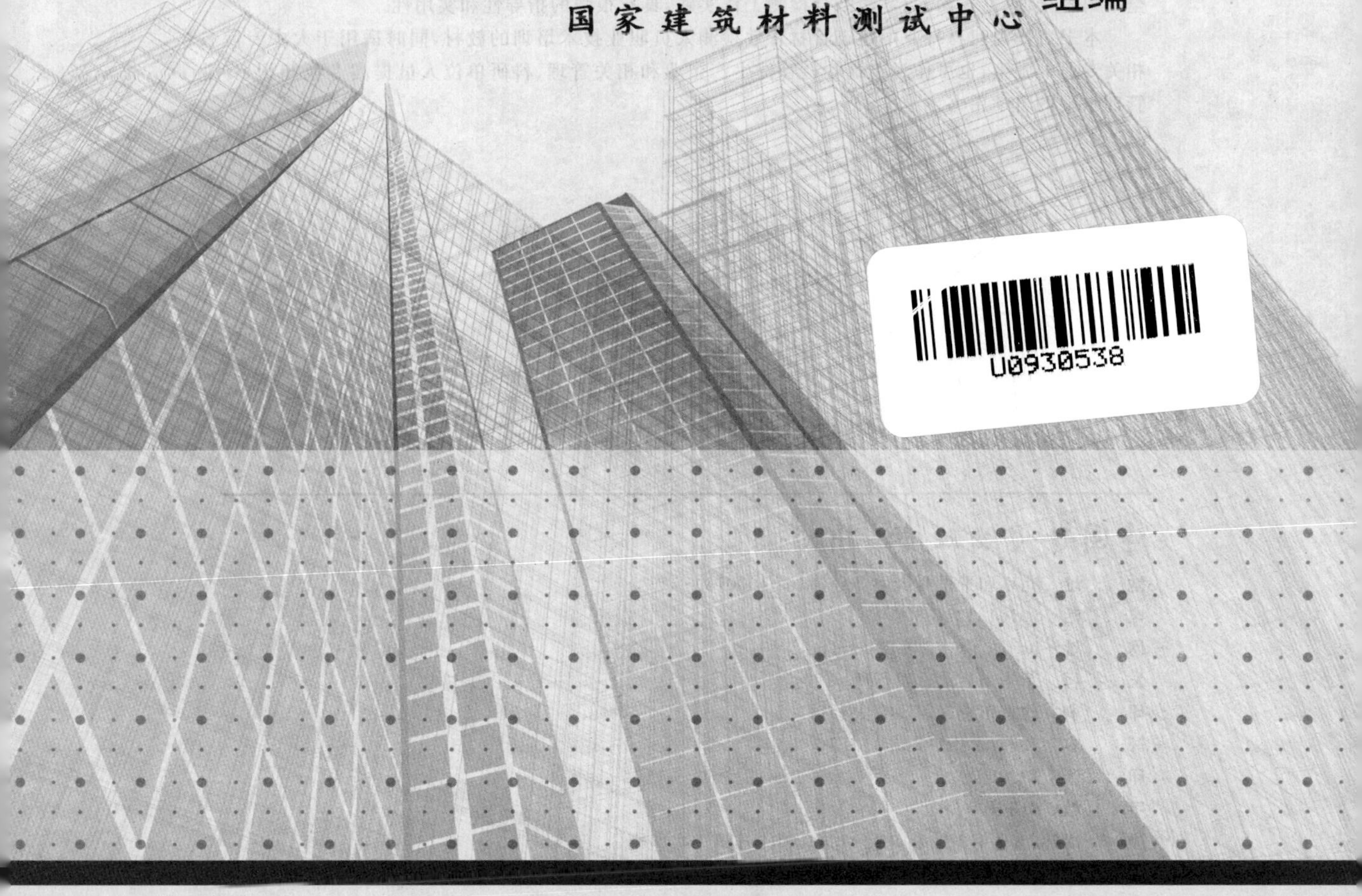

图书在版编目(CIP)数据

建筑用管材与管件检测技术/中国建筑材料检验认证中心,国家建筑材料测试中心组编.—北京:中国计量出版社,2009.2

建筑装饰装修材料检测技术培训教材之七

ISBN 978-7-5026-2963-2

Ⅰ.建… Ⅱ.①中…②国… Ⅲ.①建筑材料-管材-检测-技术培训-教材②建筑材料-管件-检测-技术培训-教材 Ⅳ.TU504

中国版本图书馆CIP数据核字(2009)第016407号

内容提要

本书是建筑装饰装修材料检测技术培训教材之七,内容包括塑料管材概述,高分子材料及塑料管道成型工艺简介,常用塑料检测方法,常用塑料管材管件检测方法,常用塑料管材及性能要求。全书内容全面、论述深入,紧密结合检测工作实践,具有很强的指导性和实用性。

本书可作为建材行业中建筑管材管件检测人员职业技术培训的教材,同时适用于大中专院校相关专业的师生,也可作为建筑管材管件生产企业和相关管理、科研单位人员提高专业知识、专业管理水平的自学用书。

中国计量出版社 出版

地　址　北京和平里西街甲2号(邮编100013)
电　话　(010)64275360
网　址　http://www.zgjl.com.cn
发　行　新华书店北京发行所
印　刷　北京市密东印刷有限公司
开　本　787mm×1092mm　1/16
印　张　13.25
字　数　313千字
版　次　2009年4月第1版　2009年4月第1次印刷
印　数　1—3 000
定　价　35.00元

如有印装质量问题,请与本社联系调换

建筑装饰装修材料检测技术培训教材

编审委员会

本书编委会

主　编　蒋　荃　刘元新

副主编　朱生高　马振珠

参　编　（按姓氏笔画排序）

王彦君　代　铮　孙云蓉　刘婷婷　刘　静

刘　翼　张庆华　林　文　周　建　贾祥道

徐晓鹏　戚建强

参编单位　北京材料分析测试服务联盟

国家建筑材料质量监督检验中心

国家建筑材料行业职业技能鉴定(037)站

序 言

我国迅猛发展的建筑工业对建筑材料及装饰装修材料的质量和性能提出了更加严格的要求。与此相适应,建筑材料及装饰装修材料检测技术的重要性也日益彰显。为适应这一形势的要求,贯彻执行国家建设资源节约型、环境友好型社会的号召,加强技能型人才的培养,近年来,作为北京材料分析测试服务联盟理事单位——国家建筑材料测试中心(建材特有工种职业技能鉴定站)在开展检测方法研究、扩大检测范围、提高检测能力的同时,开展了一系列的建材质量控制工职业技能鉴定培训工作,使从业人员系统地掌握了建筑工程检测的专业知识,为提高建筑工程质量及建筑材料检测行业的整体水平,规范我国的建筑材料检测市场,进行了有益的尝试。

为进一步促进我国建筑装饰装修材料检测工作的健康发展,满足我国建筑装饰装修材料广大检测人员的要求,中国建筑材料检验认证中心和国家建筑材料测试中心在多年来开展研究和培训工作的基础上,组织有关专家编写了这套建筑装饰装修材料检测技术培训教材。本系列教材共有《装饰装修材料中有害物质检测技术》、《防水材料检测技术》、《建筑涂料检测技术》、《门窗幕墙及其材料检测技术》、《建筑陶瓷与石材检测技术》、《卫生洁具及其配件检测技术》、《建筑用管材与管件检测技术》、《金属及金属复合装饰材料检测技术》8 个分册,基本上涵盖了建筑装饰装修材料的各个类别。

本系列教材的作者均为长期从事建筑装饰装修材料检测方法研究和具体检测工作的高级专业技术人员,书中包含了作者多年来积累的丰富经验、心得体会和部分研究成果。在编写本系列教材时,本着高起点、严要求的原则,以国家的政策法规和产品及检测方法标准为依据,从检测技术的角度,按材质、类别和使用部位,分类阐述了各种装饰装修材料的定义与应用，归纳汇总了目前国内外最先进的试验与检测技术，力求使本系列教材具有先进性和科学性。本系列教材从国内检测实验室的实际情况出发，具体介绍了各种材料的检测方法及操作要点，注重文字简洁与图文并茂，并结合实际检测中经常遇到的难点问题进行了讲解，因而具有较强的实用性和针对性。

本系列教材的编辑出版填补了国内建筑装饰装修材料检测技术专业书籍的空白。各相关机构可以以本系列教材为依据，开展相关的技术培训及职业鉴定活动，为社会培养高素质的专业人才，从而提高建筑工程质量及建筑材料检测行业的整体水平。

本系列教材适用于建筑工程及材料质量监督站、试验室的检验人员，建筑装饰装修材料生产单位、装修设计及施工单位的检验人员，各级工程检测、鉴定机构、材料试验室的检验人员，各级建委（建设局）、各建设监理公司、各工程建设单位、施工企业的检验人员，建筑、建材科研、设计院（所）、图书馆、大中专院校相关专业人员和广大师生。

本系列教材的编写与出版作为北京材料分析测试服务平台与科技资源创新试点建设——服务体系建设重点支持课题，由中国建筑材料检验认证中心、国家建筑材料测试中心组织编写，北京材料分析测试服务联盟等单位为参编单位。本系列教材在编写过程中，不仅得到了很多专家、检测人员的关心与支持，也得到了北京市科委的大力支持。特此向一切参与、关心和支持本系列教材编写和出版的人员表示衷心的感谢。

因水平所限，本系列教材中难免存在疏漏和不当之处，敬请读者不吝指正。

《建筑装饰装修材料检测技术培训教材》
编审委员会
2008年8月于北京

前言

随着住宅产业现代化的推广，针对传统管材的种种缺陷，建设部等四部委明令规定自2000年6月1号起，在城镇新建住宅中禁止将铸铁管和冷轧镀锌钢管用于室内给排水管道，推广使用塑料及塑料复合管等新型化学管材。为配合国家推广应用化学建材，加快化学建材发展进程，全国有二十多个省市出台了鼓励发展化学建材的地方政策文件，并把热镀锌钢管也列入禁止使用的范围。国家和地方一系列政策文件的出台，为塑料管材提供了良好的发展机遇。随着塑料管道在市场领域中的广泛应用，塑料管道行业得到了前所未有的蓬勃发展，目前我国已经成为国际上塑料生产和应用大国，行业加工企业已达5000家以上，应用领域扩展到建筑给、排水，市政给、排水，市政燃气输送，农村饮水改造和农业灌溉，电力，化工，医药，工业等领域。塑料管道被誉为城市的血管，满足了国家建设的需要和人民生活的需要。

然而，我国塑料管道行业起步较晚，盲目发展、低水平重复和无序竞争等现象与高速发展并存，并由此引发出众多的质量问题。目前我国的塑料管道在实际应用中仍处于产品平均质量低下、工程事故频发的状况。多年来在推广应用塑料管道的过程中，用户往往抱有怀疑甚至仍持有镀锌钢管和铸铁管等传统管材较安全、可靠的观点，常此以往，不仅将丧失经多年努力建立起来的用户信心，甚至对整个行业今后的发展造成负面影响。塑料管材的质量问题已经并理应引起各方面的关注。

本书较为系统地介绍了塑料管材及其质量控制，常用塑料管材的原材料、种类、相关产品标准及原料和成品检测技术。编者为长期从事塑料管道检测工作的专业技术人员。在编写过程中，融入了多年对塑料管道成品检测技术的实践经验，使本书具备较强的可参考性。本书可供塑料管道生产、质量控制、设计与施工、管道应用等领域的科技和管理人员参考。

本书在编写时收集的是现有最新或最完整的标准，建议在阅读和使用本书时注意查阅其最新版本。

本书在编写过程中参考了大量的科技资料，包括国家及行业标准、专著、论文、技术报告和各类技术手册等，在此对这些资料的作者表示感谢！

本书的编写，得到了国家建筑材料测试中心管材检测部员工的大力支持，在此表示感谢！

本书涉及技术领域较宽，编写时间短，加之编者水平所限，疏漏和不足之处在所难免，恳请有关专家及广大读者指正。

编者

2009年2月于北京

目录

第一章 塑料管材概述

第一节 简 介

塑料主要是以石油或煤为原始材料制得的一类高分子材料。塑料管道是塑料重要的应用领域之一。塑料管道最初出现在20世纪30年代。在20世纪50年代，随着石油化工工业的突飞猛进，塑料成型加工工业的飞速发展，塑料品种日趋多样化，产量也迅猛增加，生产技术日趋完备，原材料的性能不断改进，质量不断提高，使得塑料管道逐步发展成为一类新的产业。迄今为止，塑料管道已被国内外广泛应用于城市供水、城市排水、建筑给水、建筑排水、热水供应、供热采暖、建筑雨水排水、城市燃气、农业排灌、化工流体输送以及电线、电缆护套管等领域。

塑料管材在建筑塑料中的用量最大，品种也最多。与传统的铸铁管、镀锌钢管相比，塑料管材具有材质轻、耐腐蚀、不生锈、不结垢、内壁光滑、水流阻力小、卫生性能好、运输方便、施工便捷、劳动强度小、工程造价低等优点。作为新型化学建材之一的塑料管道，既有优良的物理性能，又有良好的化学性能，用途十分广泛，在建筑用管材领域，已逐步取代铸铁管和镀锌钢管等传统管材。

近年来，我国的化学建材行业积极贯彻《关于加强我国化学建材生产和推广应用的若干意见》。塑料管道是我国"十五"期间重点推广应用的化学建材之一。自国家科委将建筑排水用硬聚乙烯管应用技术列入"六五"科技攻关项目以来，我国塑料管的发展在经历了研究开发和推广应用的阶段之后，正进入产业化高速发展的第三阶段。针对传统管材的种种缺陷，建设部等四部委明令规定自2000年6月1号起，在城镇新建住宅中禁止将铸铁管和冷轧镀锌钢管用于室内给排水管道，推广使用塑料及塑料复合管等新型化学管材。2000年8月，国务院五部委在全国化学工作会议上出台了《国家化学建材产业"十五"计划和2010年发展规划纲要》，指明了塑料管材等化学建材的发展计划和目标（表1—1）。为配合国家推广应用化学建材，加快化学建材发展进程，全国有20多个省市出台了鼓励发展化学建材的地方政策文件，并把热镀锌钢管也列入禁止使用的范围。国家和地方一系列政策文件的出台，为塑料管材提供了良好的发展机遇。

随着市场领域中的广泛应用，塑料管道行业得到了前所未有的蓬勃发展。目前我国已经成为国际上塑料管道生产和应用大国，行业加工企业已达5000家以上，应用领域扩展到建筑给、排水，市政给、排水，市政燃气输送，农村饮水改造和农业灌溉，电力，化工，医药，工业等领域。塑料管道被誉为城市的血管，满足了国家建设的需要和人民生活的需要。

表 1—1　塑料管材在各类管道中的市场占有率及预测(%)

管道品种	2005 年	2010 年	2015 年
建筑排水管	70	80	85
建筑雨水排水管	50	70	80
城市排水管	20	30	50
建筑给水，热水供暖管	60	70	80
城市供水管(DN400)	50	70	85
村镇供水管	60	70	85
城市燃气管(中低压)	50	60	60
建筑电线护套管	80	90	90

第二节　常用管材分类概述

一、按照塑料的品种分类

按照所使用的材料，塑料管材可分为以下几类。

(1)硬聚氯乙烯(PVC－U)

1)建筑排水用硬聚氯乙烯管材(GB/T 5836.1—2006)。

2)给水用硬聚氯乙烯管材(GB/T 10002.1—2006)。

3)无压埋地排污、排水用硬聚氯乙烯(PVC－U)管材(GB/T 20221—2006)。

4)排水用芯层发泡硬聚氯乙烯管材(GB/T 16800—2008)。

5)埋地排水用硬聚氯乙烯双壁波纹管材(GB/T 18477—2001)。

6)低压输水灌溉用薄壁硬聚氯乙烯管材(GB/T 13664—2006)。

7)建筑用硬聚氯乙烯雨落水管材(QB/T 2480—2000)。

8)PVC－U 径向加筋管(QB/T 2782—2006)。

(2)氯化聚氯乙烯(PVC－C)

1)冷热水用氯化聚氯乙烯管材(GB/T 18993.2—2003)。

2)工业用氯化聚氯乙烯管材(GB/T 18998.2—2003)。

(3)聚乙烯(PE)

1)给水用聚乙烯管材(GB/T 13663—2000)。

2)燃气用埋地聚乙烯管材(GB 15558.1—2003)。

3)聚乙烯双壁波纹管材(GB/T 19472.1—2004)。

4)聚乙烯缠绕结构壁管材(GB/T 19472.2—2004)。

5)给水用低密度聚乙烯(LDPE、LLDPE)管材(QB/T 1930—2006)。

6)喷灌用低密度聚乙烯管材(QB/T 3803—1999)。

(4)聚丙烯(PP)

1)冷热水用聚丙烯管材(GB/T 18742.2—2002)。

2)给水用聚丙烯(PP)管材(QB/T 1929—2006)。

(5)交联聚乙烯(PE－X)

冷热水用交联聚乙烯管材(GB/T 18992.2—2003)。

(6)冷热水用耐热聚乙烯(PE－RT)管材(CJ/T 175—2002)

(7)冷热水用聚丁烯(PB)管材(GB/T 19473.2—2004)

(8)丙烯腈—丁二烯—苯乙烯(ABS)管材(GB/T 20207.1—2006)

(9)铝塑复合压力管

1)铝管搭接焊式铝塑管(GB/T 18997.1—2003)。

2)铝管对接焊式铝塑管(GB/T 18997.2—2003)。

(10)熔接型铝塑复合管

1)内层熔接型铝塑复合管(CJ/T 193—2004)。

2)外层熔接型铝塑复合管(CJ/T 195—2004)。

3)无规共聚聚丙烯(PP－R)塑铝稳态复合管(CJ/T 210—2005)。

(11)给水涂塑复合钢管(CJ/T 120—2000)

(12)给水衬塑复合钢管(CJ/T 136— 2007)

(13)给水用钢骨架聚乙烯塑料复合管(CJ/T 123—2000)

(14)不锈钢塑料复合管(CJ/T 184—2003)

(15)钢塑复合压力钢管(CJ/T 183—2003)

(16)玻璃纤维缠绕增强热固性树脂夹砂压力管(JC/T 838—1998)

(17)聚丙烯—玻璃纤维增强塑料复合管(JB/T 7525—1994)

等等……

二、按照塑料管道的结构特征分类

按结构特征，塑料管道可分为圆管(管道截面为圆形)和异形管。异形管，包括矩形管道(管道截面为矩形或正方形的结构)、卵形管道(管道截面由半径为一定比例的四个圆弧组成的卵形结构)等。圆管按照结构特征又可分为实壁管和结构壁管。

塑料管道最初和最主要的结构形式是通常见到的实壁管。它的基本特征是沿管材任一位置的横断面处结构尺寸均一致，而且管壁材料密实、均质。

所谓结构壁管是指对管材的断面结构进行优化设计，以达到减少材料，增强管材结构性能(如提高刚度)的管材品种。主要有以下几种。

(1)芯层发泡管

内外表面均平滑。通常为三层结构，内外为密实的皮层，芯层为中间发泡层(细微封闭孔状)。最常见的是聚氯乙烯芯层发泡复合管，采用三层共挤出工艺生产，内外两层与普通PVC－U相同，中间是相对密度为0.7～0.9的低发泡层管材。单位长度的管材可减少17％以上的PVC－U用量，同时改善了管材的绝热、隔音和耐冲击性能，主要应用于排水管及护套管。此外，还有ABS芯层发泡复合管、PE芯层发泡复合管等。

(2)波纹管

塑料波纹管是指管壁为同心环状中空棱纹的管材，波纹为平行环型。具有用料省、刚性高的特点。最早的是单壁塑料波纹管，是指塑料管的内、外壁均具有波纹的管材；主要用于高尔夫球场、农田的暗沟排水管;这种管材的内表面有凹凸,阻碍流体的流动。双壁塑料波纹管是在单壁塑料波纹管的基础上发展起来的,管壁纵截面由两层结构组成,内层光滑,外层为波纹状(波纹形状可为直角、梯形、正弦形等)。双壁波纹管是同时挤出两个同心管再将波纹外管熔接在内壁光滑的内管上而制成的。由于管壁截面中间是空芯的,在相同的外压承载能力下可以比普通的实壁管节省50%以上的材料。主要用于室外埋地排水管道、污水管道、通讯电缆套管和农用排水管。

塑料波纹管的最常见的材质是PVC—U和聚乙烯(PE,通常为HDPE)、聚丙烯(PP,多为PP—B)。最早的波纹管是PVC材料,在1958年—1959年间出现。PVC—U双壁波纹管的外径通常在800 mm以下。聚乙烯双壁波纹管目前可达到的外径为2 m。

(3)径向加筋管(也称肋管)

PVC—U径向加筋管是采用特殊模具和成型工艺,由挤出机一次挤出成型的塑料管。其内壁光滑,管外壁上带有径向加筋。外壁采用了工字钢原理,起到了提高管材环向刚度和耐外压强度的作用。此种管材在相同的外载荷下,比普通PVC—U管可节约30%左右的材料,主要用于市政工程中的排水。

(4)螺旋卷绕管

螺旋卷绕成型的管材种类比较多。其共同特点是在缠绕芯轴上螺旋缠绕挤出的PVC—U或HDPE型材而成型为整体管材。技术的特点是管材径由螺旋缠绕芯轴直径决定,而芯轴直径可以设计得很大,因此可以用较小的挤出机生产口径很大的管材。

1)PVC—U螺旋缠绕红外焊接管　该技术是先挤出成型空心矩形材,然后在螺旋缠绕的同时进行红外焊接而制成大口径管材,口径可达到1500 mm。主要用于城镇排水、农田排灌和厂矿通风。

2)塑料螺旋管　塑料螺旋管系统是1978年由澳大利亚Ribloc研制成功。

Ribloe螺旋管的材质有两种:PVC—U和HDPE。制管分两个阶段进行。第一阶段挤出成型带有等距排列的T型肋的带材,第二阶段再将带材通过螺旋卷管机卷成不同直径的管材。板材之间由快速嵌接的自锁机构锁定,即:一侧球形端头,对接在另一侧球形窝槽中,当嵌接进行时,球形窝槽涨开,球形端头进入后,窝槽立即回缩,锁定球形端头,同时施加胶粘剂或粘接剂固定。管材的公称直径以管内径表示。

这种管材的特点是带材工厂化生产,把带材运到管道施工现场,现场卷制管材,节省运输费用。口径可达2.6 m。缺点是管材缠绕粘接缝很长,质量控制难度大。

在这种缠绕嵌接的HDPE管材的外面可以再嵌入轧制成型的钢带以增加它的强度和刚性。

3)螺旋缠绕熔接高密度聚乙烯管　德国Krah的生产方法是先挤出型材,将型材螺旋缠绕并熔接成整体管材。HDPE粒料被输送到挤出机中,然后加热塑化被推进到流道分配器中,靠分配器中两个旋转的圆柱体阀门调节两个口模的出料量。通过第一个口模挤出的是板带状,被直接压在加热的缠绕模具上,互相交搭熔接形成管子。通过第二个口模挤出的月牙状带,被放在特定的管套上覆盖住用于形成波纹,作为骨架支撑的聚丙烯(PP)管,并将覆盖后的PP管缠绕在用板带制成的聚乙烯管子的外壁搭接的焊缝上。覆盖后的PP管与管壁接触部位熔焊在一起。

这种制管技术的优点:便于根据需要生产不同直径的管材,其直径可以达到3 m;管材的壁薄(多为空芯)、刚度高,达到相同强度时,塑料原料消耗比普通实壁塑料管材减少一半;管材可在一定范围内任意弯曲,也便于运输。这种制管技术的缺点:管材的熔接缝很长;无金属增强的螺旋缠绕熔接管在直径较大或承受外压负载较大时,需要缠绕的型材具有较大的截面或者增加缠绕层数。该管材连接的主要方法有两种,其一是用螺旋缠绕成型的套管加密封剂连接,其二是用在管材顶端预埋电热丝进行承插电热熔接。该管材可用于城镇排水管道、农田排灌管道、通风管道等,大口径的管材还可用于小型储料仓。

4)螺旋缠绕中空壁(双层壁或多层壁)高密度聚乙烯管　该技术先挤出方管型材坯,通过缠绕成型台缠绕成型管子。

在方管型材缠绕熔接时,向型管间挤出工字型填充的熔料。该类型管材的优点是管内壁、外壁均平滑,方便连接。

三、按照管道材质组成分类

塑料管道的主要类型是管壁材质均质的管道,管壁结构不存在宏观上的材质差异。如果管壁是由两种或两种以上的不同材料分别组成的结构部分复合在一起构成的,则可称这种管子为结构复合管,简称复合管。复合管通常由不同材质的管层紧贴组成。复合的目的无疑是为了利用组成材料的优点互补,达到更好的技术经济效果。组成复合管的材料按其主要作用的不同可大致分为以下几种:

(1)结构材料

决定复合管承载压力(对于内压管,主要是指耐内压强度)的管层材料。

(2)功能材料

满足对承载能力以外的管道使用性能要求的管层材料。有时,功能材料也可以同时是结构材料。

(3)辅助材料

除结构材料、功能材料以外的其他材料,如铝塑复合管中的粘合剂。很多复合管中可不需要此类材料。

按照组成材料的种类,塑料复合管又可分为塑—塑复合管,塑—钢复合管、塑—铝复合管等。

1. 塑—塑复合管

FRP 缠绕增强热塑性管包括玻璃钢缠绕增强聚氯乙烯塑料管(FRP/PVC 复合管)、玻璃钢缠绕增强聚丙烯塑料管(FRP/PP 复合管)、玻璃钢缠绕增强聚乙烯管(FRP/PE 复合管)、玻璃钢缠绕增强聚偏二氟乙烯塑料管(FRP/PVDF 复合管)等。

(1)PVC－U－PE 复合管

用于给水,与水接触的内层为 PE。

(2)PE 基塑料复合管

结构为 PE(抗 UV)(外管层,薄)－PE(本色,内管层),通常用于埋地给水。

(3)硅芯管

硅芯管全称为高密度聚乙烯硅芯管,结构为 PE(外管层)－硅有机物(内管层),是一种内壁固体润滑的 HDPE 管材,外表多带彩色识别条带。主要用于网络干线、光纤光缆外套护管,是一种光纤护套新材料。比传统的护管安装更方便、使用年限更长。硅芯管的工艺过程是将高密度聚乙烯和硅胶母料(含线性聚二甲基硅氧烷或二甲基硅油等)同步复合共挤,形成一种内壁带有永久性固体硅脂润滑剂(即硅芯)的管道。硅芯层摩擦系数小,可使塑料管的内壁摩擦系数降低到 0.15 以下。不与水反应,便于光纤光缆的穿线安装及检修。

(4)交联聚乙烯(PE-X)阻隔管

大气中的氧气可以通过 PEX 热水管的管壁进行扩散,增加热水中的氧气含量,加速加热体系如钢加热器、金属管和辐射器中的金属的腐蚀。解决这一问题的方法之一就是阻隔氧的渗透,在管材中加入阻透层:EVOH(乙烯/乙烯醇共聚物)。厚度低于 0.1 mm 的 EVOH 即可具有较好的阻透效果。对于交联聚乙烯和 EVOH 的共挤,应采用粘合促进剂保证不同层之间的粘接,因而是五层管材。

(5)高密度聚乙烯(HDPE)保温管

内管和外管均为 HDPE,中间为聚氨酯硬质泡沫塑料,可用于高寒、高热地区输送冷水,以及用于空调系统。

2. 钢管的塑料复合

钢管的强度高,但明显的缺点是易腐蚀。为解决腐蚀性土壤对钢管的电化学腐蚀问题,可对钢管外壁进行防腐处理,有多种方法。为解决内壁的腐蚀问题,如输送化学介质,或输送水时,改善水质,可采用钢管与塑料材料复合的方法。钢管内壁的塑料化主要有两种方法:一种是用塑料粉末涂覆衬里的复合管,简称涂塑钢管;一种是用塑料管材衬里的复合管,简称衬塑钢管。此外,还有聚烯烃的旋塑涂层法。衬塑的工艺有冷拔工艺、拉挤工艺等方法。涂塑钢管和衬塑钢管主要用于建筑给水、建筑消防及化工用管等。

钢管的外壁塑料化主要有两类产品,均以聚乙烯材料为管外层。

(1)夹克管

钢管外为聚乙烯管层,通常是为了解决管道所处的外腐蚀环境(如腐蚀性土壤)对钢管的腐蚀,多用于油田或化工领域。外管颜色一般为黄色或黑色。

(2)预制保温夹克管

是一种地埋式防腐保温管,以聚氨酯硬质泡沫塑料为保温层、聚乙烯塑料为外防护层的防腐保温复合结构钢管。泡沫夹克管主要应用于城镇集中供热系统,集中空调系统冷水(或冷风)管,以及油田化工等领域。使用温度为-80℃~150℃,使用环境温度-60℃~80℃。管外层颜色为黑色或黄色。成型方法有两步法成型技术(即"管中管"法)和一步法成型技术。

3. 孔网钢带塑料复合管

孔网钢带塑料复合管是以多孔薄壁钢管为增强体的聚乙烯复合压力管。

多孔薄壁钢管是冷轧钢带经冲孔后,以氩弧对接焊成型为孔网钢管,位于管道横断面的中间层。薄钢带的厚度,低压管为 0.5 mm~0.9 mm,中压管为 0.9 mm~1.2 mm,开孔率为 27%。然后聚乙烯挤出复合成型。中间层薄钢带提高了塑料管的强度与刚度。采用电热熔接管件连接。可用于建筑给水、食品、化学工业等领域。

4. 钢骨架塑料复合管

钢骨架塑料复合管是以低碳钢丝网编结点焊成网状筒形钢筋骨架,同时挤出聚乙烯复合成型的新型防腐压力管,经物理复合和化学复合相结合的工艺制成。聚乙烯层可起到保温、防腐的作用。可用于建筑的冷热水输送、空调、食品等多种领域。

5. 其他复合管

(1)铝塑复合管

根据中间铝层成型方式的不同,铝塑复合管主要有两种生产工艺,称为搭接法和对接法。

1)先做搭焊式纵向铝管,然后在成型的铝管上做内外层的塑料管,称为搭接法生产工艺。

2)先做内层的塑料管,然后再在上面做对焊的铝管,最后在外面包上塑料层,称为对接法生产工艺。

这两种方法都是将内外层的塑料层通过粘结层与铝层连接在一起,管材结构均为五层。搭接法成型,铝层在焊接点有一搭接结构,铝层一般较薄,约 0.2 mm～0.3 mm,生产设备结构简单,产品主要集中在 32 mm 以下的小口径管材。

(2)铜塑复合管(塑覆铜管)

塑覆铜管是由无缝紫铜给水管作为基材,外壁再覆上具有特殊孔隙结构的聚乙烯层,经物理复合和化学复合相结合的工艺制成。聚乙烯层可起到保温、防腐的作用。

四、按照管内运行介质是否带压运行分类

塑料管可根据管内运行的液体、气体等介质是否带压运行,通常分为压力管和非压力管。压力管指输送的液体、气体等介质是在加压的状态下运行的管道;非压力管主要是指重力流管,即输送的流体是在其自重重力作用下运行的管道。这类管道多数情况下管内液体的最高运行液面不超过管道截面内顶,即在无压状态下运行;有些情况下,管道液体运行最高水头超过管道截面内顶,即在有压状态下运行。这类管道主要包括建筑内下水管、建筑雨水管和埋地排水管、非泵送的污水管,以及重力流输水管等。此外,还有一类特殊的管子,即管内为负压,如各类虹吸管、腐压力管。钢骨架成型方法为将多根轴向钢筋在牵引机作用下作轴向平动,周向钢筋绕轴向钢筋作旋转运动,至少一对分别与电源正负极连接的焊轮,绕位于导电环圆周上的钢筋作旋转运动,当焊轮超过轴向钢筋时,通过焊轮给轴向钢筋与周向钢筋的交点施以焊接电流,使至少两处的周向钢筋与轴向钢筋的交叉接触点同时得到焊接电流,从而将周向钢筋上的至少两点同时焊接到至少两根轴向钢筋上,连续焊接便形成网状筒形钢筋骨架。

第三节　塑料管道系统常用术语

本节介绍的是塑料管的一些主要定义、符号和缩写。定义、符号主要采纳 ISO 有关塑料管标准中的提法。

一、几何定义

(1)公称外径(d_n)

规定的外径,单位为 mm。

(2)平均外径(d_{em})

管材外圆周长的测量值除以 3.142(圆周率)所得的值,精确到 0.1 mm,小数点后第二位非零数字进位。

(3)最小平均外径($d_{em,min}$)

标准规定的平均外径的最小值,它等于公称外径 d_n,单位为 mm。

(4)最大平均外径($d_{em,max}$)

标准规定的平均外径的最大值。

(5)任一点外径(d_{ey})

通过管材任一点横断面测量的外径。精确到 0.1 mm,小数点后第二位非零数字进位。

(6)不圆度

在管材同一横断面处测量的最大外径和最小外径的差值。

(7)公称壁厚(e_n)

管材壁厚的规定值,单位为 mm。相当于任一点的最小壁厚 $e_{y,min}$。

(8)任一点的壁厚(e_y)

任一点上管材壁厚的测量值,精确到 0.1 mm,小数点后第二位非零数字进位。

(9)最小壁厚($e_{y,min}$)

标准规定的管材圆周上任一点壁厚的最小值。

(10)最大壁厚($e_{y,max}$)

根据最小壁厚($e_{y,min}$)的公差确定的管材圆周上任一点壁厚的最大值。

(11)标准尺寸比(SDR)

管材的公称外径与公称壁厚的比值,见式(1—1):

$$SDR = d_n / e_n \tag{1—1}$$

(12)管系列(S)

根据 ISO 4065(或 GB/T 10798),用以表示管材规格的无量纲数值系列。可按式(1—2)计算:

$$S = \frac{d_n - e_n}{2e_n} \tag{1—2}$$

(13)计算管值(S_{calc})

定义为设计应力(σ_D)与设计压力(p_D)的商,精确到 0.1 mm,小数点后第二位非零数字进位。见式(1—3):

$$S_{calc} = \frac{\sigma_D}{p_D} \tag{1—3}$$

(14)公差

一个参数规定值的允许变化量,以允许的最大值和最小值的差额表示。

二、与材料有关的定义

(1)混配料

以聚烯烃为基础树脂,仅加入必要的抗氧剂、紫外线稳定剂和颜料而制造成的粒料。

(2)预测的长期静液压强度的置信下限 σ_{LPL}

一个与应力有相同的量纲的量,单位:MPa。它表示在温度 T 和时间 t 预测的静液压强度的 97.5%置信下限。常用的是与 20℃、50 年相应的 σ_{LPL},有时称为 20℃、50 年的置信下限 σ_{LCL}。

(3)最小要求强度(MRS)

σ_{LPL}圆整到优先数 R10 或 R20 系列中的下一个较小的值。

(4)设计应力(σ_S、σ_D)

在规定应用条件下的允许应力。

当应用条件为:水(或天然气)为内压介质、20℃运行、50 年使用寿命时,设计应力(σ_S)为 MRS 除以系数 C,并圆整到优先数 R20 系列中下一个较小的值,见式(1—4)。

$$\sigma_S=\frac{[MRS]}{C} \tag{1—4}$$

(5)总使用(设计)系数(C)

一个数值大于 1 的总系数,它的大小考虑了使用条件和 σ_{LPL} 已包含因素以外的管道系统配件的其他因素。

三、与使用条件有关的定义

(1)公称压力(PN)

公称压力 PN 相当于管材在 20℃使用时允许的最大工作压力,单位为 MPa。

(2)最大允许操作压力(P_{pms})

管道系统中允许连续使用的流体的最大压力,单位为 MPa。有时称为:设计压力(p_D)或最大工作压力(MOP)。

(3)静液压应力(σ)

指以水为质,管子受内压时管壁内的环应力,应用公式(1—5)近似计算,单位为 MPa:

$$\sigma=p\,\frac{(d_{em}-e_{min})}{2e_{min}} \tag{1—5}$$

式中 p——管子所受内压,MPa;

d_{em}——管子的平均外径,mm;

e_{min}——为管的最小壁厚,mm。

(4)设计温度(T_D)

系统设计的输送水的温度或温度组合。

(5)最高设计温度(T_{max})

仅在短时间内出现的 T_D 最高值。

(6)故障温度(T_{mal})

系统超过控制极限时出现的最高温度。

(7)冷水温度(T_{cold})

输送冷水的温度,设计时用 20℃。

四、常见塑料管材料的名称缩写

(1)PE　聚乙烯

(2)HDPE　高密度聚乙烯

(3)MDPE　中密度聚乙烯

(4)LDPE　低密度聚乙烯

(5)LLDPE　线性低密度聚乙烯

(6)UHWPE　超高分子量聚乙烯

(7)PE－X　交联聚乙烯

(8)PP　聚丙烯

(9)PPH(或 PP－H)　均聚聚丙烯

(10)PPB(或 PP－B)　嵌段共聚聚丙烯

(11)PPR(或 PP－R)　无规共聚聚丙烯

(12)PB　聚丁烯

(13)PAP　铝塑复合

(14)PSP　钢塑复合

(15)PVC　聚氯乙烯

(16)PVC－U　未增塑聚氯乙烯(或硬聚氯乙烯)

(17)PVC－C　氯化聚氯乙烯

(18)ABS　丙烯腈/丁二烯/苯乙烯三元共聚物

第二章 高分子材料及塑料管道成型工艺简介

第一节 高分子材料简介

自19世纪人类第一次合成聚合物以来至今，高分子工业蓬勃发展。近几十年来，比起金属和陶瓷材料，高分子材料的产量增长十分迅速，在体积上早已超过了金属制品的总和。在美国，塑料产量在40年内就猛增了100倍。高分子材料广泛应用于人们日常生活的各个方面，包括衣着、电子、农业和国防等国民经济的众多部门。据统计，若人们对材料的需求量为100%，其中高分子材料占60%，这充分说明了高分子材料在国计民生中的重要地位。从某种程度上说，人类正在从铁器时代走向“高分子时代”。

一、聚合物的基本概念

高分子，又称高分子化合物、大分子化合物、高分子、大分子、高聚物、聚合物，是由碳、氢、氧、氮、硅、硫等元素组成的分子量足够高的有机物。由于关于高分子的许多重要的概念在一般的化学手册是没有的，在此给出定义和解释。

1. 聚合物(polymer)

聚合物是指由多种原子以相同的、多次重复的结构单元并主要由共价键连接起来的、通常是相对分子质量为10^4～10^6的化合物。聚合物分子结构必须是由多个重复单元所组成，并且这些重复单元是由相应的小分子衍生而来。

2. 单体(monomer)

能够进行聚合反应，并构成高分子基本结构组成单元的小分子。即合成聚合物的起始原料。

3. 结构单元、单体单元和重复单元

结构单元(structure unit)是指在大分子链中出现的以单体结构为基础的原子团，即构成大分子链的基本结构单元，当结构单元和单体结构相同时又可称为单体单元。聚合物中化学组成相同的最小单位称为重复单元(repeating unit)，又称为链节(chain element)。

4. 聚合度相对分子质量

在聚合物中重复单元的数目称为聚合度，其相对分子质量为聚合度与重复单元相对分子质量的乘积。

聚合物相对分子质量＝聚合度×重复单元相对分子质量

由于绝大多数高聚物都是由不同链长的大分子组成，即同一种聚合物是由一组不同聚合度和不同结构形态的同系物的混合物所组成，因此，聚合物的相对分子质量或聚合度只是这种大小不一的大分子的统计平均值，或者说相对分子质量或聚合度具有一定的分布范围。

5. 均聚物

由一种(真实的、隐含的或假设的)单体聚合而成的聚合物称为均聚物。聚合物分子有且只有一种重复结构单元,并且该重复结构单元可以只由一种(真实的、隐含的或假设的)单体衍生而来。生成均聚物的聚合反应称均聚反应,如图 2—1 所示。

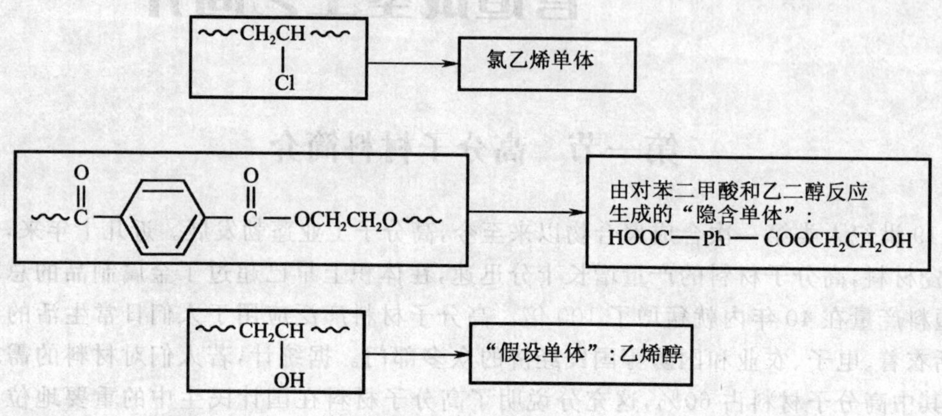

图 2—1　均聚反应

6. 共聚物

由两种或两种以上(真实的、隐含的或假设的)单体聚合而成的聚合物称为共聚物。生成共聚物的聚合反应称为共聚反应。

例如:丁苯橡胶(由单体 1,3－丁二烯和苯乙烯聚合而成):

$$\left[(CH_2-CH=CH-CH_2-)_x\;(-CH_2-\underset{\displaystyle C_6H_5}{\underset{|}{CH}}-)_y\right]_n$$

二、聚合物的分类

迄今为止,还没有简单而又严格的聚合物分类方法,但是可根据聚合物的不同特点进行多种分类。

1. 按主链元素分类

(1)碳链高分子:主链(链原子)完全由 C 原子组成。

如:

$$\begin{array}{c} \begin{array}{ccccccccccccc} & H & & H & & H & & H & & H & & H & \\ & | & & | & & | & & | & & | & & | & \\ \sim\sim & C & - & C & - & C & - & C & - & C & - & C & \sim\sim \\ & | & & | & & | & & | & & | & & | & \\ & H & & H & & H & & H & & H & & H & \end{array} \\ \text{聚乙烯} \end{array} \qquad \begin{array}{c} \begin{array}{ccccccccccccc} & H & & H & & H & & H & & H & & H & \\ & | & & | & & | & & | & & | & & | & \\ \sim\sim & C & - & C & - & C & - & C & - & C & - & C & \sim\sim \\ & | & & | & & | & & | & & | & & | & \\ & H & & CH_3 & & H & & CH_3 & & H & & CH_3 & \end{array} \\ \text{聚丙烯} \end{array}$$

(2)杂链高分子:链原子除 C 外,还含 O,N,S 等杂原子。

如:

$$\begin{array}{ccccccccccccc} & H & & H & & & H & & H & & & H & & H & \\ & | & & | & & & | & & | & & & | & & | & \\ \sim\!\sim\!\sim & C & - & C & - & O - & C & - & C & - O - & & C & - & C & - O \sim\!\sim\!\sim \\ & | & & | & & & | & & | & & & | & & | & \\ & H & & H & & & H & & H & & & H & & H & \end{array}$$

聚乙二醇

$$\begin{array}{ccccccccccccccc} & H & & H & & H & & H & & H & & H & & O & \\ & | & & | & & | & & | & & | & & | & & \| & \\ \sim\!\sim\!\sim & N & - & C & - & C & - & C & - & C & - & C & - & C & \sim\!\sim\!\sim \\ & & & | & & | & & | & & | & & | & & & \\ & & & H & & H & & H & & H & & H & & & \end{array}$$

尼龙—6

(3)元素有机高分子:链原子均为杂原子,侧链为有机基团。

如:

$$\begin{array}{ccccccccc} & CH_3 & & & CH_3 & & CH_3 & & \\ & | & & & | & & | & & \\ \sim & Si & - O - & & Si & - & Si & - O \sim\!\sim\!\sim & \\ & | & & & | & & | & & \\ & CH_3 & & & CH_3 & & CH_3 & & \end{array}$$

聚二甲基硅氧烷

2. 按聚合物的性能和用途分类

(1)塑料

以聚合物为基体材料,添加其他助剂(增塑剂、润滑剂、填料、抗氧剂等),经加工形成的可进行塑性加工的高分子材料。如聚丙烯、聚氯乙烯等。

(2)橡胶

以聚合物为基体材料加入适当种类和适当数量的助剂(如硫化剂、硫化促进剂、防老剂、填料等),经过塑炼,使其具有可塑性,加热加压交联后成为具有高弹性的材料。如天然橡胶、丁苯橡胶等。

(3)纤维

以聚合物为基体材料加入适当助剂(溶剂、防静电剂、柔顺剂和燃料等)配制成的可以进行抽丝加工的高分子材料。如涤纶、腈纶等。

3. 按聚合物的结构形态分类

(1)线型聚合物

指具有线型结构的聚合物。加热可熔融,加溶剂时可溶解。为热塑性聚合物。如聚氯乙烯、聚苯乙烯、聚甲基丙烯酸甲酯、聚乙烯、聚丙烯、聚四氟乙烯、聚碳酸酯、尼龙、聚对苯二甲酸甲酯、氯乙烯—醋酸乙烯共聚物、氯乙烯—醋酸乙烯共聚物。线型聚合物分子链的微观结构如图 2—2 所示。

图 2—2 线型聚合物分子链微观结构

(2)体型聚合物

指具有体型交联结构的聚合物。加热不能熔融,加溶剂时不能溶解。为热固性聚合物。

如酚醛树脂、脲醛树脂、环氧树脂和聚氨酯等。体型聚合物分子链的微观结构如图 2—3 所示。

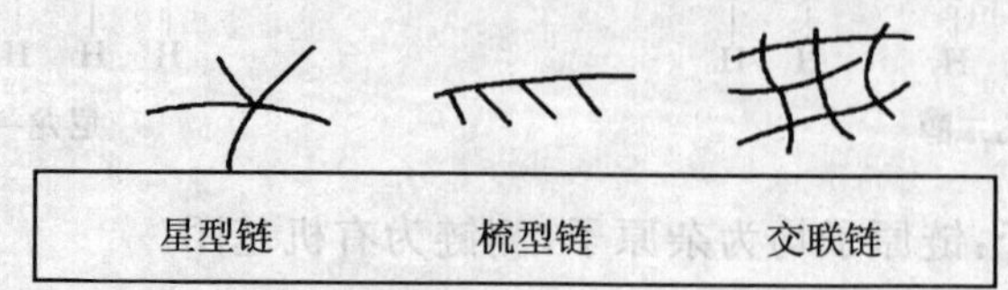

图 2—3　体型聚合物分子链微观结构

三、聚合物平均相对分子质量及其分布

1. 聚合物的多分散性

聚合物是由一系列相对分子质量(或聚合度)不等的同系物高分子组成,这些同系物高分子之间的相对分子质量差为重复结构单元相对分子质量的倍数,这种同种聚合物分子长短不一的特征称为聚合物的多分散性。

2. 平均相对分子质量

聚合物的相对分子质量或聚合度是统计的,是一个平均值,叫平均相对分子质量或平均聚合度。

平均相对分子质量的统计可有多种标准,其中最常见的是重均相对分子质量和数均相对分子质量。

3. 平均相对分子质量的表示方法

(1)数均相对分子质量

按聚合物中含有的分子数目统计平均的相对分子质量,即高分子样品的总质量被聚合物分子总数所平均。

$$\overline{M_n}=\frac{W}{\sum N_i}=\frac{\sum W_i}{\sum(W_i/M_i)}=\sum N_iM_i/N \qquad (2—1)$$

式中,i 为聚合物的聚合度,聚合度为 i 的聚合物为 i 聚体;W_i,N_i,M_i 分别为 i 聚体的质量、分子数、相对分子质量。

通过依数性方法(冰点降低法、沸点升高法、渗透压法、蒸汽压法)和端基滴定法测定的聚合物的相对分子质量为数均相对分子质量。

(2)重均相对分子质量

按照聚合物的质量进行统计平均的相对分子质量。i 聚体的相对分子质量乘以其质量分数的加和。

$$\overline{M_w}=\frac{\sum W_iM_i}{\sum W_i}=\frac{\sum N_iM_i^2}{\sum N_iM_i}=\sum W_iM_i \qquad (2—2)$$

式中,i 为聚合物的聚合度,聚合度为 i 的聚合物为 i 聚体;W_i,N_i,M_i 分别为 i 聚体的质量、分子数、相对分子质量。

通过光散射法测定的聚合物的相对分子质量为重均相对分子质量。

(3)粘均相对分子质量

粘均相对分子质量用粘度法测得。粘度法测定聚合物相对分子质量是实验室和工业上常用的方法。

对于一定的聚合物—溶剂体系，其特性粘度[η]和相对分子质量的关系符合 Mark－Houwink 方程。

$$[\eta]=K\overline{M}^{\alpha} \tag{2—3}$$

式中，[η]为聚合物的特性粘度，由实验测得；K，α 是与聚合物、溶剂有关的常数。

$$\overline{M_v}=\left(\frac{\sum W_i M_i^{\alpha}}{\sum W_i}\right)^{1/\alpha}=\left(\frac{\sum N_i M_i^{1+\alpha}}{\sum N_i M_i}\right)^{1/\alpha} \tag{2—4}$$

一般，α 值在 0.5～0.9 之间，故$\overline{M_v}<\overline{M_w}$，对于相对分子质量均一的聚合物，数均相对分子质量＝质均相对分子质量；而对于相对分子质量不均一的聚合物，一般，质均相对分子质量＞数均相对分子质量，粘均相对分子质量介于两者之间更接近于质均相对分子质量。

4. 相对分子质量的多分散性

高分子不是由单一相对分子质量的化合物所组成，即使是一种“纯粹”的高分子，也是由化学组成相同、相对分子质量不等、结构不同的同系聚合物的混合物所组成。这种高分子的相对分子质量不均一（即相对分子质量大小不一、参差不齐）的特性，就称为相对分子质量的多分散性。

所以，一般测得的高分子的相对分子质量都是平均相对分子质量；聚合物的平均相对分子质量相同，但分散性不一定相同。

5. 相对分子质量分布

不同相对分子质量的分子所占的比例不同，所以高分子化合物存在一个相对分子质量分布的问题。相对分子质量分布表征聚合物的多分散程度。

6. 高分子分子量多分散性的表示方法

(1)以相对分子质量分布指数表示

即质均相对分子质量与数均相对分子质量的比值，M_w/M_n。

(2)以相对分子质量分布曲线表示

将高分子样品分成不同相对分子质量的级分，这一实验操作称为分级以被分离的各级分的质量分率对平均相对分子质量作图，得到相对分子质量质量分率分布曲线，见图 2—4。可通过曲线形状，直观判断相对分子质量分布的宽窄。相对分子质量分布较宽，即分散程度大；相对分子质量分布较窄，即分散程度小。

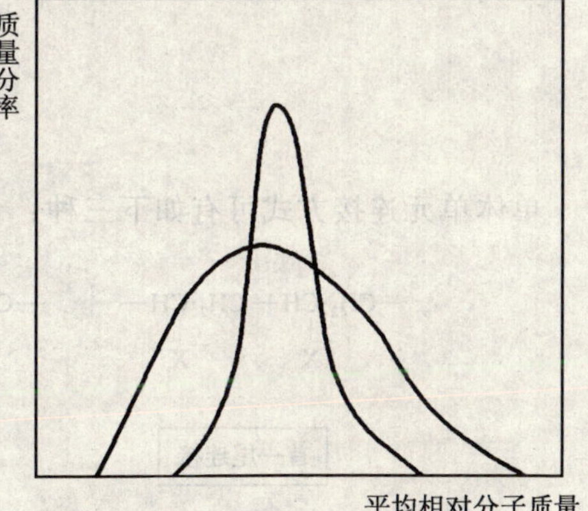

图 2—4　高分子聚合物平均相对分子质量与质量分率的关系

7. 相对分子质量分布是影响聚合物性能的重要因素

聚合物的相对分子质量对其物理性质有着重要的影响。相对分子质量过高的部分使聚合物强度增加，但加工成型时塑化困难；低相对分子质量部分使聚合物强度降低，但易于加工；不同用途的聚合物应有其合适的相对分子质量分布，合成纤维相对分子质量分布较窄，塑料薄膜和橡胶相对分子质量分布可较宽。

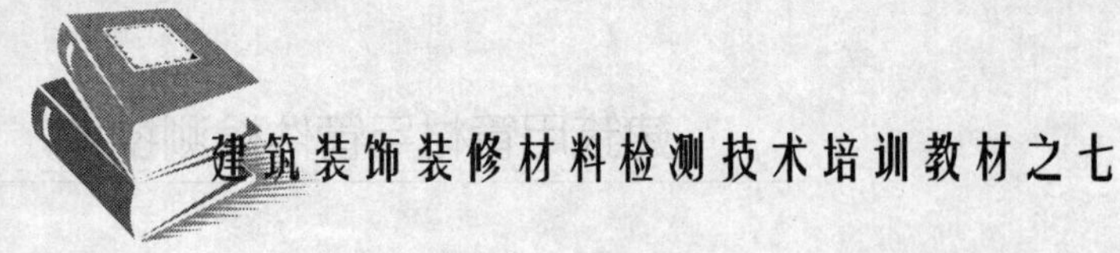

四、聚合物物理状态及转变

1. 高分子的链结构

高分子链的几何形状大致有三种：线形、支链形、体形，如图 2—5 所示。

图 2—5 典型的高分子链结构

(1)线形

其长链可能比较伸展，也可能卷曲成团，取决于链的柔顺性和外部条件，一般为无规线团；适当溶剂可溶解，加热可以熔融，即可溶可熔。

(2)支链形

线形高分子上带有侧枝，侧枝的长短和数量可不同高分子上的支链，有的是聚合中自然形成的；有的则是人为地通过反应接枝上去的，可溶解在适当溶剂中，加热可以熔融，即可溶可熔。

(3)体形

可看成是线形或支链形大分子间以化学键交联而成，许多大分子键合成一整体，已无单个大分子可言。交联程度浅的，受热可软化，在适当的溶剂中可溶胀，交联程度深的，既不溶解，又不熔融，即不溶不熔。

2. 高分子链的微结构

在高分子链中，结构单元的化学组成相同时，连接方式和空间排列也会不同。

(1)序列结构(单体单元的结构排列)

具有取代基的乙烯基单体可能存在头—尾或头—头或尾—尾连接，有取代基的碳原子为头，无取代基的碳原子为尾。如单体 $CH_2=CH_x$ 聚合时，所得单体单元结构如下：

尾 ↖   ↗ 首

$—CH_2—CH—$（CH 上连 X）

单体单元连接方式可有如下三种：

$—CH_2·CH—CH_2·CH—$（两个 CH 上各连 X）

首—尾连接

$—CH_2·CH—CH—CH_2—$（两个 CH 上各连 X）

首—首连接

$—CH—CH_2·CH_2·CH—$（两个 CH 上各连 X）

尾—尾连接

(2)几何异构(共轭双烯聚合物的结构)

共轭双烯单体聚合时可形成结构不同的单体单元，如最简单的共轭双烯丁二烯可形成三种不同的单体单元：

$$CH_2=CHCCH=CH_2$$

$-CH_2{\cdot}CH-$（侧基 $CH=CH_2$）　　$-CH_2$、H 与 H、CH_2- 连于 C=C　　$-CH_2$、CH_2- 与 H、H 连于 C=C

1,2-加成结构　　反式1,4-加成结构　　顺式1,4-加成结构

而异戊二烯则可形成四种不同的单体单元：

$$H_2C=CH-C(CH_3)=CH_2$$

$-CH_2{\cdot}CH-$（侧基 $C(CH_3)=CH_2$）　　$-CH_2{\cdot}C(CH_3)-$（侧基 $CH=CH_2$）　　$-CH_2$、CH_3 与 H、CH_2- 连于 C=C　　$-CH_2$、CH_2- 与 H、CH_3 连于 C=C

3,4-加成　　1,2-加成　　反式1,4-加成　　顺式1,4-加成

大分子链中存在双键时，会存在顺、反异构体：

CH_3、~~~CH_2 与 H、CH_2~~~ 连于 C=C　　CH_3、~~~CH_2 与 CH_2~~~、H 连于 C=C

顺式（天然橡胶）　　反式（古塔波胶）

分子链中的结构差异，对聚合物的性能影响很大：顺式聚丁二烯是性能很好的橡胶，反式聚丁二烯则是塑料。

3. 高分子的聚集态结构

高分子的聚集态结构，是指高聚物材料整体的内部结构，即高分子链与链之间的排列和堆砌结构。

(1)非晶态结构

高聚物可以是完全的非晶态，非晶态高聚物的分子链处于无规线团状态。非晶态高分子没有熔点，在比体积—温度曲线上有一转折点，此点对应的温度称为玻璃化转变温度，用 T_g 表示。在 T_g 以下，聚合物处于玻璃态，其质硬，性脆，无弹性，类似玻璃，体积粘度大，链段运动受限，比体积随温度变化率较小。温度升高到 T_g 以上，聚合物转变为橡胶态(高弹态)，质软而有弹性，链段能较自由地转动，比体积随温度变化率较大。玻璃态和高弹态均为固体。当升温到 T_f(粘流温度)时，链段运动强烈，有明显分子间位移，物料熔融达到像液体一样的流动状态，即粘流态。

将一非晶态高聚物试样，施加一恒定外力，记录试样的形变随温度的变化，可得到温度形变曲线或热机械曲线，如图 2—6 所示。

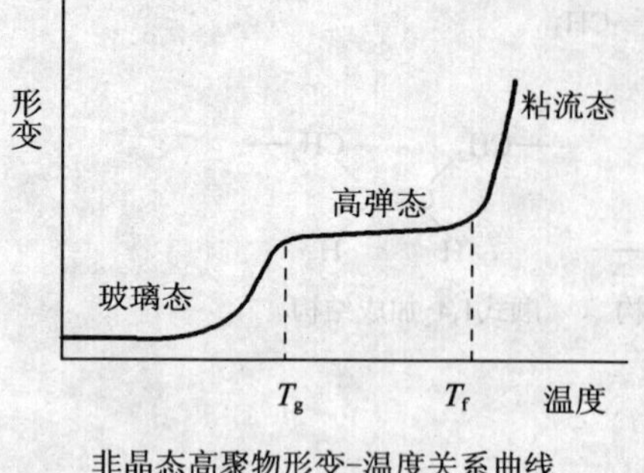

非晶态高聚物形变-温度关系曲线

玻璃态	玻璃化转变温度，T_g
高弹态	
粘流态	粘流温度，T_f

T_g是非晶态高聚物的主要热转变温度

图 2—6 非晶态高聚物温度形变曲线

(2)晶态结构

高聚物可以高度结晶，但不能达到 100%，即结晶高聚物可处于晶态和非晶态两相共存的状态结晶熔融温度 T_m，是结晶高聚物的主要热转变温度。由于晶格的束缚，在熔点 T_m 以下时，结晶高聚物只能处于玻璃态。如相对分子质量不大，加热到 T_m 后直接产生流动而进入粘流态；相对分子质量大时，则要经过一个小的高弹形变区，最后进入粘流态。T_m 和 T_g 是结晶高聚物和无定型高聚物的主要热转变温度，也是衡量聚合物耐热性的重要指标。

(3)液晶态结构

某类晶体受热熔融（热致性）或被溶剂溶解（溶致性）后，失去固体的刚性，转变成液体，但仍然保留有晶态分子的有序排列，呈各向异性，形成兼有晶体和液体性质的过渡态，称为液晶态，处于这种状态的物质成为液晶。

通常所说的塑料、橡胶，正是按照 T_m 和 T_g 在室温之上或室温之下划分的，如图 2—7 所示。

塑料：
- 晶态高聚物，处于部分结晶态，T_m是使用的上限温度
- 非晶态高聚物，处于玻璃态，T_g是使用的上限温度

橡胶：
- 只能是非晶态高聚物，处于高弹态
- T_g是使用的下限温度，T_g应低于室温70℃以上
- T_f是使用的上限温度

图 2—7 塑料和橡胶的熔点以及转变化温度特点

4. 高分子化合物的基本性质

(1)溶解性

线型结构的有机高分子溶解于适当的溶剂里，但溶解过程比小分子缓慢。如：有机玻璃（聚甲基丙烯酸甲酯）粉末溶于氯仿中。体型结构的有机高分子不溶解，只是有一定程度的胀大。如：从废轮胎上刮下一些橡胶粉末，取 0.5 g 放入试管中，加入 10 mL 汽油。

(2)热塑性和热固性

线型高分子具有热塑性。如聚乙烯塑料受热到一定温度时开始软化，直到熔化成流动的液体，冷却后又变成固体，加热后又熔化。根据线型高分子的这一性质制成的高分子材料

具有良好的可塑性，能制成薄膜、拉成丝或压制成所需的各种形状。有些线型分子一经加工成型就不会受热熔化，因而具有热固性，例如酚醛树脂等。

(3)强度

高分子材料的强度一般都比较高。如果分别把 10 kg 高分子材料与金属材料各制成 100 m 长的绳子，在高处悬吊重物，所吊重物的最大质量：锦纶绳 15 500 kg、涤纶绳 12 000 kg、金属钛绳 7700 kg、碳钢 6500 kg。

(4)电绝缘性

高分子化合物分子链里的原子是以共价键结合的，一般不易导电，所以高分子材料通常是很好的电绝缘材料，广泛应用于电器工业上。例如：支撑电器设备零件、电线和电缆的护套等。

(5)其他性质

高分子材料还具有耐化学腐蚀、耐热、耐磨、耐油、不透水等性能，可用于某些特殊需求领域。但也有易燃、易老化、废弃后不易分解等缺点。

第二节　塑料管道挤出成型简介

一、概述

(一)塑料成型工艺发展概况

1. 移植时期

19 世纪 70 年代开始，塑料成型工艺有浇铸、压缩模塑、压延成型、片材热成型等。

2. 改造时期

20 世纪 20 年代，品种、生产技术、方法的改进和扩展，改造已有成型加工技术和传统材料成型技术为主。

3. 创新时期

20 世纪 50 年代中期，大批高性能的塑料问世，尖端技术的发展对塑料制品的性能、性能重现性和尺寸精度等提出了更高的要求。

4. 近期发展趋势

由单一型技术向组合型技术发展，由向特殊条件下的成型技术发展常规条件下的成型技术，由基本上不改变塑料原有性能的保质成型加工技术向赋予塑料新性能的变质型成型加工技术发展。

(二)塑料和塑料制品的发展

世界塑料生产的年增长率在 20 世纪 70 年代以前为 12%～15%，70 年代以后增长速率开始减缓，为 4%～5%，80 年代以后总量有一定增长，主要集中在发展中国家，增长较快。

我国塑料年产量在 1983 年为 1100 千吨，改革开放以来，我国的塑料产量得到快速发展，到 1993 年已达到 5200 千吨，从世界第 12 位升至第 5 位。而且并不但制品数量增加，而且应用范围也日益扩大。

在新中国成立之前我国塑料行业几乎是空白。50 年代，我国塑料制品的产量，平均每年以 71%的高速度递增，但年产量低，制品的类别单一，应用范围也比较窄。50 年代末大批量聚氯乙烯树脂投产，进入 60 年代后，转变为以生产热塑性聚氯乙烯塑料制品为主。平均每年以 18.6%的速度递增。70 年代从国外引进了数套大型树脂生产装置，树脂产量比 60 年代增长 4.3 倍，年平均增长率为 14.4%，到 1979 年我国塑料制品的年产量已达百万吨，产品的品种、结构也发生了较大变化。80 年代，仍以年平均 14%的高速度递增，速度快、产量大、品种多和应用广。

（三）塑料成型加工技术分类

1. 按所属成型加工阶段分

(1)一次成型技术

一次成型技术，是指能将塑料原材料转变成有一定形状和尺寸制品或半制品的各种工艺操作方法。目前生产上广泛采用的挤塑、注塑、压延、压制、浇铸和涂覆等，属于一次成型技术。

(2)二次成型技术

二次成型技术，是指既能改变一次成型所得塑料半制品（如型材和坯件等）的形状和尺寸，又不会使其整体性受到破坏的各种工艺操作方法。目前生产上采用的只有双轴拉伸成型、中空吹塑成型和热成型等少数几种二次成型技术。

(3)二次加工技术

这是一类在保持一次成型或二次成型产物硬固状态不变的条件下，为改变其形状、尺寸和表观性质所进行的各种工艺操作方法。也称作“后加工技术”。大致可分为机械加工、连接加工和修饰加工三类方法。

2. 按聚合物在成型加工过程中的变化划分

(1)以物理变化为主的成型加工技术

在这一类技术的成型加工过程中，塑料的主要组分聚合物，主要发生相态与物理状态转变、流动与变形和机械分离之类物理变化。

(2)以化学变化为主的成型加工技术

属于这一类的技术，在其成型加工过程中聚合物或其单体有明显的交联反应或聚合反应，而且这些化学反应进行的程度对制品的性能有决定性影响。

(3)物理和化学变化兼有的成型加工技术

3. 按成型加工的操作方式划分

(1)连续式成型加工技术

这类技术的共同特点是，其成型加工过程一旦开始，就可以不间断地一直进行下去，塑料产品长度可不受限制，例如管、棒、单丝、板、片、膜之类的型材。

各种型材的挤塑、薄膜和片材的压延、薄膜的流延浇铸、压延和涂覆人造革成型和薄膜的凹版轮转印刷与真空蒸镀金属等，均属于此类加工技术。

(2)间歇式成型加工技术

这类技术的共同特点是：成型加工过程的操作不能连续进行，各个制品成型加工操作时间并不固定；有时具体的操作步骤也不完全相同。

用移动式模具的压缩模塑和传递模塑、冷压烧结成型、层压成型、静态浇铸、滚型以及大多数二次加工技术均属此类加工技术。

(3)周期式成型加工技术

这一类技术在成型加工过程中，每个制品均以相同的步骤、每个步骤均以相同的时间，以周期循环的方式完成工艺操作，主要依靠成型设备预先设定的程序完成各个制品的成型加工操作。

如全自动式控制的注塑和注坯吹塑，以及自动生产线上的片材热成型和蘸浸成型等均属此类加工技术。

二、聚合物成型的理论基础

(一)聚合物的加工性质

1. 聚合物的可挤压性

可挤压性是指聚合物通过挤压作用形变时获得一定形状并保持这种形状的能力。

在塑料成型过程中，常见的挤压作用有物料在挤出机和注射机料筒中、压延机辊筒间以及在模具中所受到的挤压作用。

衡量聚合物可挤压性的物理量是熔体的粘度(剪切粘度和拉伸粘度)。聚合物的可挤压性不仅与其分子结构、相对分子质量和组成有关，而且与温度、压力等成型条件有关。

2. 聚合物的可模塑性

聚合物在温度和压力作用下发生形变并在模具型腔中模制成型的能力，称为可模塑性。

注射、挤出、模压等成型方法对聚合物的可模塑性均有要求，即能充满模具型腔获得制品所需尺寸精度，有一定的密实度，满足制品合格的使用性能等。

可模塑性主要取决于聚合物本身的属性(如流变性、热性能、物理力学性能以及热固性塑料的化学反应性能等)，工艺因素(温度、压力、成型周期等)以及模具的结构尺寸。

3. 聚合物的可纺性

常规的纺丝方法有三种，即熔体纺丝、湿法纺丝和干法纺丝。聚合物的可纺性是指材料经成型加工为连续的固态纤维的能力。

可纺性主要取决于聚合物材料的流变性，熔体粘度、拉伸比、喷丝孔尺寸和形状、挤出丝条与冷却介质之间传质和传热速率、熔体的热化学稳定性等。

4. 聚合物的可延性

非晶或半结晶聚合物在受到压延或拉伸时变形的能力称为可延性。利用聚合物的可延性，通过压延和拉伸工艺可生产片材、薄膜和纤维。聚合物的可延性取决于材料产生塑性变形的能力和应变硬化作用。

形变能力与固态聚合物的长链结构和柔性(内因)及其所处的环境温度(外因)有关；而应变硬化作用则与聚合物的取向程度有关。

(二)聚合物的流变行为

1. 概述

聚合物在成型加工过程中的形变是由于外力作用的结果，材料受力后内部产生与外力相平衡的应力。

随受力方式的不同，应力通常有三种类型：即剪切应力 τ；拉伸应力 σ；流体静压力 p。

材料受力后产生的形变和尺寸改变(即几何形状的改变)称为应变 γ。

在上述三种应力作用下的应变相应为简单的剪切、简单的拉伸和流体静压力的均匀压缩。

聚合物加工时受到剪切力作用产生的流动称为剪切流动。如：聚合物在挤出机、口模、注射机、喷嘴、流道等中的流动。

聚合物在加工过程中受到拉应力作用引起的流动称为拉伸流动。如：拉幅生产薄膜、吹塑薄膜等。

加工中流体静压力对流体流动性质的影响相对来说不及前两者显著，但它对粘度有影响。

在实际加工过程中材料受力情况非常复杂，往往是三种简单应力的组合。实际应变也是多种应变的叠加。加工过程中聚合物的流变性质主要表现为粘度的变化，所以聚合物流体的粘度及其变化是聚合物加工过程最为重要的参数。根据流动过程聚合物粘度与应力或应变速率的关系，可以将聚合物的流动行为分为两大类：

(1)牛顿流体，其流动行为称为牛顿型流动；

(2)非牛顿流体，其流动行为称为非牛顿型流动。

2. 剪切粘度和非牛顿流动

(1)基本流动类型

聚合物流体由于在成型条件下的流速、外部作用力形式、流道几何形状和热量传递等情况的不同，可表现出不同的流动类型。

1)层流与湍流

①层流流体流动的特点

液体主体的流动是按照许多彼此平行的流层进行的；

同一流层之间的各点速度彼此相同；

各层之间的速度不一定相等，各层之间无可见的扰动。

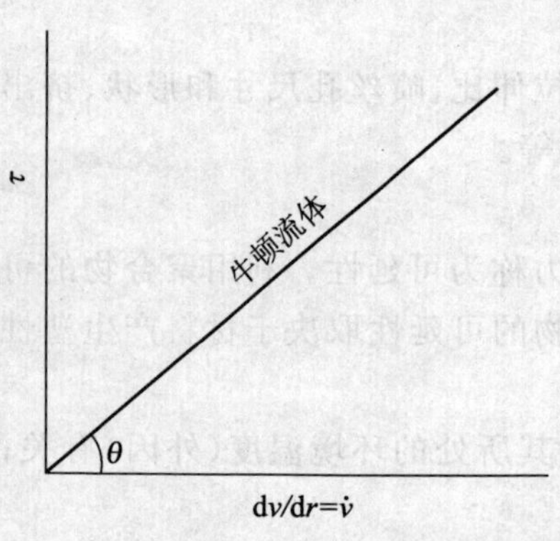

图 2—8 牛顿流体流动曲线

牛顿流体的流动曲线是通过原点的直线，见图2—8。该直线与轴夹角 θ 的正切值为牛顿粘度值。

②湍流(又称紊流)

如果流动速度增大且超过临界值时，则流动转为湍流。湍流时，液体各点速度的大小和方向都随时间而变化。此时流体内会出现扰动。

聚合物流体和聚合物分散体的流动 $Re<2300$ (Re 为雷诺数)，因此为层流。聚合物流体在成型加工过程中，表现的流动行为不遵从牛顿流动定律，称为非牛顿型流体，其流动时剪切应力和剪切速率的比值称为表观粘度 η_a。

2)稳态流动和非稳态流动

稳态流动，是指流体的流动状况不随时间而变化的流动，其主要特征是引起流动的力与流体的粘性阻力相平衡，即流体的温度、压力、流动速度、速度分布和剪切应变等都不随时间而变化。反之，流体的流动状况随时间而变化者称为非稳态流动。

聚合物熔体是一粘弹性流体，在弹性形变达到平衡之前，总形变速率由大到小变化，呈非稳态流动；而在弹性变形达到平衡后，就只有粘性形变随时间延长而均衡地发展，流动即进入稳定状态。对聚合物流体流变性的研究，一般都假定是在稳态条件下进行的。

3)等温流动和非等温流动

等温流动，是指在流体各处的温度保持不变情况下的流动。在等温流动的情况下，流体与外界可以进行热量传递，但传入和传出的热量应保持相等。在塑料成型的实际条件下，聚合物流体的流动一般均呈现非等温状态。

4)拉伸流动和剪切流动

质点速度仅沿流动方向发生变化，如图 2—9(a)所示，称为拉伸流动，质点速度仅沿与流动方向垂直的方向发生变化，如图 2—9(b)所示，称为剪切流动。

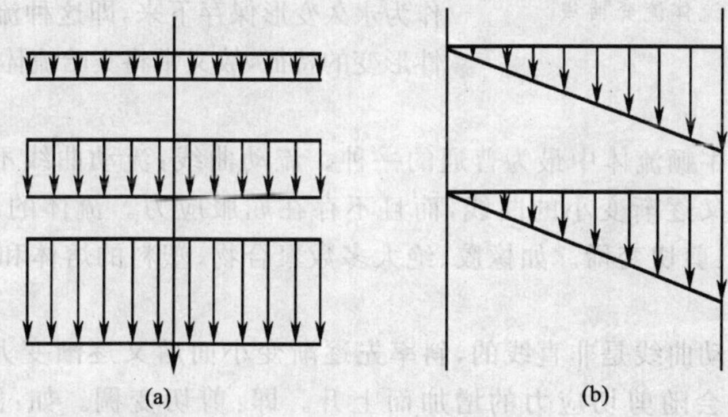

图 2—9　拉伸流动和剪切流动曲线

5)一维流动、二维流动和三维流动

在一维流动中，流体内质点的速度仅在一个方向上变化，即在流通截面上任何一点的速度只需用一个垂直于流动方向的坐标表示。

例如，聚合物流体在等截面圆管内作层状流动时其速度分布仅是圆管半径的函数，是一种典型的一维流动。

在二维流动中，流道截面上各点的速度需要用两个垂直于流动方向的坐标表示。流体在矩形截面通道中流动时，其流速在通道的高度和宽度两个方向上均发生变化，是典型的二维流动。

流体在锥形或其他截面呈逐渐缩小形状通道中的流动，其质点的速度不仅沿通道截面纵横两个方向变化，而且也沿主流动方向变化，即流体的流速要用三个相互垂直的坐标表示，因而称为三维流动。

(2)非牛顿流体

1)粘性系统

不同类型流体粘性流动时的 τ 随 γ 变化的关系曲线，称为流动曲线或流变曲线，见图 2—10。

粘性系统在受到外力作用而发生流动时的特性是：其剪切速率只依赖于所施加剪切应力的大小。

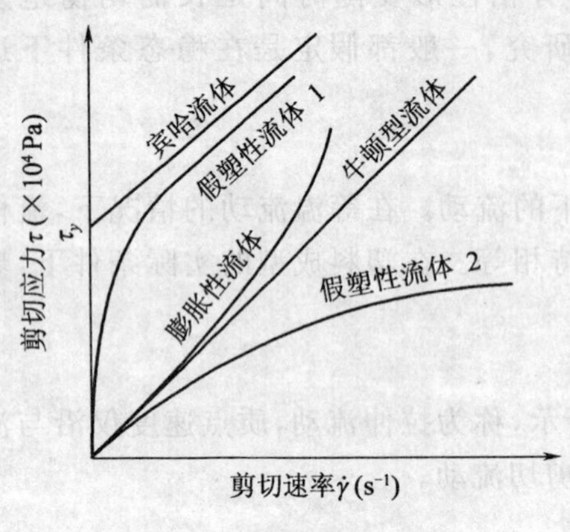

图 2—10　不同流体流变曲线

①宾哈流体

与牛顿流体相比，剪切应力与剪切速率之间也呈线性关系。但此直线的起始点存在屈服应力 τ_y，只有当剪切应力高于 τ_y 时，宾哈流体才开始流动。

流动方程如式(2—5)所示：

$$\tau-\tau_y=\eta_p\dot{\gamma}=\eta_p\frac{\mathrm{d}v}{\mathrm{d}\gamma} \quad (2—5)$$

式中，η_p 为宾哈粘度，也称为刚度系数。当 $\tau<\tau_y$ 时，材料完全不流动；当 $\tau>\tau_y$ 时，材料为牛顿流体。如牙膏、油漆、润滑脂、油漆等。

宾哈流体因流动而产生的形变完全不能恢复而作为永久变形保存下来，即这种流动变形具有典型塑性形变的特征，故又常将宾哈流体称为塑性流体。

②假塑性流体

假塑性流体是非牛顿流体中最为普通的一种。流动曲线：流动曲线不是直线，而是一条斜率先迅速变大而后又逐渐变小的曲线，而且不存在屈服应力。流体的表观粘度随剪切应力的增加而降低。即：剪切变稀。如橡胶、绝大多数聚合物、塑料的熔体和溶液。

③膨胀性流体

膨胀性流体的流动曲线是非直线的，斜率先逐渐变小而后又逐渐变大的曲线，也不存在屈服应力。表观粘度会随剪切应力的增加而上升。即：剪切变稠。如：固体含量高的悬浮液、较高剪切速率下的 PVC 糊塑料。

④幂律函数方程

描述假塑性和膨胀性的非牛顿流体的流变行为，可用式(2—6)描述：

$$\tau=k\dot{\gamma}^n \quad (2—6)$$

式中　k——流体稠度；

n——流动行为指数，是判断这种流体与牛顿型流体流动行为差别大小的参数。

k 值越大，流体越粘稠；n 值离 1 越远，呈非牛顿性越明显。假塑性流体：$n<1$，膨胀性流体：$n>1$。

⑤聚合物流体的普适切变流动曲线

上述对非牛顿型聚合物流体流变行为的讨论仅局限于剪切速率范围较小的情况，而在宽广的剪切速率范围内聚合物流体的 $\tau-\gamma$ 关系与前述之情况并不相同。在宽广剪切速率范围内由实验得到的聚合物流体的典型流动曲线如图 2—11 所示。

由图 2—11 可以看出，在很低的剪切速率内，剪切应力随剪切速率的增大而快速地直线上升，当剪切速率增大到一定值后，剪切应力随剪切速率的增大而上升的速率变小。但当剪切速率增大到很高值的范围时，剪切应力又随剪切速率的增大而直线上升。

可将聚合物流体在宽广剪切速率范围内测得的流动曲线划分为三个流动区。

a)第一流动区，也称第一牛顿区或低剪切牛顿区。

该区的流动行为与牛顿型流体相近；有恒定的粘度，而且粘度值在三个区中为最大。零切粘度或第一牛顿粘度，多以符号 η_0 表示。糊塑料的刮涂与蘸浸操作大多在第一牛顿区所

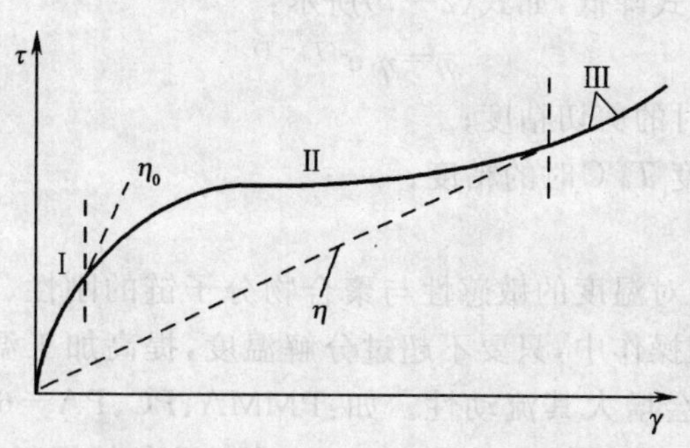

图 2—11　聚合物流体的典型流动曲线

对应的剪切速率范围内进行。

b)第二流动区,也称假塑性区或非牛顿区。

聚合物流体在这一区的剪切速率范围内的流动与假塑性流体的流变行为相近;表观粘度应随剪切速率的增大而减小,这种现象常称为"切力变稀"。在剪切速率变化不大的区段内仍可将流动曲线当作直线处理。塑料的主要成型技术多在这一流动区所对应的剪切速率范围内进行成型操作。塑料主要成型技术的剪切速率范围见表 2—1。

表 2—1　塑料主要成型技术的剪切速率范围

成型技术	浇铸	压缩模塑	压延	涂覆	挤塑	注塑
剪切速率/s^{-1}	1～10	1～10	10～10^2	10^2～10^3	10^2～10^3	10^3～10^5

c)第三流动区,也称第二牛顿区或高剪切牛顿区。

大多数聚合物流体的粘度再次表现出不依赖剪切速率而为恒定值的特性。聚合物流体在这一区具有最小粘度值,常称为第二牛顿粘度或极限粘度,以符号 η_∞ 表示。塑料成型极少在这一流动区所对应的剪切速率范围内进行。

2)有时间依赖性的系统

这类液体的流变特征除与剪切速率与剪切应力的大小有关外,还与施加应力的时间长短有关,即在恒温、恒剪切力作用下,表观粘度随所施应力持续时间而变化(增大或减小,前者为震凝液体,后者为触变性液体),直至达到平衡为止。

①摇溶性(或触变性)流体

表观粘度随剪切应力持续时间下降的流体。如:涂料、油墨。

②震凝性流体

表观粘度随剪切应力持续时间上升的流体。如:石膏水溶液。通常所见的塑料熔体粘度范围为:10^2 Pa·s～10^7 Pa·s,分散体的粘度约在 1 Pa·s 左右。

3. 温度和压力对粘度的影响

在给定剪切速率下,聚合物的粘度主要取决于实现分子位移和链段协同跃迁的能力以及在跃迁链段的周围是否有可以接纳它跃入的空间(自由体积)两个因素,凡能引起链段跃迁能力和自由体积增加的因素,都能导致聚合物熔体粘度下降。

(1)温度对剪切粘度的影响

对于处于粘流温度以上的聚合物,很多研究结果表明:热塑性聚合物熔体的粘度随温度的升高而呈指数函数的方式降低，如式(2—7)所示：

$$\eta=\eta_0 e^{a(T_0-T)} \tag{2—7}$$

式中 η——流体在 T℃时的剪切粘度；

η_0——某一基准温度 T_0℃时的粘度；

a——常数。

聚合物分子表观粘度对温度的敏感性与聚合物分子链的刚性、分子间引力、相对分子质量及其分布有关。在成型操作中，只要不超过分解温度，提高加工温度对表观粘度的温度敏感性大的聚合物来说，都会增大其流动性。如：PMMA、PC、PA－66 等。大幅度增加温度，不但会引起聚合物热降解，降低制品质量，而且对成型设备的损耗也较大，并且会恶化工作条件。

(2)压力对剪切粘度的影响

聚合物由于具有长链结构和分子内旋转，产生空洞较多，即所谓的“自由体积”。所以在加工温度下的压缩性比普通流体大得多。聚合物在高压下体积收缩，自由体积减小，分子间距离缩短，链段活动范围减小，分子间作用力增大，粘度增大，如式(2—8)所示：

$$\eta_p=\eta_{p_0} e^{b(p-p_0)} \tag{2—8}$$

式中 b——压力系数。

单纯通过压力来提高聚合物的流动性是不恰当的。过大的压力会造成功率消耗过大和设备的磨损，甚至使塑料熔体变得像固体而不能流动，不易成型。

对聚合物流体而言，压力的增加相当于温度的降低，称为“压力—温度等效性”。一般地，带有体积庞大的苯基的高聚物，相对分子质量较大、密度较低的，其粘度受压力的影响较大。

4. 弹性

大多数聚合物在流动中除表现出粘性行为外，还不同程度地表现出弹性行为。聚合物熔体在流动时，由于大分子构象的变化，产生可回复的弹性形变，因而发生了弹性效应。如出模膨胀。

因为聚合物熔体弹性形变的实质是大分子长链的弯曲和延伸，应力解除后，这种弯曲和延伸的回复需要克服内在的粘性阻滞。因此，这种回复不是瞬间完成的。所以在聚合物加工过程中的弹性形变及其随后的回复，对制品的外观、尺寸、产量和质量都有重要影响。聚合物熔体随所受压力不同而表现的弹性也有剪切和拉伸等的区别。

(1)剪切弹性

凡弹性模量大的材料，受力时其弹性形变就小，其弹性行为对聚合物加工的影响也小。

绝大多数聚合物熔体的剪切模量在定温下都是随应力的增大而上升的，如式(2—9)所示：

$$G=\frac{\tau}{\gamma_R} \tag{2—9}$$

式中 τ——剪切应力；

γ_R——剪切弹性变形；

G——剪切弹性模量。

温度、压力和相对分子质量对聚合物熔体的剪切弹性模量的影响都很有限，影响比较显著的是相对分子量。相对分子量分布宽的，具有较小的模量和大而缓慢的弹性回复；相对分子量分布窄的，则相反。尽管弹性变形很小，但仍能使熔体产生流动缺陷，从而影响制品质量，甚至出现废品。

(2)拉伸弹性

拉伸弹性可用式(2—10)表示：

$$E=\frac{\sigma}{\varepsilon_R} \tag{2—10}$$

式中 σ——拉伸应力；

ε_R——拉伸弹性形变；

E——拉伸弹性模量。

可以用松弛时间来区别熔体中的弹性是剪切弹性还是拉伸弹性。松弛时间较长者，表明其剪切弹性形变占优势。

5. 流动缺陷

由于聚合物在流动时所表现的弹性行为不仅使前面所推导出的一些流动方程的计算值与实际有出入，甚至会在不稳定流动中出现一系列不正常的流动缺陷。

(1)管壁上的滑移

聚合物在导管中流动时，聚合物靠壁处的流速并不为零，而是发生间断的流动，或称滑移。造成这种现象的原因，可能是剪切速率的径向不均匀分布（靠管壁附近剪切速率最大），或者流动中出现分级效应（即相对分子质量低的级分较多地集中在管壁附近），或者管壁附近的弹性形变的不均匀性（管壁处弹性形变大）。滑移的程度不仅与聚合物品种有关，而且还与采用的润滑剂和管壁的性质有关。

(2)端末效应（入口效应）

聚合物流体经贮槽或大管进入小管时，如图 2—12 所示，在入口端需先经一段长为 L_e 的不稳定流动的过渡区域，才进入稳流区 L_s，此现象称为入口效应。当塑料熔体由导管流出时，料流的直径有先收缩后膨胀的现象。称之为离模膨胀。

1)入口的压力降

聚合物熔体从大直径料筒进入小直径口模会有能量损失，如图 2—13 所示。若料筒中某点与口模出口之间总的压力降为 Δp，则可将其分成三部分，如式(2—11)所示：

$$\Delta p=\Delta p_{en}+\Delta p_{di}+\Delta p_{ex} \tag{2—11}$$

口模入口处的压力降 Δp_{en} 被认为是由以下原因造成的：

①物料从料筒进入口模时由于熔体粘滞流动，流线在入口处产生收敛所引起的能量损失；

②在入口处由于聚合物熔体产生弹性变形，因弹性能的储蓄所造成的能量损失；

③熔体流经入口时，由于剪切速率的剧烈增加所引起的速度的激烈变化，为达到流速分布所造成的。

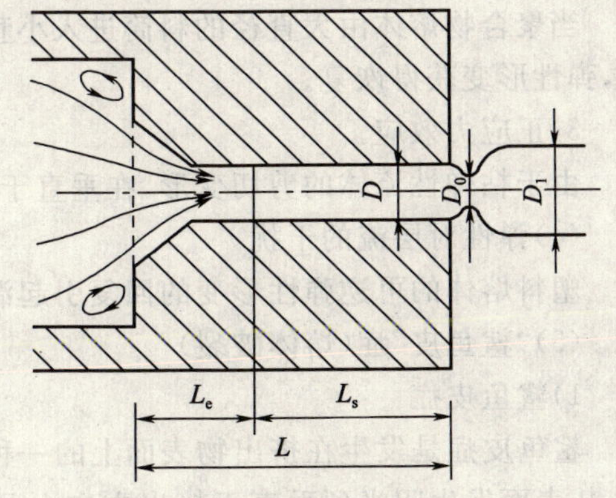

图 2—12 聚合物流体端末效应示意图

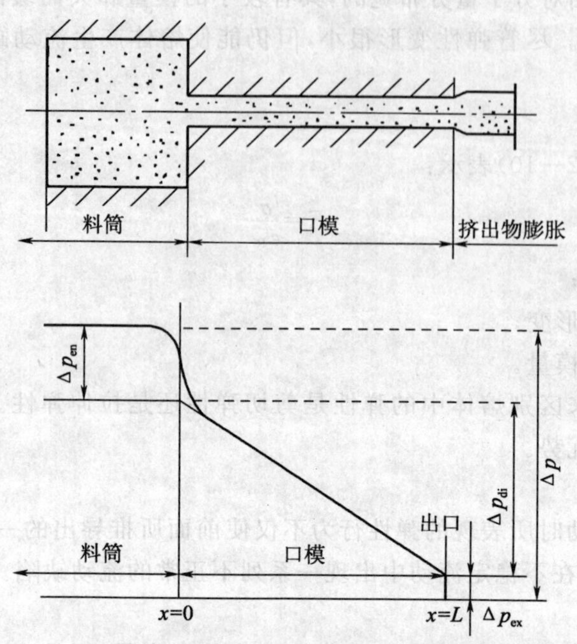

图 2—13　聚合物流体成型时压力降示意图

2)入口修正

贝格里修正。依据一定剪切速率下，料筒—毛细管的总压力降与毛细管的长径比为线性。

(3)离模膨胀

被挤出的聚合物熔体断面积远比口模断面积大。这种现象称为巴拉斯效应(Barus Effect)，也称为离模膨胀。造成这种现象的原因有以下三种解释：

1)取向效应

聚合物熔体流动期间处于高剪切场内，其大分子在流动方向取向，但在口模处发生解取向。

2)记忆效应

当聚合物熔体由大直径的料筒进入小直径的口模时，产生了弹性形变，而熔体离开口模时，弹性形变获得恢复。

3)正应力效应

由于粘弹性流体的剪切变形，在垂直于剪切方向上引起了正应力的作用。

(4)弹性对层流的干扰

塑料熔体的可逆弹性形变的回复引起湍流。

(5)"鲨鱼皮"症(熔体破裂)

1)鲨鱼皮症

鲨鱼皮症是发生在挤出物表面上的一种缺陷，其形貌多种多样，随不稳定流动的程度而异：从表面发生闷光到垂直于挤出方向上间隔规则的深纹，这些深纹以人字形、鱼鳞状到鲨鱼皮不等，或密或疏。原因是挤压口模对挤出物表面所产生的周期性的张力和流体在管壁上的滑移(时粘时结的间断性流动)的结果。

前者可解释为:管壁处的料流在出口处必须迅速加速到与其他部位挤出物一样高的速度,这个加速度会产生很高的局部应力,这样在管口壁对挤出物时大时小的周期性的拉应力作用下,挤出物表面的移动速度也时快时慢,从而产生了鲨鱼皮症。后者可解释为:流体在导管中流动时,在管壁处的速度梯度最大,因而大分子的弹性形变也比中心部分大,一旦发生应力松弛时,就必然引起熔体在管壁上周期性的滑移。

2)熔体破裂

聚合物熔体在导管中流动时,如剪切速率大于某一极限值,往往产生不稳定流动,挤出物表面出现凹凸不平或外形发生竹节状、螺旋状等畸变。以至支离、断裂,统称为熔体破裂,见图 2—14。

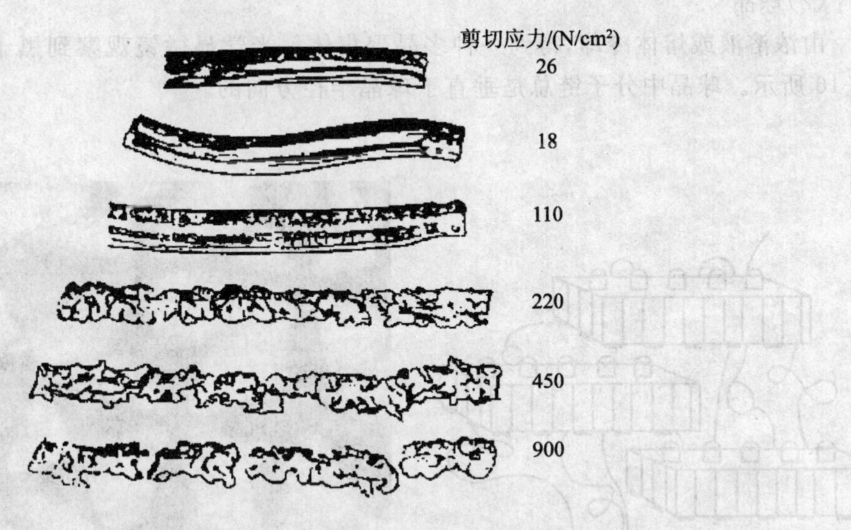

图 2—14　聚合物熔体破裂示意图

对造成这种现象的机理目前有两种看法:

①认为是由于熔体流动时,在口模壁上出现了滑移现象和熔体中弹性回复所引起的;

②认为在口模内由于熔体各处所受应力作用的历史不尽相同,因而在离开口模后所出现的弹性回复就不可能一致。

(三)聚合物的结晶

聚合物加工过程影响结晶聚合物的形态和最终产品的性能。

1. 聚合物的结晶能力

聚合物的结晶能力首先与分子链的结构有关,其次也与成型条件、后处理方式、是否添加成核剂等有关。高分子链的结构包括:链的对称性,取代基的类型、数量与对称性,链的规整性、柔韧性,分子间作用力等。利于结晶的因素有如下几点:

(1)链结构简单,重复结构单元较小,相对分子质量适中;

(2)主链上不带或只带极少的支链;

(3)主链化学对称性好,取代基不大且对称;

(4)规整性好;

(5)高分子链的刚柔性及分子间作用力适中。

2. 聚合物的结晶度

聚合物由于大分子链结构的复杂性，其结晶性是有限的，且结晶度依聚合物结晶的历史不同而不同。

3. 结晶形态

(1)单晶

凡是能够结晶的聚合物，在适当的条件下，都可以形成单晶。在稀溶液(<0.1 g/L)中加热，并缓慢降温处理，可形成几个微米～几百微米大小的薄片状晶体，晶片厚度约 10 nm。与聚合物的相对分子质量无关，只取决于结晶时的温度和热处理条件。晶片中分子链是垂直于晶面方向的，而且是折叠排列的，如图 2—15 所示。

(2)球晶

由浓溶液或熔体冷却，得到一种多晶聚集体。光学显微镜观察到黑十字消光图形，如图 2—16 所示。球晶中分子链总是垂直于球晶半径方向的。

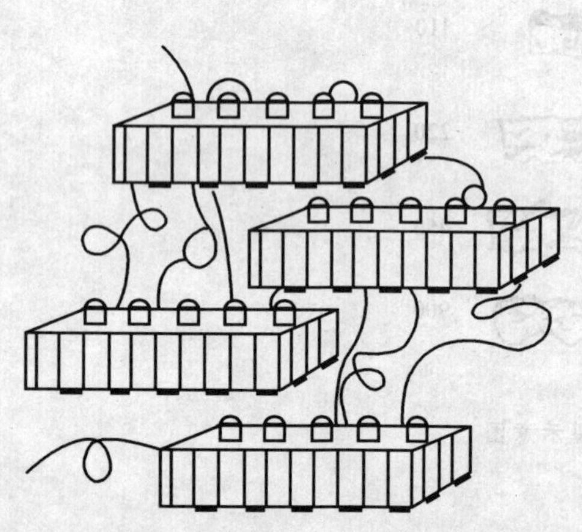

图 2—15　聚合物单晶示意图

图 2—16　聚合物球晶示意图

(3)纤维状晶体

应力作用下的聚合物结晶。中心由伸直链构成微束原纤结构，周围串着许多折叠链片晶。随着应力的增大和伸直链结构的增多，力学强度提高，制品呈透明状。

(4)柱晶

沿应力方向成行地形成晶核，沿垂直于应力的方向生长成柱状晶体。

(5)伸直链晶体

在极高的压力下结晶，可以得到由完全伸直链构成的晶片，可大幅度提高材料的力学强度。

4. 结晶对性能的影响

表 2—2 为聚对苯二甲酸乙二酯结晶度对性能的影响，可以看出，结晶度不同，材料的性能有很大差异。

表 2—2　聚对苯二甲酸乙二酯结晶度对性能的影响

非晶态	透明状	T_g:67°C	ρ:1.33
结晶态	不透明	T_g:81°C	ρ:1.455

聚乙烯:结晶度由 60%升高到 80%,弹性模量、表面硬度、屈服应力均提高。

总之,结晶态聚合物抵抗形变的能力优于非晶态下的同一聚合物。结晶度高的优于低的。绝大多数结晶聚合物,在其 $T_g \sim T_m$ 之间出现屈服点。

5. 结晶动力学

(1)结晶聚合物结晶过程的特点

1)$T > T_m$ 时晶体结构被破坏;

2)熔融稍有滞后;

3)没有明确的熔点;

4)熔融范围、熔点与平均相对分子质量及其分布关系不大,而与结晶历程、结晶度、球晶大小有关。

(2)结晶过程

1)晶格的生成

聚合物熔体某一局部的分子链段形成有序排列,且可以足够自发地生长。

$$\text{晶坯} \xrightarrow[\text{(动态平衡)}]{} \text{晶核}$$

晶坯大小与冷却快慢有关,结晶总过程有强烈的时间依赖性。晶核生成速率最大处在熔点和玻璃化温度中间的某一点。

2)晶体的生长

与聚合物分子结构和外界条件有关。以最初的晶核为中心的情况下,形成圆球状的晶区——球晶。

(3)结晶速率

用膨胀计测量聚合物结晶过程的体积变化,如式(2—12)所示,可以表征聚合物的结晶速率。

$$\frac{V_\infty - V}{V_\infty - V_0} = \exp(-kt^n) \tag{2—12}$$

式中　k——等温下的结晶速率常数;

n——常数;

V_∞——起始体积;

V_0——终了体积;

V——t时刻的体积。

6. 成型加工与聚合物结晶

(1)成型方法与结晶

1)熔融温度和熔融时间

成型温度高,熔融时间长,残存晶核少,冷却时以均相成核为主,结晶速度慢,结晶尺寸较大。

2)成型压力

成型压力增加,应力和应变增加,结晶速度随之增加,晶体结构、形态、结晶大小也发生变化。

3)冷却速度

冷却速度快,结晶度小。通常,冷却温度在 T_g～最大结晶速度的温度之间。因此,应按所需制品的特性,选择合适的工艺,控制不同的结晶度。如 PE 薄膜需韧性、透明性低,则结晶度低;而塑料制品强调强度、刚性,则结晶度高。同一种聚合物成型工艺不同,可得不同的晶型。

(2)成型后处理方法与结晶

1)二次结晶

二次结晶是指一次结晶后,在残留的非晶区和结晶不完整的部分区域内,继续结晶并逐步完善的过程。该过程十分缓慢,可达几年,甚至几十年。

2)后结晶

后结晶是指一部分来不及结晶的区域,在成型后继续结晶的过程,不形成新的结晶区域,即初结晶的继续。

3)后收缩

后收缩是指制品脱模后,室温存放 1 h 后发生的,到不再收缩为止的收缩率。如 PP 的后收缩为 1%～2%,脱模 24 h 后基本定型。

以上三种情况,都将引起晶粒变粗,产生内应力,造成制品曲挠、开裂等弊病,冲击性能变差。

(3)退火

将试样加热到熔点以下某一温度(使用温度 10℃～20℃以下),以等温或缓慢变温的方式使结晶逐渐完善化的过程称为退火。长时间退火,有利于高分子链重排。

(4)淬火

淬火是指将熔融状态或半熔融状态的结晶性高分子,在该温度下保持一定时间后,快速冷却使其来不及结晶,以改善制品的冲击性能。

(5)成核剂与结晶

加入成核剂可提高结晶速度,促进微晶生成。成核剂的熔点应比聚合物高,并与其有一定的相容性,不致使制品物理性能降低太大。

三、挤出成型

(一)概述

挤出成型也称挤压模塑或挤塑,即借助螺杆或柱塞的挤压作用,使受热熔化的塑料在压力推动下,强行通过口模而成为具有恒定截面的连续型材的一种成型方法。

挤出法几乎能成型所有热塑性塑料和某些热固性塑料。生产的制品包括管材、板材、薄膜、线缆包覆物及塑料与其他材料的复合材料等。挤出制品占热塑性塑料制品的 40%～50%,此外还可以用于塑化造粒、着色和共混等。

(二)挤出设备

挤出设备一般由挤出机、机头和口模、辅机等几部分组成。

螺杆挤出机

螺杆挤出机由挤出装置(螺杆和料筒)、传动机构和加热冷却系统等主要部分组成。

(1)单螺杆挤出机

单螺杆挤出机是由一根阿基米德螺杆在加热的料筒中旋转构成的,见图 2—17。其大小一般用螺杆直径来表示。

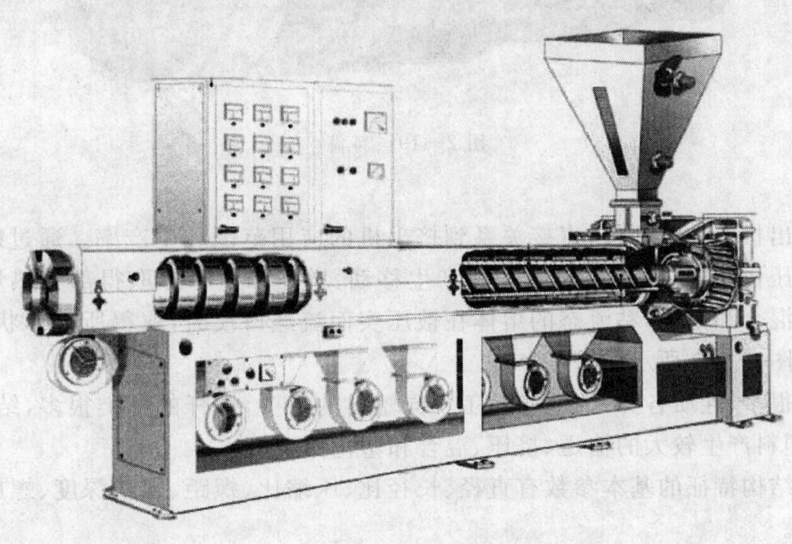

图 2—17 单螺杆挤出机

1)传动装置

传动装置为带动螺杆转动的部分,通常由电动机、减速箱和轴承等组成。

在挤出过程中,要求螺杆转速稳定,不随螺杆负荷的变化而变化,以保证制品质量均匀一致。但在不同的场合下,又要求螺杆能变速,以达到一台设备能适应挤出不同塑料或不同制品的要求。

传动部分采整流子电动机、直流电动机等装置达到无级变速。螺杆转速通常为 10 r/min～100 r/min,且设有良好的润滑系统和迅速制动的装置。

2)加料装置

供料一般采用粒料、粉料和带状料等几种。装料设备通常使用锥形加料斗,其容积至少能容纳 1 h 的用料。料斗底部有截断装置,以便调整和切断料流。侧面有视孔和标定计量的装置。有些料斗带有减压或加热装置、搅拌器、自动上料或加料装置,见图 2—18。

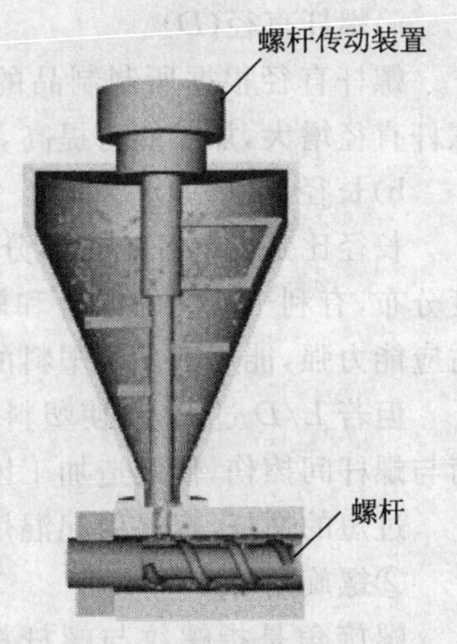

图 2—18 带强制加料器的料斗

3)料筒

料筒是挤出机的主要部件之一,为一金属圆筒,一般用耐温耐压、强度较高、坚固耐磨、耐腐的合金钢或内衬合金钢的复合钢筒制成,见图 2—19。塑料的塑化和加压过程都在其中进行。外部设有分区加热和冷却装置。一般通过电阻、电感或其他方式加热。冷却一般通过风冷或水冷。

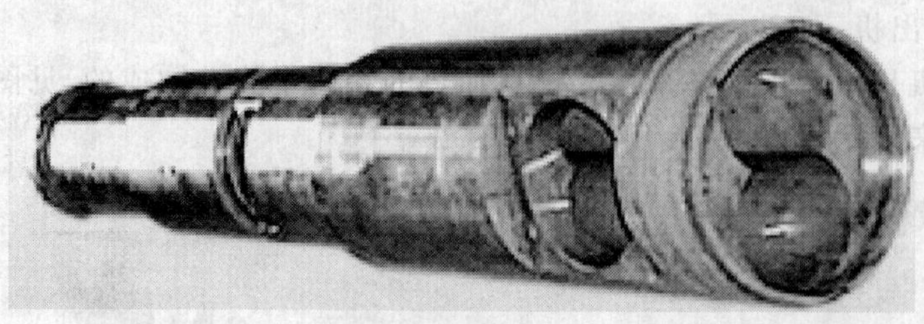

图 2—19 料筒

4)螺杆

螺杆是挤出机的关键部件,直接关系到挤出机的应用范围和生产率。通过螺杆的转动,对塑料产生挤压作用,塑料在料筒中才能产生移动、增压和从摩擦取得部分热量,塑料在移动过程中得到混合和塑化,粘流态的熔体在被压实而流经口模时,取得所需形状而成型。普通渐变螺杆如图 2—20 所示。

塑料品种很多、性质各异,为适应加工不同塑料的需要,螺杆的种类很多,结构上也有差异,以便能对塑料产生较大的输送、挤压、混合和塑化作用。

表示螺杆结构特征的基本参数有直径、长径比、压缩比、螺距、螺槽深度、螺旋角、螺杆与料筒的间隙等。

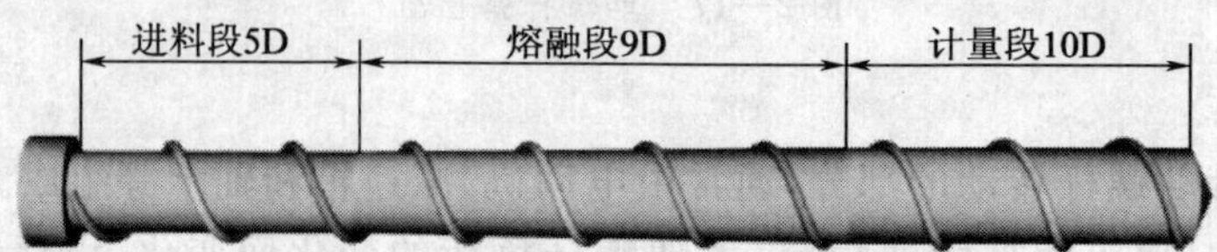

图 2—20 普通渐变螺杆

①螺杆的直径(D)与长径比(L/D)

a)螺杆直径(D)

螺杆直径根据所制制品的形状、大小及需要的生产率决定。一般为 45 mm～150 mm。螺杆直径增大,加工能力提高,挤出机的生产率与螺杆直径 D 的平方成正比。

b)长径比(L/D)

长径比是指螺杆工作部分有效长度与直径之比,通常为 18～25。L/D 大,能改善物料温度分布,有利于塑料的混合和塑化,并能减少漏流和逆流,提高挤出机的生产能力。且螺杆适应能力强,能用于多种塑料的挤出。

但若 L/D 过大,会使塑料受热时间增长而降解,螺杆自重增加,自由端挠曲下垂,引起料筒与螺杆间擦伤,使制造加工困难,增大功率消耗。

过短的螺杆,容易引起混炼的塑化不良。

②螺旋角(ϕ)

螺旋角是指螺纹与螺杆横断面的夹角。随着 ϕ 的增大,挤出机的生产能力提高,但剪切作用和挤压力减小。螺旋角通常在 10°～30°之间。对于等距螺杆,即螺距等于直径，$\phi = 17°41'$。

③压缩比

压缩比是指螺杆加料段最初一个螺槽容积与均化段最后一个螺槽容积之比。它表示塑料通过螺杆全长范围时被压缩的倍数。压缩比愈大，塑料受到的挤压作用愈大。

螺槽浅时，能对塑料产生较高的剪切速率，有利于料筒壁和物料间的传热，物料混合和塑化的效率高，但生产率降低；螺槽深时，情况相反。因此，热敏性塑料，宜用深螺槽螺杆（如PVC）；熔体粘度高、热稳定性较高的塑料，宜用浅螺槽螺杆（如PA）。

④螺杆的结构形式

a)渐变型：等距不等深，见图2—21。

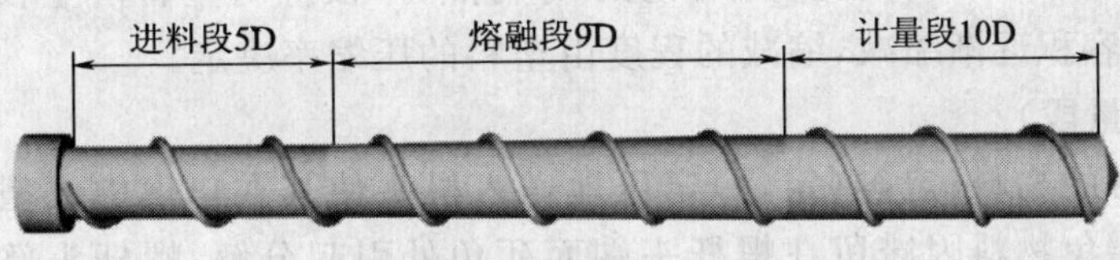

图2—21 普通渐变螺杆

b)渐变型：等深不等距，见图2—22。

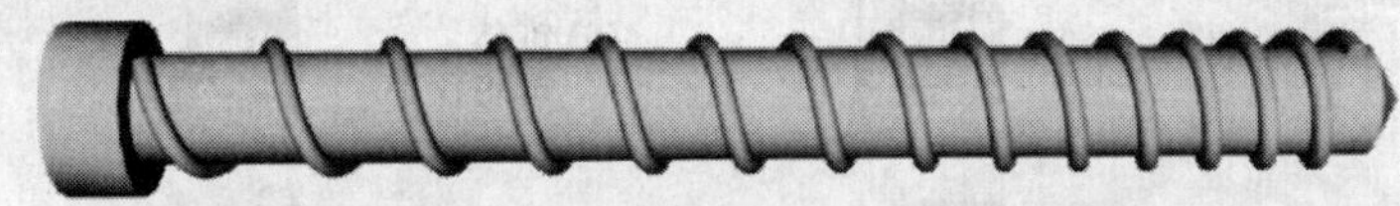

图2—22 等深变距螺杆（收敛螺杆）

c)突变型，见图2—23。

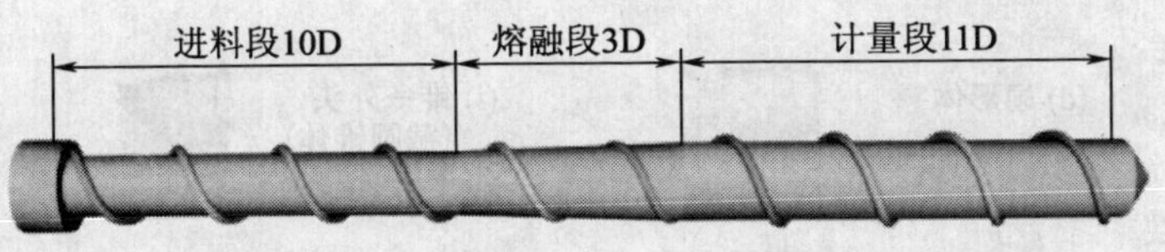

图2—23 普通突变螺杆

d)鱼雷头螺杆，见图2—24。

图2—24 鱼雷头螺杆

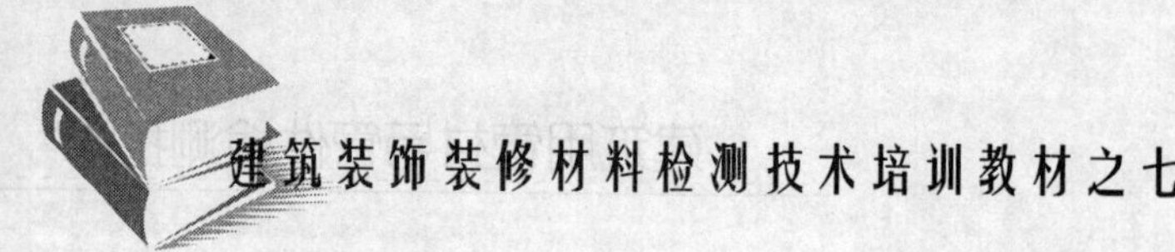

⑤螺杆各段的功能

物料沿螺杆前移时，经历着温度、压力、粘度等的变化，这种变化在螺杆全长范围内是不同的，根据物料的变化特征，将螺杆分为以下三段。

a)加(送)料段

加料段将料斗供给的料送往压缩段。塑料在移动过程中，一般保持固体状态，由于受热而部分熔化。挤出结晶聚合物时加料段最长，硬性无定形聚合物次之，软性无定形聚合物加料段最短。螺槽容积可以保持不变。

b)压缩段(迁移段、过渡段)

压缩段压实物料，使物料由固体转变为熔融体，并排除物料中的空气。为适应将物料压实，将气体推回加料段和物料熔化时体积减小等特点，本段应对塑料产生较大的剪切作用和压缩，通常使螺槽容积逐渐缩减，缩减的程度由塑料的压缩率决定。

c)均化段(计量段)

均化段将熔融的物料，定容(定量)定压地送入机头使其在口模中成型。均化段螺槽容积恒定不变。为避免物料因滞留在螺杆头端面死角处引起分解，螺杆头部常设计成锥形或半圆形。有些螺杆的均化段是一表面完全平滑的杆体，称为“鱼雷头”，但也有刻上凹槽或铣刻成花纹的。常见的塑料、橡胶用螺杆头部形状见图 2—25。

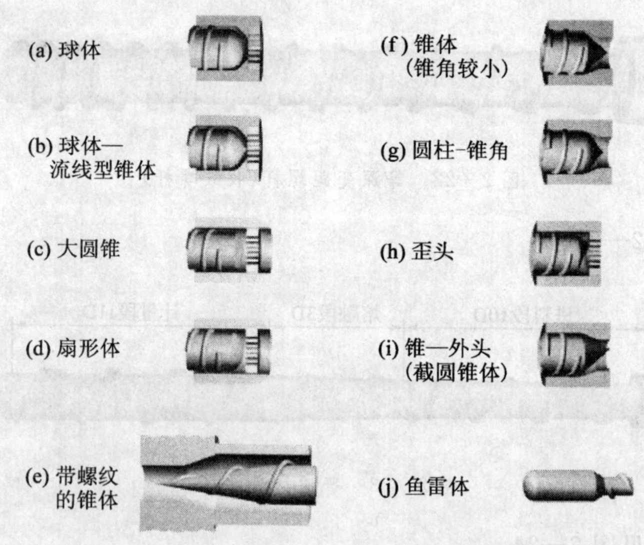

图 2—25 常见的塑料、橡胶用螺杆头部形状

鱼雷头具有搅拌和节制物料、消除流动脉冲现象的作用，并能增大物料的压力，降低料层厚度，改善加热状况，且能进一步提高螺杆塑化效率。

5)机头和口模

机头的作用是将处于旋转运动的塑料熔体转变为平行直线运动，使塑料进一步塑化均匀，并将熔体均匀而平稳地导入口模，赋予其必要的成型压力，使塑料易于成型和取得密实的制品。

口模为具有一定截面形状的通道，塑料熔体在口模中流动时取得所需形状，并被口模外的定型装置和冷却系统冷却硬化而成型。

机头与口模的组成部件包括过滤网、多孔板、分流器、模芯、口模和机颈等部件。

①圆孔口模

用于挤出塑料圆棒、单丝和造粒。具有圆形出口的横截面。流动状态是典型的一维流动,同心圆上的轴向流速是相同。

②扁平口模

用于挤出法生产平膜和片材。出口具有狭缝形的横截面。

具有分配腔
- 直管式口模:聚烯烃、聚酯
- 鱼尾形口模:无死角,熔体粘度高,热稳定性差
- 衣架式口模:停留时间一致,硬 PVC

③环形口模

用于挤出管子、管状薄膜、吹塑用型坯、涂布电线。出口具有环形截面。

由口模套和芯模组成,有
- 支架式
- 直角式
- 螺旋芯模式
- 储料缸式

④异形口模

异型制品(型材)从任一口模(异形口模)挤出而得到具有不规则截面的半成品。通常有中空和开放式两大类。

(2)双螺杆挤出机

指在一根两相连孔道组成∞截面的料筒内由两根相互啮合或相切的螺杆组成的挤出装置,见图 2—26。

图 2—26 双螺杆挤出装置

1)双螺杆设计的差别

①啮合还是非啮合;

②对啮合螺杆:同向转动还是反向转动;

③螺杆是圆柱形还是锥形;

④压缩比的实现是靠:螺纹高度或导程;根径由小变大或外径由大变小;螺纹头数变化。

⑤螺杆是整体的还是组合的。

2)螺杆类型

①Colombo 螺杆

螺杆分为三段,每一段有一混合室。加料段的外径和螺距最大;压缩段次之;均化段为最小。同一段中,螺杆是等径等距的。

②锥形双螺杆

向外反向转动。从加料段到计量段，螺杆的外径和根径均匀地由大到小变化。螺杆各部分的长度、螺纹头数、螺槽数、螺棱宽度、螺棱形状等均有变化。

③组合型双螺杆

由不同数目的具有不同功能的螺杆元件按一定要求和顺序装到带导键或三角形芯轴上组合而成。可以连续输送、塑化、均化、加压、排气。

④非啮合型双螺杆

类似两根平行单螺杆在料筒中转动，但两根螺杆反向转动并相切。分为单阶和双阶两种形式，双阶挤出机如图 2—27 所示。

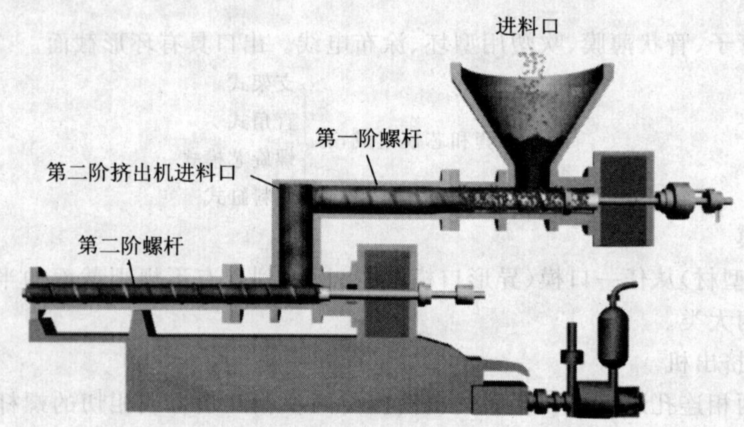

图 2—27　双阶挤出机

(3)挤出机的辅助设备

1)原料输送、干燥等预处理设备；

2)定型和冷却设备，如定型装置、水冷却装置、空气冷却装置；

3)用于连续地、平稳地将制品接出的可调速牵引装置；

4)成品切断和辊卷装置；

5)控制设备等。

(4)挤出机的一般操作方法

1)开车前准备的工作；

2)机器运行开始的工作；

3)停车时的工作；

4)清理设备。

(三)单螺杆挤出原理

1. 固体输送

固体输送以固体对固体的摩擦力静平衡为基础。为了增大输送量，可以采取以下措施：

(1)螺杆直径不变时，增大螺槽宽度；

(2)减小聚合物与螺杆的摩擦系数；

(3)增大聚合物与料筒的摩擦系数,如料筒内开设纵向沟槽;锥形开槽料筒;

(4)减小螺旋角;

(5)从工艺角度上考虑送料段料筒和螺杆的温度。

2. 固体熔化

塑料的整个熔化过程是在螺杆熔融区进行的,塑料的整个熔化过程直接反映了固相宽度沿螺槽方向变化的规律,这种变化规律,决定于螺杆参数、操作条件和塑料的物性等。

3. 熔体输送

熔体输送理论是单螺杆挤出机的均化段研究最有成效的理论。这一理论包括均化段的物料流动状态、物料的充分塑化、使之维持定量、定温地从机头中挤出、并获得稳定。

该理论假定条件:进入均化段的物料已全部熔融塑化,熔体为等温牛顿流体,在流动过程中粘度、密度没有变化;流动是稳定状态下的层流;熔体是不可压缩的;螺距和螺槽深度不变并且螺槽是矩形的,螺槽的曲率可以忽略不计;螺槽的宽度与深度之比大于10,可认为沿着螺槽的速度分布是不变的。

在上述假定的基础上、熔体在螺杆均化段的流动有四种形式:即正流、逆流、横流和漏流。熔融物料在螺槽中的流动是上述四种流动的组合,它是以螺旋形轨迹出现的,其形状与一根嵌在螺槽中的钢丝弹簧相仿。

(四)单螺杆结构设计的改进

1. 排气式螺杆

可连续从聚合物中抽出挥发物、单体、低聚物、缩聚反应物、配料时的挥发组分、水分。在料筒上设置一个或多个排气孔。

2. 屏障型螺杆

在压缩段的螺纹旁再加一道辅助螺纹,将主螺纹的前缘分为熔体槽,后缘分为固体槽,实现熔体与固体的分离。如 Mailefer 螺杆、Barr 螺杆、Kim 螺杆等。

3. 销钉型螺杆

在靠近熔化段末端到计量段这一区间设置一组或几组起混合作用的销钉。使料流发生搅动,产生局部的高剪切以增进固体粒子的熔化;有利于内压力提高,保证螺槽被充满和压实。缺点是产率减少,熔体温度提高。

4. 波型螺杆

螺槽根部是偏心的,偏心部位沿轴向按螺旋形移动。轴向波型螺杆,带有辅助螺纹。

5. 混合螺杆

将上述螺杆进行复合设计,从而满足多向性能的要求。

(五)双螺杆挤出原理

1. 分类

(1)横向开口:指垂直螺棱方向,物料能越过螺棱,在一根螺杆的各个螺棱之间进行物料交换。

(2)纵向开口:指自加料口到口模有一通道,物料从一根螺杆流往另一根螺杆。

(3)非啮合双螺杆在纵、横向都是开口的。

(4)全啮合、反向转动的双螺杆在纵、横向都是闭合的,不考虑机械间隙,能形成封闭室。

(5)全啮合、同向转动的双螺杆是纵向开口、横向封闭的。

(6)捏合盘在纵向、横向都是开口的。

(7)部分啮合的双螺杆,要区分纵向开口和横向封闭系统与纵、横向开口系统。

2. 反向啮合型双螺杆挤出机

(1)封闭式反向转动啮合(CICT)型双螺杆挤出机

其螺杆几何形状见图 2—28。

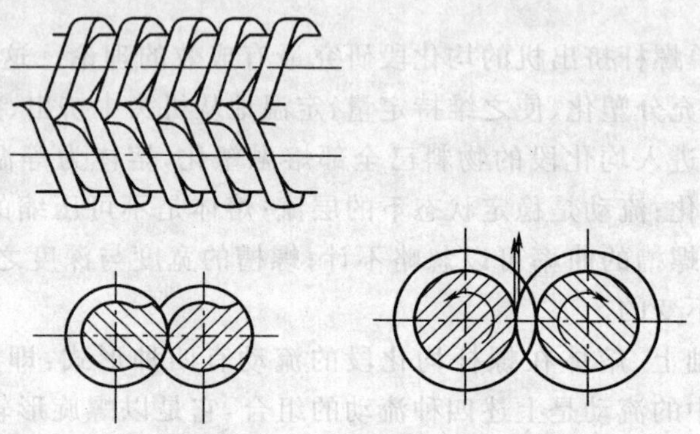

图 2—28 封闭式反向转动啮合(CICT)型双螺杆挤出机

(2)特点

1)两根螺杆螺槽间的开口是很小的;

2)具有滚压式啮合,啮合区的螺杆速度都在同一个方向;

3)进入啮合区的物料有强制通过该啮合区的倾向。

(3)适用范围

CICT 挤出机一般适合在低速下运行。CICT 挤出机的最大允许螺杆速度是机器正位移输送特性的良好指标。低的,最大螺杆转速为 20 r/min~40 r/min,用于型材挤出;高的,最大螺杆转速为 100 r/min~200 r/min,用于配料、连续化学反应和特定聚合物加工。

3. 同向、啮合型双螺杆挤出机

有低速和高速两种,低速同向转动双螺杆挤出机适于型材挤出;高速挤出机适于特定聚合物的加工作业。

(1)封闭式啮合型挤出机

封闭式啮合螺杆(CICO)的几何形状如图 2—29 所示,其中一根螺杆的螺纹插入另一根螺杆的螺槽而且紧密配合,即共扼螺杆轮廓。

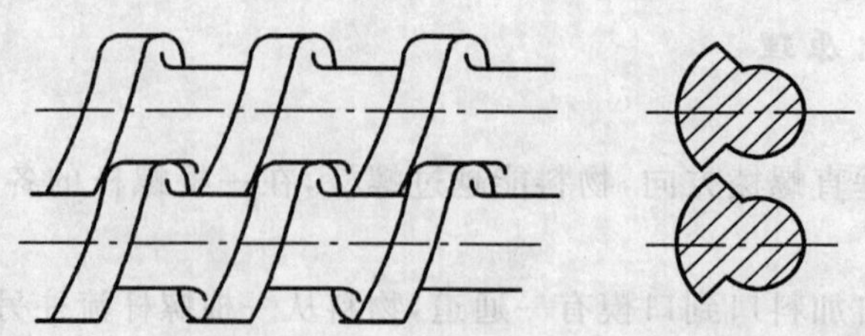

图 2—29 封闭式啮合螺杆示意图

(2)特点

1)两根螺杆的螺槽之间存在着相当大的开口;

2)具有滑动式啮合,啮合区螺杆的速度是相反的;

3)物料呈 8 字形运动,同时沿轴向运动;

4)CICO 型挤出机物料在进入啮合区处产生高的压力,因此必须在低速下运转。

4. 非啮合型双螺杆挤出机

NOCT,反向转动的非啮合型双螺杆。其输送与单螺杆相似,差别在于物料从一根螺杆到另一根螺杆。主要用于共混、排气和化学反应。

(六)挤出成型工艺与过程

1. 成型物预处理

通常包括干燥、预热、着色、混入各种添加剂和废品的回收利用等。水分会影响挤出过程的正常进行和制品的质量,使制品出现气泡、表面晦暗、物理机械性能下降、甚至无法挤出。所以应控制含水量在 0.5%以下。同时不含有任何可见杂质。

2. 挤出成型

挤出过程中螺杆转数、料筒压力、温度应视具体情况加以调整。

(1)物料温度

来源于料筒加热器和螺杆对物料的剪切。

料温升高则粘度降低,利于塑化;同时熔体流量大,出料加快。机头和口模温度过高,挤出物形状稳定性差,制品收缩率增加,甚至制品发黄、出现气泡。挤出不能正常进行。料温过低则塑化较差,功率消耗增加。

温度降低使熔体粘度高,机头压力增加,制品密实、形状稳定性好,但离模膨胀严重,应适当增大牵引速度。

口模与模芯温差过大会使挤出制品出现向内或向外翻或扭歪情况。

(2)增大螺杆的转速

强化对物料的剪切作用,利于物料的混合和塑化,提高物料的压力。

3. 制品的定型与冷却

热塑性塑料挤出制品,在离开机头口模后,应进行冷却定型。若定型不及时,在自身重力的作用下会发生形变。大多数情况下定型与冷却往往同时进行。挤出管材和各种异型材时才有定型过程,挤出薄膜、单丝、线缆包覆物等不需定型。挤出板材和片材时,有时还通过一对压辊压平,也有定型和冷却作用。

4. 牵引(拉伸)和热处理

制品从口模挤出后,产生离模膨胀,挤出物尺寸和形状发生改变。如果不进行牵引和热处理,会造成重量增大、不引出、造成堵塞、生产停滞、破坏挤出连续性和后面挤出物变形等现象。常用管材牵引设备有滚轮式和履带式。牵引速度应与挤出速度很好地配合,且速度均匀。

一般牵引速度大于挤出速度,以消除离模膨胀。有些制品需热处理:如由狭缝扁平口模直接挤出片材经拉伸而得的薄膜,以减小热收缩率,提高尺寸稳定性。

5. 合格制品按要求进行切割或卷取

利用切割设备将合格品按需要的尺寸进行切割分装,或者利用卷曲设备进行卷曲。

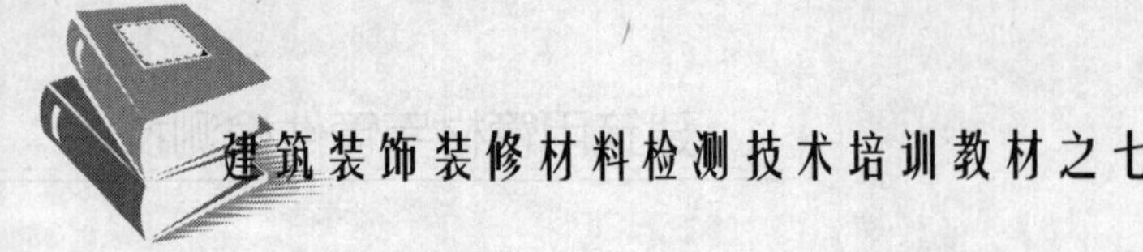

(七)挤出成型的发展趋势

(1)大型化

单螺杆挤出机的 L/D 可达 42;螺杆直径可达 300 mm～420 mm,甚至达 750 mm;多螺杆挤出机直径可达 600 mm(卧式),300 mm(立式),长度可达 875 mm。

(2)高挤出速度

直径 65 mm 的挤出机螺杆转速高达 800 r/min～1000 r/min。

(3)多效能

以挤出机为主机,加上辅机,可生产多种制品。

(4)自动化

挤出温度及压力等工艺条件采用 PID(比例、积分、微分)测控等。

(5)连续化

从粉料开始直到制品实现全自动化连续流水线。

(八)管材的挤出

挤出管材所用设备有挤出机、机头、定型装置、冷却槽、牵引设备、切断设备以及扩口设备等。

1. 机头和口模

大体上分为{偏移式:内径尺寸要求准确的生产；直通式:常用}

挤出机挤出的熔融塑料进入机头由芯模及口模外套所构成的环隙通道流出后即成为管状物。直通式管材机头如图 2—30 所示。

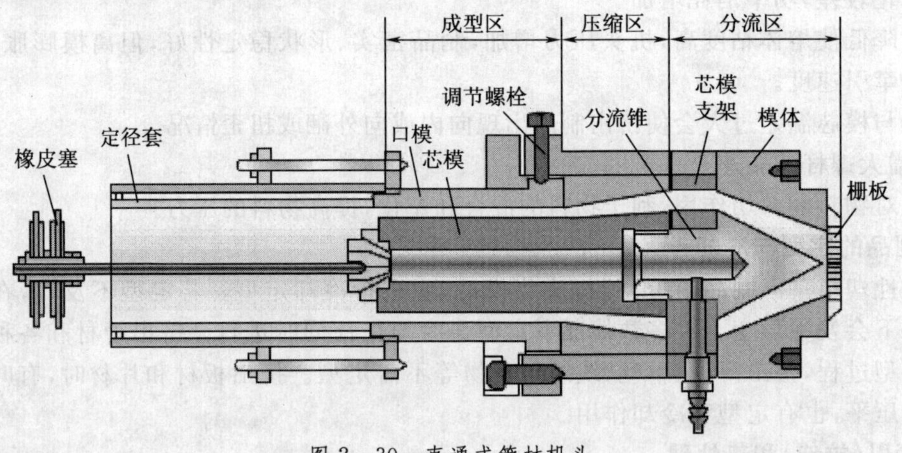

图 2—30　直通式管材机头

2. 定型

挤出的管状物首先应通过定型装置,使之冷却变硬而定型。定型方法主要有以下两类。

(1)外径定型

在管状物外壁和定径套内壁紧密接触的情况下进行冷却而实现定型。结构简单、操作方便,为我国普遍所采用。内压定径装置如图 2—31 所示。

(2)内径定型

将定径套的冷却水管从芯棒处伸进,必须使用偏移式机头。用这种方法制得的管材内壁比较光滑。

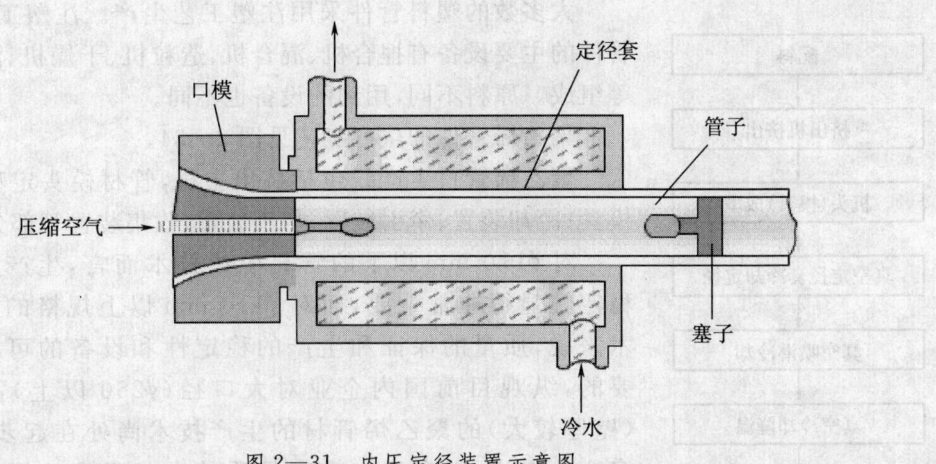

图 2—31　内压定径装置示意图

3. 冷却

为防止管材冷却过程中发生弯曲变形，沿管材圆周上均匀布置喷水头对管材进行喷淋冷却。可用的装置有冷却水槽和喷淋水箱两种。

4. 牵引

常用牵引管材的装置有滚轮式和履带式两种，如图 2—32 所示。

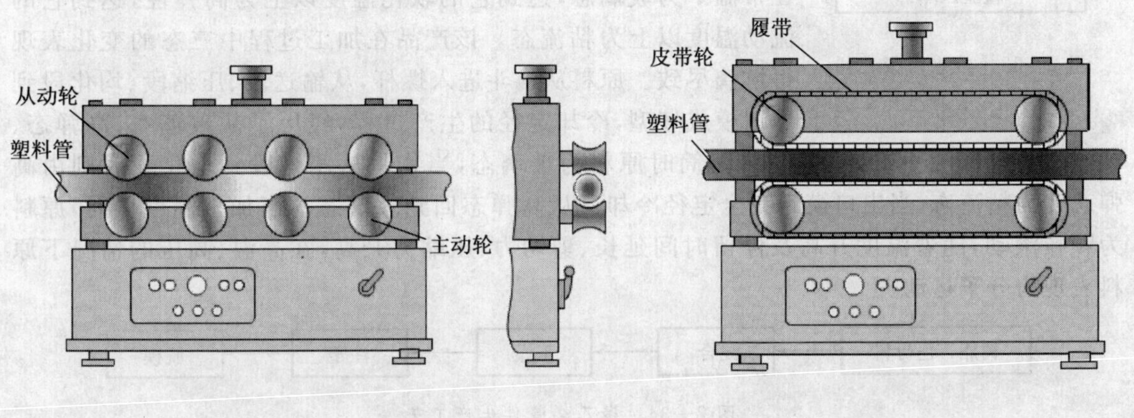

滚轮式牵引机构　　履带式牵引机构

图 2—32　滚轮式和履带式牵引机示意图

第三节　塑料管材生产工艺简介及质量控制

以常用的几种塑料管材为例，简要介绍塑料管材的生产工艺及其质量控制要点。

一、聚乙烯管材生产工艺简介

PE 给水管为以聚乙烯树脂为原料，经挤出成型的给水用管材。图 2—33 为给水用聚乙烯管材的成型工艺。

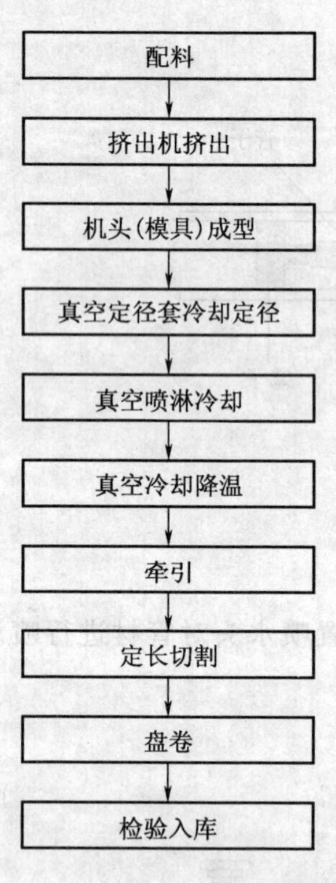

图 2—33 给水用聚乙烯管材生产工艺

大多数的塑料管件采用注塑工艺生产。注塑工艺加工塑料管件的主要设备有捏合机、混合机、造粒机、干燥机、注塑机、模具等组成。原料不同,用到的设备也不同。

聚乙烯管件的生产工艺见图 2—34。

聚乙烯管材生产线包括挤出主机,管材模头定型装置、定型模具、冷却装置、牵引装置、切割装置、收集装置等部分。

对 ϕ110 mm 以下的管材生产技术而言,生产速度和生产稳定性显得非常重要,而对 ϕ110 mm 以上规格的管材生产技术来说,质量的保证和生产的稳定性和设备的可靠性是最重要的,纵观目前国内企业对大口径(ϕ250 以上)高压力等级(壁厚较大)的聚乙烯管材的生产技术尚处在起步阶段,对很多企业来说,以高速生产高品质的大口径聚乙烯管材无疑是一个最新的课题。

二、PP—R 管挤出工艺简介

1. 加工温度

高分子 PP—R 材料具有玻璃态、高弹态、粘流态力学三态,在常温下为玻璃态,达到它的软化温度以上为高弹性,达到它的流动温度以上为粘流态。该产品在加工过程中三态的变化表现得淋漓尽致。原料从料斗进入螺杆,从输送段、压缩段、均化段到出口模成坯型,冷却定径的生产过程,经历了从玻璃态、高弹态、粘流态的轮回两种转变。刚进入机筒时原料为玻璃态,当物料从压缩段到均化段时则由高弹态变为粘流态,当出口模到完全定径冷却又从高弹态回到玻璃态。当加工温度低时,原料为颗粒滚动,随着温度升高及停留时间延长、剪切力、压缩力升高,在高温、高压的情况下原料表现为分子运动。

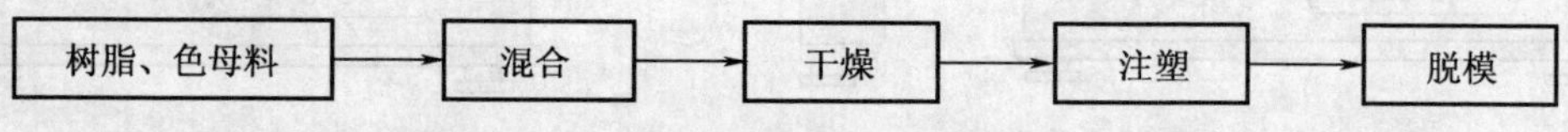

图 2—34 聚乙烯管件生产工艺

所谓“塑化”,就是在一定温度、压力、时间的条件下充分打开高分子链段之间的互相纠缠,使分子与分子链能够相对比较自由地伸展,冷却后互相之间又紧密地卷曲纠缠在一起。如果加工温度太低,分子之间、分子链之间互相的纠缠未充分打开,冷却定型后,分子之间、分子链之间互相“包容”、互相“深入”的部分太少,促使管材产生低温脆性大,耐压强度低,使用寿命短等质量缺陷;如果温度太高,过度塑化,高分子就会有热老化现象。所谓热老化实质上就是高分子有断链现象,出现短支链或自由基,形成不稳定因子。这种热老化现象肉眼看不出来,通常使用短时间也不能发现,然而却会影响管材的性能及使用寿命。因此,严格控制加工温度,对产品质量十分重要。

2. 冷却速率

PP—R 管材之所以在常温下具有较高的抗冲性能和耐压性能,是因为分子之间、分子链段之间有一定的“自由体积”。当分子之间、分子链段之间的位置得到最佳的摆放时,受到外力冲击或挤压时，"游刃有余"的高分子链段能在多维空间范围之内呈多维状摆动，或内旋或外旋或正旋或逆旋或上旋或下旋或上下左右前后滑移，从而缓解外来冲击力或挤压力，而不至于结构被破坏。如何使高分子之间、高分子链段之间获得最优的空间"自由体积"，冷却速率起着至关重要的作用。

所谓冷却速率，就是使高分子链之间获得摆放多维空间的快慢程度。当冷却速度过快时，塑料熔体热坯型进入定径套，高分子与分子链之间来不及摆好自己的位置而被突然冻结，同时产生应力集中，就像人还未站稳脚跟，突然受外力作用一样，很容易被推倒，或者很"别扭"。但高分子材料由于在常温下肉眼看不出来，加之国标规定本身具有一定的使用保险系数，在一般使用情况下不易被发现，但极限力及长期使用就会有质量影响。因此生产中应该采用合理的冷却速率，即梯度渐次冷却法，第一节水箱水温控制在45℃～50℃，第二节水箱水温控制在40℃～42℃，第三节水箱水温控制在34℃～37℃，第四节水箱水温控制在28℃～30℃，第五节水箱水温控制在20℃～25℃较为合理。水箱应当采用水温水位控制喷淋冷却，选用全自动电脑控制稳定而先进的设备，从而保证产品的内在质量，使管材使用寿命达到50年以上。

3. 模具压缩比

聚丙烯由于分子结构特殊的缘故，如果不是随机共聚物中有乙烯，或嵌段聚合物中有乙烯，或共混物中有改性材料，单纯的聚丙烯在高温高压下非常容易取向，如人们熟悉的聚丙烯打包带，纵向很受力，但横向一撕就会裂开，这就是取向的直观形态。所谓"取向"就是高分子往一个方向有序排列，顺着一个方向排列越规整，其取向程度越高，在某一方向的强度就越高；而在与之垂直的方向就越薄弱，抗压、抗冲、抗拉强度相应越差，管材就会表现出耐环境开裂性能差、使用寿命短的特点。在一般情况下，由于管材壁厚较厚，人们很难在短时间内发现这一质量隐患，Ⅲ型聚丙烯PP－R由于采用了随机共聚方法，可解决低温脆性问题，从一定程度上控制了结晶与取向程度，从而保证纵向、横向，环围趋于各向同性。但事实上在加工过程中，过低的压缩比，对打开分子链之间的纠缠相对较难，表现为塑化未达到最佳值；过高的压缩比又会使高分子取向严重，产生各向异性，从而影响产品的性能。

如何才能保证合理的压缩比，使产品更密实，塑化更好，又不至于使高分子链取向严重产生各向异性呢？我们采用了内螺旋多流道机头，在出口模成坯型之前，使塑料熔体交叉旋转成动态流向，利用这种材质好、精度高、设计先进的模具加之选用优质的PP－R原料，使产品的各向同性达到了最佳理想受控状态，产品可完全达到其设计使用寿命50年以上。

4. 几何尺寸变化

选用优质的原料、先进的设备模具和严格的工艺控制对保证PP－R管材优异的各种性能很重要，但是加工工艺中几何尺寸特别是外径尺寸的大小对使用性能同样有很大的影响。

同一个尺寸的定径套，管材壁厚不同，冷却水温不同，速度不同，其收缩率均不同；即使冷却水温相同，真空度相同，管材壁厚收缩率也不同。如表2—3所示。

表2—3　管材壁厚与管材外径收缩率的关系

壁厚/mm	6.8	8.4	10.3	12.5
真空度/MPa	－0.05	－0.05	－0.05	－0.05
水温/℃	25～50	25～50	25～50	25～50
管材外径/mm	75.9	75.6	75.4	75.1

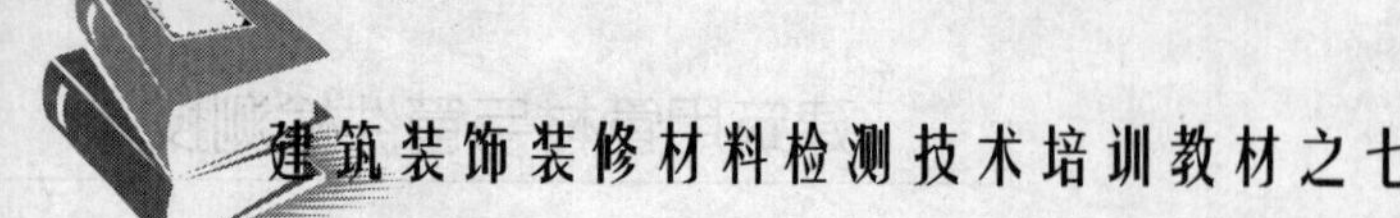

从表2—2可以看出，同一个定径套，相同的冷却水温，相同的真空度和相同的挤出速度下，管壁越厚收缩越大，反之管壁越小收缩越小。其主要原因是管壁越厚，冷却定型后，分子之间、分子链之间形成的阀加与深入互容层越多，纠缠的抱紧力越大，单位体积内收缩比越大，从而体现厚度增加收缩按一定量增加，但又不完全按等比级数或等差级数变化。这是因为管壁越厚，同样的真空负压，吸附力变弱，坯型管材贴到定径套里面的贴合界面层增大，在冷却定型时，厚度越大，在高弹态与玻璃态交替过程中，表面需要的张力也同样增大。随着管壁厚度从6.8 mm～12.5 mm壁厚的变化，外径变化有0.7 mm～1.4 mm的误差范围。水温越高，挤出速度越快，管材坯型在定径套里面停留时间越短。出定径套后，在真空负压或正压作用下，还会继续受吸附力的影响而继续膨胀，因此线速度越快、水温越高，外径越大些，反之越小些，误差范围可达0.1 mm～0.5 mm。选择合适的定径套、挤出线速度和保证适当停留时间与水温是保证几何尺寸的关键。

那么管材外径尺寸的大小对管材焊接与使用性能又有什么影响呢？当管材外径偏大时，管材进行焊接，形成过多的溢边，管材前端溢于管件里端太多，管材后端溢于管件外边太多。里端溢边越多，将形成强大的水流阻力，影响流体流量，大口径管材相当于小口径的管材使用，形成浪费，溢于外边过多就严重影响美观；管材外径偏小，管材管件热熔挤压力过小，影响焊接时粘接强度，同时溢边太少，外围辅助效果较差。因此，严格控制外径尺寸是保证焊接质量的重要因素，更是保证焊接质量达到或超过管材管件的本体强度的关键。当然，焊接温度、加热时间长短、管材加热时的向前推力及推进速度同样对焊接质量有很重要的影响。

综上所述，在加工工艺过程中，选用优质原料，先进的设备、模具，合理的加工温度与挤出线速度，合适的冷却速率、水温、真空度、压缩比，焊接加工工艺与外径的最佳配合是保证PP－R管材综合性能好，使用寿命达到50年以上的关键。

第三章 常用塑料检测方法

一、非泡沫塑料密度的测定(GB/T 1033.1—2008)

本方法适用于模塑的或挤出的无孔的非泡沫塑料,以及粉料、片料和颗粒状非泡沫塑料。

(一)状态调节

测试环境应符合 GB/T 2918—1998 的规定。通常,不需要将样品调节到恒定的温度,因为测试本身是在恒定的温度下进行的。

如果测试过程中试样的密度发生变化,且变化范围超过了密度测量所要求的精密度,则在测试之前试样应按材料相关标准规定进行状态调节。如果测试的主要目的是密度随时间或大气环境条件的变化,试样应按材料相关标准规定进行状态调节。如果没有相关标准,则应按供需双方商定的方法对试样进行状态调节。

(二)试验方法

1. A 法:浸渍法

(1)试验仪器

1)分析天平,或为测密度而专门设计的仪器:精确到 0.1 mg。

注:可以用自动化仪器,密度可以用电脑计算得出。

2)浸渍容器:烧杯或其他适于盛放浸渍液的大口径容器。

3)固定支架:如容器支架,可将浸渍容器支放在水平面板上。

4)温度计:最小分度值为 0.1℃,范围为 0℃~30℃。

5)金属丝:具有耐腐蚀性,直径不大于 0.5 mm,用于浸渍液中悬挂试样。

6)重锤:具有适当的质量。当试样的密度小于浸渍液的密度时,可将重锤悬挂在试样托盘下端,使试样完全浸在浸渍液中。

7)比重瓶:带侧臂式溢流毛细管,当浸渍液不是水时,用来测定浸渍液的密度。比重瓶应配备分度值为 0.1℃,范围为 0℃~30℃的温度计。

8)液浴:在测定浸渍液的密度时,可以恒温在±0.5℃范围内。

(2)浸渍液

用新鲜的蒸馏水或去离子水,或其他适宜的液体(含有不大于 0.1%的润湿剂以除去浸渍液中的气泡)。在测试过程中,试样与该液体或溶液接触时,对试样应无影响。

如果除蒸馏水以外的其他浸渍液来源可靠且附有检验证书,则不必再进行密度测试。

(3)试样

试样为除粉料以外的任何无气孔材料,试样尺寸应适宜,从而在样品和浸渍液容器之间产生足够的间隙,质量应至少为 1 g。

当从较大的样品中切取试样时,应使用合适的设备以确保材料性能不发生变化。

试样表面应光滑，无凹陷，以减少浸渍液中试样表面凹陷处可能存留的气泡，否则就会引入误差。

(4)试验步骤

1)在空气中称量由一直径不大于 0.5 mm 的金属丝悬挂的试样的质量。试样质量不大于 10 g 时，精确到 0.1 mg；试样质量大于 10 g 时，精确到 1 mg，并记录试样的质量。

2)将用细金属丝悬挂的试样浸入放在固定支架上装满浸渍液的烧杯里，浸渍液的温度应为(23±2)℃[或(27±2)℃]。用细金属丝除去粘附在试样上的气泡。称量试样在浸渍液中的质量，精确到 0.1 mg。

如果在温度控制的环境中测试，整个仪器的温度，包括浸渍液的温度都应控制在(23±2)℃[或(27±2)℃]范围内。

3)如果浸渍液不是水，浸渍液的密度需要用下列方法进行测定：称量空比重瓶质量，然后在温度(23±0.5)℃[或(27±0.5)℃]下，充满新鲜蒸馏水或去离子水后再称量。将比重瓶倒空并清洗干燥后，同样在(23±0.5)℃[或(27±0.5)℃]温度下充满浸渍液并称量。用液浴来调节水或浸渍液以达到合适的温度。

按式(3—1)计算 23℃或 27℃时浸渍液的密度：

$$\rho_{IL}=\frac{m_{IL}}{m_W}\times\rho_W \tag{3—1}$$

式中 ρ_{IL}——23℃或 27℃时浸渍液的密度，g/cm^3；

m_{IL}——浸渍液的质量，g；

m_W——水的质量，g；

ρ_W——23℃或 27℃时水的密度，g/cm^3。

4)按式(3—2)计算 23℃或 27℃时试样的密度：

$$\rho_S=\frac{m_{S,A}\times\rho_{IL}}{m_{S,A}-m_{S,IL}} \tag{3—2}$$

式中 ρ_S——23℃或 27℃时试样的密度，g/cm^3；

$m_{S,A}$——试样在空气中的质量，g；

$m_{S,IL}$——试样在浸渍液中的表观质量，g；

ρ_{IL}——23℃或 27℃时浸渍液的密度，g/cm^3，可由供货商提供或由式(3—1)计算得出。

对于密度小于浸渍液密度的试样，除下述操作外，其他步骤与上述方法完全相同。

在浸渍期间，用重锤挂在细金属丝上，随试样一起沉在液面下。在浸渍时，重锤可以看作是悬挂金属丝的一部分。在这种情况下，浸渍液对重锤产生的向上的浮力是可以允许的。试样的密度用式(3—3)来计算：

$$\rho_S=\frac{m_{S,A}\times\rho_{IL}}{m_{S,A}+m_{K,IL}-m_{S+K,IL}} \tag{3—3}$$

式中 ρ_S——23℃或 27℃时试样的密度，g/cm^3；

$m_{K,IL}$——重锤在浸渍液中的表观质量，g；

$m_{S+K,IL}$——试样加重锤在浸渍液中的表观质量，g。

5)对于每个试样的密度，至少进行 3 次测定，取平均值作为试验结果，结果保留到小数点后第三位。

2. B 法：液体比重瓶法

(1)试验仪器

1)天平：精确到 0.1 mg。

2)固定支架：如容器支架，可将浸渍容器支放在水平面板上。

3)比重瓶：带侧臂式溢流毛细管，当浸渍液不是水时，用来测定浸渍液的密度。比重瓶应配备分度值为 0.1℃，范围为 0℃～30℃的温度计。

4)液浴：在测定浸渍液的密度时，可以恒温在±0.5℃范围内。

5)干燥器：与真空体系相连。

(2)浸渍液：同浸渍法。

(3)试样

试样应为接收状态的粉料、颗粒或片状材料，试样的质量应在 1 g～5 g 的范围内。

(4)试验步骤

1)称量干燥过的空比重瓶，在比重瓶中装上适量的试样，并称重。用浸渍液浸过试样并将比重瓶放在干燥器中，抽真空将其中的空气赶出。终止抽真空，然后将比重瓶装满浸渍液，将其放入(23±0.5)℃[或(27±0.5)℃]恒温液浴中恒温，然后将浸渍液准确充满至比重瓶容量所能容纳的极限处。

将比重瓶擦干，称量盛有试样和浸渍液的比重瓶。

2)将比重瓶倒空清洁后烘干，装入煮沸过的蒸馏水或去离子水，再用上述方法排除空气，在测试温度下称量比重瓶和内容物的质量。

3)如果浸渍液不是水，还应按式(3—1)计算浸渍液的密度。

4)试样在 23℃或 27℃时的密度按式(3—4)计算：

$$\rho_S=\frac{m_S\times\rho_{IL}}{m_1-m_2} \tag{3—4}$$

式中 ρ_S——23℃或 27℃时试样的密度，g/cm³；

m_S——试样的表观质量，g；

m_1——充满空比重瓶所需液体的表观质量，g；

m_2——充满容有试样的比重瓶所需液体的表观质量，g；

ρ_{IL}——由供货商提供的或按式(3—1)计算得到的在 23℃或 27℃时的浸渍液密度，g/cm³。

5)每个样品至少应测 3 个试样，计算 3 次测试的平均值，结果保留到小数点后第三位。

3. C 法：滴定法

(1)试验仪器

1)液浴：在测定浸渍液的密度时，可以恒温在±0.5℃范围内。

2)玻璃量筒：容量为 250 mL。

3)温度计：分度值为 0.1℃，温度范围适合于测试所需温度。

4)容量瓶：容积为 100 mL。

5)平头玻璃搅拌棒。

6)滴定管：容量为 25 mL，分度值 0.1 mL，可以放置在液浴中。

(2)浸渍液

需要两种可互溶的不同密度的液体，其中一种液体的密度低于被测样品的密度，而另一种液体的密度高于被测样品的密度，附录A中给出了几种液体的密度作为参考。必要时，可用几毫升液体进行快速初预测。

在测试过程中，要求液体与试样接触对试样不产生影响。

(3)试样

试样应是无气孔的具有合适形状的固体。

(4)测试步骤

1)用容量瓶准确称量100 mL较低密度的浸渍液，倒入干燥的250 mL的玻璃量筒中，并将装浸渍液的量筒放入到液浴中，恒温到(23±0.5)℃[或(27±0.5)℃]。

2)将试样放入到量筒中，试样应沉入底部，并不应有气泡。搅拌几次，量筒及量筒内的试样在恒温液浴中稳定。

注：建议保持温度计始终在浸渍液中，测量期间检查达到热平衡的情况，特别是稀释热的散失情况。

3)当液体的温度达到(23±0.5)℃[或(27±0.5)℃]时，用滴定管每次取1 mL重浸渍液加入到量筒中，每次加入后，用玻璃棒竖直搅拌浸渍液，防止产生气泡。

每次加入重浸渍液并搅拌后，观察试样的现象，起初试样迅速沉底，当加入较多的重浸渍液后，样片下沉的速率逐渐减慢。这时，每次加入0.1 mL重浸渍液。同样每次加入后用玻璃棒竖直搅拌浸渍液，当最轻的试样在液体里悬浮，且能保持至少1 min不做上下运动时。记录加入的重浸渍液的总量，这时混合液的密度相当于被测试样密度的最低限。

继续滴加重浸渍液，每次加入后用玻璃棒竖直搅拌浸渍液，当最重的试样在混合液中某一水平也能稳定至少1 min时，记录所添加重浸渍液的总量，这时混合液的密度相当于被测试样密度的最高限。

对于每对液体(轻浸渍液和重浸渍液)，建立加入重浸渍液的量与混合液体密度两者之间的函数关系曲线，曲线上每点所对应混合液体的密度可用比重瓶法来测定。

(三)空气中浮力的校正

由于称量是在空气中进行，当测试结果的准确度在0.2%～0.05%范围之间时，应校正所得到的“表观密度”值，以抵消空气浮力对试样和所用砝码产生的影响。

真实质量用式(3—5)计算：

$$m_T = m_{APP} \times \left(1 + \frac{\rho_{Air}}{\rho_S} - \frac{\rho_{Air}}{\rho_L}\right) \tag{3—5}$$

式中 m_T——真实质量，g；

m_{APP}——表观质量，g；

ρ_{Air}——空气的密度，g/cm³，23℃或27℃时空气的密度是0.0012 g/cm³；

ρ_S——试样在23℃或27℃时的密度，g/cm³；

ρ_L——所用重物的密度，g/cm³。

为了提高准确性，可以考虑空气的压力和温度对其密度的影响，如式(3—6)：

$$\rho_{Air} = \frac{131}{1 + 0.00367t} \times \frac{1}{p} \tag{3—6}$$

式中 t——测试温度，℃；

p——大气压，Pa。

附录 A

适用于方法 C 的液体体系

(1)表 A1 中给出了适用于本部分方法 C 的液体体系。

警告——以下某些化学品可能是有毒的。

表 A1　方法 C 的液体体系

体　系	密度范围/(g/cm³)
甲醇/苯甲醇	0.79～1.05
异丙醇/水	0.79～1.00
异丙醇/二甘醇	0.79～1.11
乙醇/水	0.79～1.00
甲苯/四氯化碳	0.87～1.60
水/溴化钠水溶液①	1.00～1.41
水/硝酸钙水溶液	1.00～1.60
乙醇/氯化锌水溶液②	0.79～1.70
四氯化碳/1,3－二溴丙烷	1.60～1.99
1,3－二溴丙丙烷/溴化乙烯	1.99～2.18
溴化乙烯/溴仿	2.18～2.89
四氯化碳/溴仿	1.60～2.89
异丙醇/甲基乙二醇乙酸酯	0.79～1.00

①质量分数为 40%的溴化钠溶液的密度为 1.41 g/cm³。

②质量分数为 67%的氯化锌溶液的密度为 1.70 g/cm³。

(2)表 A2 中试剂也可用于制备不同的混合液体系。

表 A2

试剂	密度/(g/cm³)
正辛烷	0.70
二甲基甲酰胺	0.94
四氯乙烷	1.60
乙基碘	1.93
亚甲基碘	3.33

二、塑料白度试验方法(GB/T 2913—1982)

本方法适用于测定不透明的、黄色或近白色粉末状树脂和板状塑料。

本方法同样适用于测定不透明的荧光增白塑料。但是由不同类型仪器测得的结果不求相同。

1. 定义

塑料白度系指不透明的白色或近白色的粉末状树脂和板状塑料表面对规定蓝光漫反射的辐射能,与同样条件下理想的全反射漫射体反射的辐射能之比率,以百分数表示。

2. 试样

(1)粉末状试样:粉末试样应通过100目筛网后取样。

对于已经有目度规格或通过100目筛网有困难的产品,也可按产品标准规定的目度取样。

(2)板状试样:直接由板材截取面积为大于或等于50 mm×50 mm的试片,并根据步骤5.的规定选择试样厚度,或按产品标准规定的厚度,试样应色质均匀。两表面平整且互相平行,无凹凸、银纹,沾污和擦伤,内部无气泡等缺陷。

颗粒按照产品标准规定的技术条体压制成试样。

每组试样不少于3个。

3. 试验仪器

(1)蓝光白度测定仪

仪器应符合下列条件:

1)蓝光光谱特性曲线的峰值在457 nm、半高宽度在40 nm~60 nm间。

2)光学几何结构为45/0(或符合国际照明委员会(CIE)规定的其他类型的结构)。

3)试样受光面积为直径大于或等于20 mm的圆。

4)光源包含紫外线成分,适于荧光试样的测定。

5)仪器读数精度为0.2%,稳定性0.5%。

(2)标准白色板

(3)基准白度板

用经中国计量科学研究院以绝对标准标定的漫反射体压制。推荐用硫酸钡作为传递标准的漫反射体。

(4)校验白度板

在试验仪器上,用基准白度板进行标定。

(5)工作白度板

在试验仪器上,用校验白度板进行标定。

4. 工作白度板的清洗

受污染的工作白度板必须用不含荧光物质的洗涤剂和软毛刷洗涤。经蒸馏水冲洗干净后,先用纯净的丙酮荡涤,然后用滤纸吸去溶剂,置于干燥器中阴干,待标定。

5. 试验步骤

(1)仪器的调节

按照仪器使用说明书规定的使用条件,将仪器调节至工作状态。

(2)粉末试样的试验步骤

将试样均匀地置于深度大于或等于6 mm的样品池中。使试样面超过池框表面约2 mm,用光洁的玻璃板,覆盖在试样的表面上,压紧试样,并稍加旋转。然后小心地移去玻璃板。用一支光滑的金属尺沿样品池框从一头向另一头移动，将超过样品池表面多余的试样刮去，使试样表面平滑。沿水平方向目视观察试样，表面应无凹凸不平、疵点、斑痕等异常情况。将试样放入仪器的样品台上，测定白度值，读至 0.1%。将试样在样品台上水平旋转 90°，再测定白度值，读至 0.1%。

另取两个试样，按以上各步骤操作，并测定白度值。

(3)板状试样的试验步骤

按要求检查试样，重叠试样至适当的厚度，以其达到测得的白度值不变时作为测试试样的厚度。

1)单片试样的试验步骤

将试样放入仪器样品台上，测定白度值，读至 0.1%。将试样取出并翻转重新放入仪器样品台上，再测定白度值，读至 0.1%。另取两个试样，按以上各步骤操作，并测定白度值。

2)重叠试样的试验步骤

将试样放入仪器样品台上，依次将最上面的一个试片移至底部，重复试验，测定白度值．如此进行直至测得全部试片的白度值为止，由此得到第一组数据。取出试样，将试样整体翻转，再按上述操作，测定试样反面的白度值，由此得到第二组数据。

6. 结果表示

(1)试验结果以白度的算术平均值表示。

(2)试验的标准偏差按式(3—7)计算：

$$s=\sqrt{\frac{\sum (X_i-\overline{X})^2}{n-1}} \tag{3—7}$$

式中 s——标准偏差；

X_i——第 i 次测定值；

$\overline{X}$——n 次测定值的算术平均值；

n——测定次数。

附录 A

关于半透明塑料表观白度试验方法的建议

（补充件）

本方法系测定白色或近白色半透明板状塑料在指定条件下，对规定蓝光漫反射的辐射能，与同样条件下理想的全反射漫射体反射的辐射能之比率，以百分数表示。

由本方法测得的结果仅供作半透明塑料对光吸收情况的相对比较，并不表示其白度的真值。

A.1 试片

A.1.1 试片的形状和尺寸

试片为厚度 2 mm、长和宽均大于或等子 50 mm 的方片，或直径大于或等于 50 mm 的圆片。

A.1.2 试片的制备

1 按被测产品的产品标准中规定的热压条件制备，或直接由同样厚度的板材截取。

2 试样必须色质均匀，表面无银纹、沾污、擦伤，内部无气泡等缺陷。两表面必须平整且互相平行。

3 每组试片不少于5个

A.2 试验仪器

A.2.1 试验仪器为蓝光白度测定仪，仪器的技术条件见正文一。

A.2.2 标准白度板，见正文二、3。

A.3 试验步骤

A.3.1 按照仪器使用说明书规定的使用条件，将仪器调节至工作状态。

A.3.2 将5个试片重叠成总厚度为10 mm的测定试样，放入仪器的样品台上，在试样的底部衬上白度值为(85±2)%的白瓷板，用双层黑布将试样包围，避免外界杂光的影响。测定白度值，读至0.1%。

A.3.3 取出试样，依次将最上面的一个试片移至底部，重复试验，测定白度值。如此进行直至测得全部(5个)试片的白度值为止。由此得到第一组数据。

A.3.4 取出试样，将试样整体翻转，再按A.3.3操作，测定试样反面的白度值。由此得到第二组数据。

A.4 结果表示

A.4.1 试验结果以正、反面白度的算数平均值表示。

A.4.2 试验的标准偏差按式(A1)计算：

$$s=\sqrt{\frac{\sum (X_i-\overline{X})^2}{n-1}} \tag{A1}$$

式中 s——标准偏差；

X_i——第 i 次测定值；

$\overline{X}$——n 次测定值的算术平均值；

n——测定次数。

三、塑料灰分通用测定方法(GB/T 9345—1988)

1. 主要内容与适用范围

本方法规定了用合适的试验条件测定各种塑料(树脂和混合料)灰分的通用方法。至于某种塑料的特殊试验条件，可在该塑料的材料规范中选定。

含玻璃纤维增强物和(或)含某些填料的塑料的特殊试验条件，该方法不适用。

2. 基本原理

有机物的灰分的测定，其基本方法分为A,B,C三种方法。

A法:直接煅烧法

燃烧有机物并在高温下处理其残留物直至恒重。

B法:燃烧后用硫酸处理法

燃烧有机物质，用浓硫酸使无机残留物转变成硫酸盐，再在高温下处理残留物直至恒重。

C法:燃烧前用硫酸处理法

把有机物与浓硫酸一起加热至冒烟，接着有机物燃烧，最后在高温下处理残留物直至恒重。

有机物内如含有挥发性金属卤化物，因在燃烧时易于挥发，则应采用C法。但C法不适用于有机硅或含氟聚合物。

3. 试验试剂(仅用于B法和C法)

在分析过程中，用分析纯试剂和蒸馏水或同级纯度的水。

(1)碳酸铵：无水。

(2)硝酸铵：约10%(质量分数)的溶液。

(3)浓硫酸：密度为1.84 g/cm^3。

(4)硫酸：50%(体积分数)的溶液。

4. 试验仪器

(1)坩埚：与试验物质不起作用的石英坩埚，陶瓷坩埚或铂坩埚。

(2)煤气灯或其他合适的加热器。

(3)马弗炉：能合适地控制在(600±25)℃，(750±50)℃，(850±50)℃或(950±50)℃范围内。

(4)分析天平：准确到0.1 mg。

(5)移液管：容量合适，仅用于B法和C法。

(6)干燥器：盛有与灰分不起作用的有效干燥剂。

如果灰分对水的亲和力大于所选的干燥剂对水的亲和力，则要另选更有效的干燥剂。

(7)称量瓶。

5. 操作步骤

(1)试样量

所取的试样量要足够产生5 mg～50 mg的灰分。如预先未知灰分的近似含量，则要进行一次预测。

推荐按表3—1选取试样量。

表3—1 试样量

近似灰分含量(%)	试样量/g	所得的灰分量/mg
<0.01	>200	5～50
>0.01～0.05	100	10～50
>0.05～0.1	50	25～50
>0.1～0.2	25	25～50
0.2	<10	25～50

对灰分量很少的塑料，必须增加试样量。当试样不能一次燃烧完时，就在一个合适的称量瓶中称取所需的量，然后分次把适当的试剂放入坩埚中进行连续燃烧，直到全部试样烧完为止。

(2)试验条件

按(3)中规定连续煅烧至恒重，但在马弗炉内于规定温度下煅烧的持续时间不应超过3 h。

煅烧温度的选择和硫酸处理法的选用，取决于该塑料的性质和它可能含有的添加剂。如果在各种符合要求的条件下进行选择，则宜选少于3 h便可达到恒重的条件。较高的温度或硫酸处理法的采用，通常能缩短煅烧的持续时间。

不论用A法、B法或C法，除非有特殊技术上或商业上的理由要求采用其他温度，通常煅浇法的最后步骤应从下列温度系列中选择一种：

(600±25)℃，(750±50)℃，(850±50)℃，(950±50)℃。

(3)试验步骤

1)A法

把坩埚放在马弗炉内，在试验温度下加热至恒重。放入干燥器内至少1 h，使其冷却至室温，并在分析天平上称重，精确至0.1 mg。

试样要按相应的材料规范所述进行预干燥或已知其挥发物含量。试样量的多少以能产生5 mg～50 mg灰分为准。

将试样放入已知质量的称量瓶子中，称重，精确至0.1 mg或试样量的0.1%。如果坩埚足够大，能容纳相当于5 mg～50 mg灰分的试样，则试样可直接放在坩埚内称重。体积很大的材料可先压成小块，然后再破碎成尺寸合适的碎片。

把试样放入坩埚中，不能超过坩埚高度的一半，然后直接在煤气灯或其他合适的加热器上加热，使其缓慢地燃烧。燃烧不可太剧烈，以免灰分颗粒损失。冷却后再加其余的试样。重复上述操作直到全部试样烧完。

把坩埚放入已预热至规定温度的马弗炉内，煅烧0.5 h。把坩埚放入干燥器内1 h，使其冷却至室温，并在分析天平上称重。精确至0.1 mg。

在相同条件下，每次再煅烧0.5 h，直至恒重，即相继二次称重结果之差不大于0.5 mg。

2)B法

把坩埚放在马弗炉内，在试验温度下加热至恒重。放入干燥器内至少1 h，使其冷却至室温，并在分析天平上称重，精确至0.1 mg。

试样要按相应的材料规范所述进行预干燥或已知其挥发物含量。试样量的多少以能产生5 mg～50 mg灰分为准。

将试样放入已知质量的称量瓶子中，称重，精确至0.1 mg或试样量的0.1%。如果坩埚足够大，能容纳相当于5 mg～50 mg灰分的试样，则试样可直接放在坩埚内称重。体积很大的材料可先压成小块，然后再破碎成尺寸合适的碎片。

把试样放入坩埚中，不能超过坩埚高度的一半，然后直接在煤气灯或其他合适的加热器上加热，使其缓慢地燃烧。燃烧不可太剧烈，以免灰分颗粒损失。冷却后再加其余的试样。重复上述操作直到全部试样烧完。

冷却后，用容量合适的移液管逐滴加入硫酸溶液，使残留物完全润湿。加热至不冒烟为止。避免过于剧烈的沸腾。

如冷却后还有微量的含碳物质，加入1滴～5滴硝酸铵溶液，再加热至不冒白烟为止。

为使上述步骤所生成的金属氧化物再转变成硫酸盐，冷却后加约5滴浓硫酸，并加热到不再冒白烟为止。避免剧烈沸腾或由于大量冒烟而使灰分损失。

冷却后，加入1 g～2 g无水碳酸铵，并加热到不冒白烟为止。在加热过程中应避免灰分损失。

然后把坩埚放入预热到规定温度的马弗炉内煅烧，把坩埚放入已预热至规定温度的马弗炉内，煅烧 0.5 h。把坩埚放入干燥器内 1 h，使其冷却至室温，并在分析天平上称重。精确至 0.1 mg。

在相同条件下，每次再煅烧 0.5 h，直至恒重即相继二次称重结果之差不大于 0.5 mg。

3)C 法

把坩埚放在马弗炉内，在试验温度下加热至恒重。放入干燥器内至少 1 h，使其冷却至室温，并在分析天平上称重，精确至 0.1 mg。

试样要按相应的材料规范所述进行预干燥或已知其挥发物含量。试样量的多少以能产生 5 mg～50 mg 灰分为准。

将试样放入已知质量的称量瓶子中，称重，精确至 0.1 mg 或试样量的 0.1%。如果坩埚足够大，能容纳相当于 5 mg～50 mg 灰分的试样，则试样可直接放在坩埚内称重。体积很大的材料可先压成小块，然后再破碎成尺寸合适的碎片。

把试样放入坩埚中，不要超过坩埚高度的一半。用移液管加入足量的浓硫酸，使试样完全润湿。用表面皿盖住坩埚，在煤气灯上用小火直接加热坩埚，直至有有机物开始分解。

继续小心加热，调节表面皿以便让硫酸冒烟逸出，并确保不损失含灰分的物质。对于有失去含灰物质趋势的塑料，建议把盛有试样的坩埚搁在一个开孔的石棉板的孔上，只用小火加热，使有机物只冒烟而不燃烧。如果最初放进坩埚的试样不足以产生所需的灰分量，则待坩埚冷却后，再加入另一部分试样，重复前述操作，直到全部试样在坩埚内烧尽。移去表面皿，并确保没有固体颗粒粘附在表面皿上。

当硫酸有蔓延到坩埚口的倾向或尽管非常小心，仍有一些试样由于反应剧烈而有损失的趋势时(聚氯乙烯经常如此)，则可用浓乙酸和浓硫酸的混酸来替代硫酸。使用混酸应征得各有关方面同意，并在试验报告中注明。

如冷却后还有微量的含碳物质，加入 1 滴～5 滴硝酸铵溶液，再加热至不冒白烟为止。

为使上述步骤所生成的金属氧化物再转变成硫酸盐，冷却后加约 5 滴浓硫酸，并加热到不再冒白烟为止。避免剧烈沸腾或由于大量冒烟而使灰分损失。

冷却后，加入 1 g～2 g 无水碳酸铵，并加热到不冒白烟为止。在加热过程中应避免灰分损失。

然后把坩埚放入预热到规定温度的马弗炉内煅烧，把坩埚放入已预热至规定温度的马弗炉内，煅烧 0.5 h。把坩埚放入干燥器内 1 h，使其冷却至室温，并在分析天平上称重。精确至 0.1 mg。

在相同条件下，每次再煅烧 0.5 h，直至恒重即相继二次称重结果之差不大于 0.5 mg。

(4)试验次数

试验次数和试验结果所允许的分散性，在每种材料的有关标准中将有说明。若有关标准中没有规定，则要进行二次测定，必要时还需重复试验下去，直到相继二次测定结果之差不大于其平均值的 10%为止。

6. 结果表示

灰分或硫酸处理法灰分以所得灰分质量除以试样质量的百分数表示。

四、塑料和硬橡胶使用硬度计测定压痕硬度(邵氏硬度)(GB/T 2411—2008)

标准 GB/T 2411 规定了用两种型号的硬度计测定塑料和硬橡胶压痕硬度的方法，其中 A 型用于软材料，D 型用于硬材料。本方法可测量起始压痕硬度或经过规定时间后的压痕硬度或两者都测。

注：标准 GB/T 2411 规定的硬度计和方法，为邵氏 A 型和邵氏 D 型的硬度计及方法。

1. 基本原理

在规定的测试条件下，将规定形状的压针压力下压入试验材料，测量垂直压入的深度。压痕硬度与相应的压入深度成反比，且依赖于材料的弹性模量和粘弹性。压针的形状，施加的力以及施力时间都会影响试验结果，一种型号的硬度计与另一种型号的硬度计以及硬度计与其他测量硬度的仪器之间没有一种简单关系。

2. 试验装置

A 型和 D 型邵氏硬度计由以下部件构成：

(1)压座：中心有一直径(3±0.5)mm 的孔，离压座的任一边至少 6 mm。

(2)压针：直径为(1.25±0.15)mm 的硬化钢制成，A 型硬度计压针形状尺寸见图 3—1，D 型硬度计压针见图 3—2。

(3)指示装置：可读取压针顶端伸出压座的长度，当压针全部伸出(2.50±0.04)mm 时定为 0，压座和压针与平面玻璃紧密接触，伸出值为 0 mm 时定为 100，方可直接读数。

注：该装置可能包括将负荷施加于压针时所获得的初始压痕的指示值，需要时可由最大值指示器读取瞬时读数的最大值。

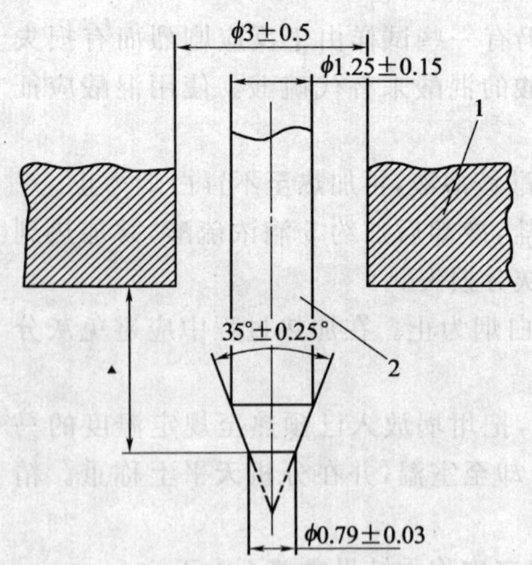

图 3—1　A 型硬度计压针

1—压座；2—压针；▲—全部伸出：2.5±0.04

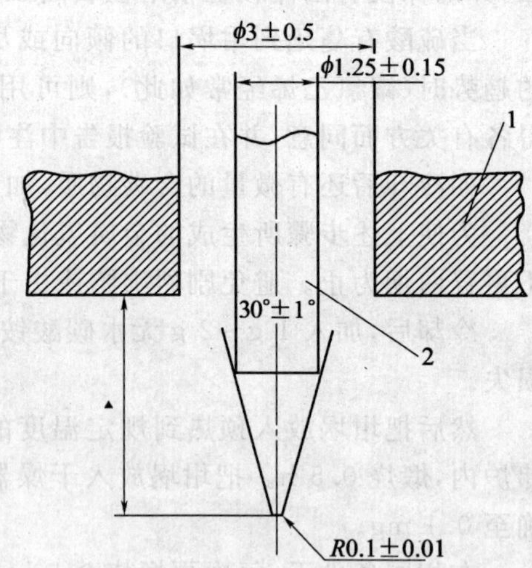

图 3—2　D 型硬度计压针

1—压座；2—压针；▲—全部伸出：2.5±0.04

(4)已校准的弹簧，施加于压针上的力按式(3—8)或式(3—9)计算：

$$F=550+75H_A \tag{3—8}$$

式中　F——施加的力，mN；

H_A——A 型硬度计硬度读数。

或

$$F=445H_D \quad (3—9)$$

式中　F——施加的力，mN；

H_D——D 型硬度计硬度读数。

3. 试样

(1)试样的厚度至少为 4 mm，可以用较薄的基层叠合成所需的厚度。由于各层之间的表面接触不完全，因此，试验结果可能与单片试样所测结果不同。

(2)试样的尺寸应足够大，以保证离任一边缘至少 9 mm 进行测量，除非已知离边缘较小的距离进行测量所得结果相同。试样表面应平整，压座与试样接触式覆盖的区域至少离压针顶端 6 mm 的半径。应避免在弯曲的、不平或粗糙的表面上测量硬度。

4. 校准

校准硬度计的弹簧时，为防止压座和天平盘间的干扰，将硬度计垂直放置，压针顶端静置在天平盘中的一个金属垫上，如图 3—3 所示。垫片上有一个高约 2.5 mm，直径约1.25 mm的小圆杆，顶部像一小杯，可容纳压针。垫片的质量用天平的另一个秤盘上的砝码来平衡。把砝码加到秤盘上，以平衡压针在各种刻度，读数时的力。测得的力值与式(3—8)计算的力值之差应在±75 mN 之内，或与式(3—9)计算的力值之差应在±445 mN之内。

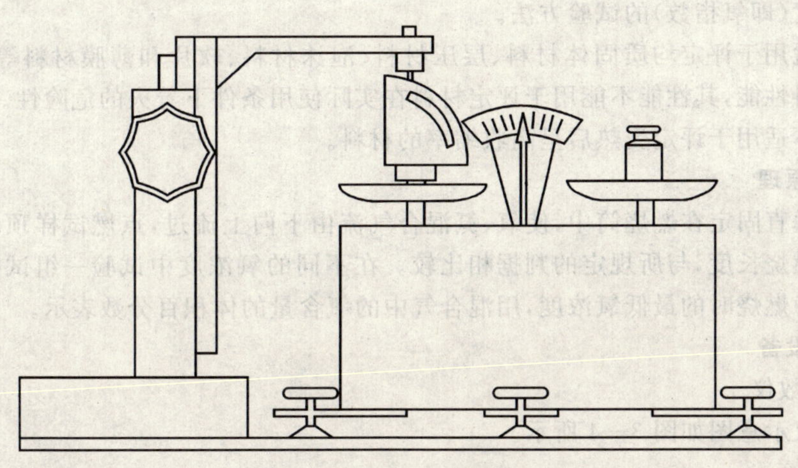

图 3—3　校准硬度计弹簧的装置

可用专门的仪器校准硬度计。用于校准的天平或仪器应能在压针顶端施加力并测量，其中 A 型硬度计在 3.9 mN 以内，D 型硬度计在 19.6 mN 以内。

5. 状态调节和试验环境

(1)材料的硬度与相对湿度无关时，硬度计和试样应在试验温度下状态调节 1 h 以上。对于硬度与相对湿度有关的材料，试样应按 GB/T 2918—1998 或按相应的材料标准进行状态调节。

当硬度计由低于室温的地方移至较高温度的地方时，在转移位置前，应将其放在合适的干燥器或气密的容器中，在移入新的环境后继续保持直到硬度计的温度高于空气露点的温度。

(2)除非相关材料标准中另有规定,试验应在 GB/T 2918—1998 规定的一种标准环境下进行。

6. 试验步骤

(1)将试样放在一个硬的、坚固稳定的水平平面上,握住硬度计,使其处于垂直位置,同时使压针顶端离试样任一边缘至少 9 mm。立即将压座无冲击地加到试样上,使压座平行于试样并施加足够的压力,压座与试样应紧密接触。

注:采用硬度计台或压针中心轴上加砝码的方法,将压座加到试样上,可获得最好的再现性。A 型硬度计推荐的质量是 1 kg,D 型硬度计是 5 kg。

(15±1)s 后读取指示装置的示值。若规定瞬时读数,则在压座与试样紧密接触后 1 s 之内读取硬度计的最大值。

(2)在同一试样上至少相隔 6 mm 测量 5 个硬度值,并计算其平均值。

注:当 A 型硬度计的示值高于 90 时,建议用 D 型硬度计进行测量;当 D 型硬度计的示值低于 20 时,建议用 A 型硬度计进行测量。

五、塑料燃烧性能试验方法(氧指数法)(GB/T 2406—1993)

1. 主要内容与适用范围

本标准规定了在规定的试验条件下,在氧、氮混合气流中,测定刚好维持试样燃烧所需的最低氧浓度(即氧指数)的试验方法。

本标准适用于评定均质固体材料、层压材料、泡沫材料、软片和薄膜材料等在规定试验条件下的燃料性能,其性能不能用于评定材料在实际使用条件下着火的危险性。

本方法不适用于评定受热后呈高收缩率的材料。

2. 基本原理

将试样垂直固定在燃烧筒中,使氧、氮混合气流由下向上流过,点燃试样顶端,同时记时和观察试样燃烧长度,与所规定的判据相比较。在不同的氧浓度中试验一组试样,测定塑料刚好维持平稳燃烧时的最低氧浓度,用混合气中的氧含量的体积百分数表示。

3. 试验设备

(1)氧指数仪

氧指数仪示意图如图 3—4 所示。

(2)燃烧筒

最小内径 75 mm、高 450 mm、顶部出口的内径为 40 mm 的耐热玻璃管,垂直固定在可通过氧、氮混合气流的基座上。底部用直径为 3 mm～5 mm 的玻璃珠充填,充填高度为 80 mm～100 mm。在玻璃珠的上方装有金属网,以防下落的燃烧碎片阻塞气体入口和配气通路。

(3)自撑材料的试样夹

能固定在燃烧筒轴心位置上,并能垂直夹住试样的构件。

(4)非自撑材料的试样夹

采用图 3—5 所示的框架,将试样的两个垂直边同时固定在框架上。

(5)流量测量和控制系统

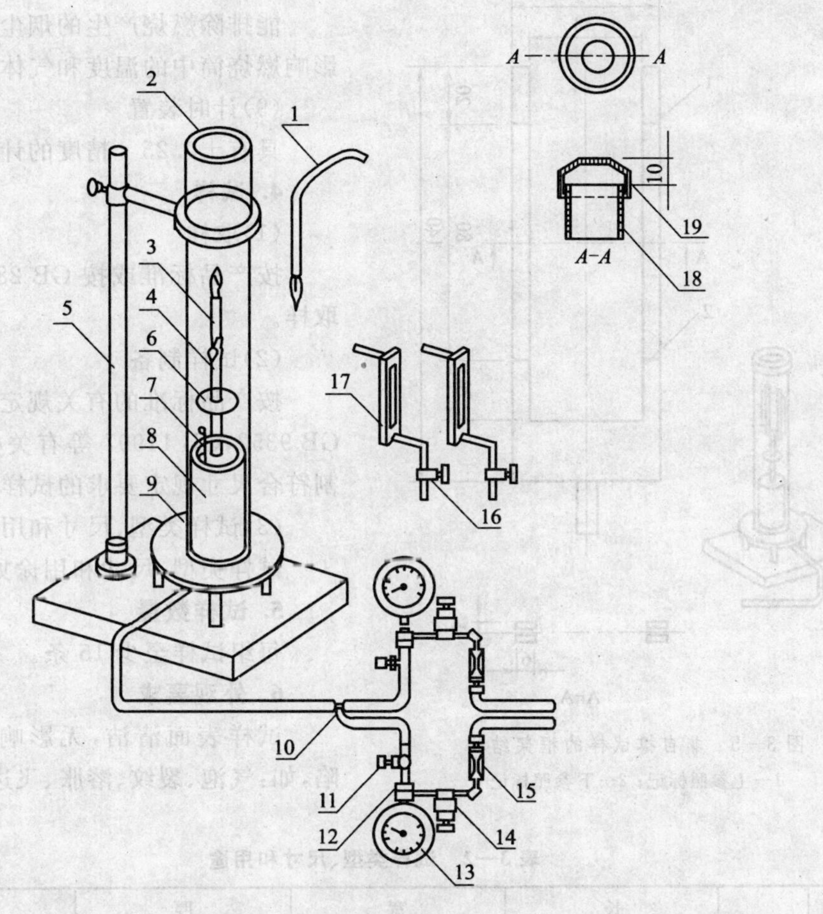

图 3—4　氧指数测定仪示意图

1—点火器；2—玻璃燃烧筒；3—燃烧着的试样；4—试样夹；5—燃烧筒支架；6—金属网；7—测温装置；8—装有玻璃珠的支座；9—基座架；10—气体预混合结点；11—截止阀；12—接头；13—压力表；14—精密压力控制器；15—过滤器；16—针阀；17—气体流量计；18—玻璃燃烧筒；19—限流盖

能测量进入燃烧筒的气体流量，控制精度在±5%（体积分数）之内。流量测量和控制系统，至少两年校准一次。

设备校正，参见附录 A。

(6)气源

用 GB 3863 中所规定的氧和 GB 3864 中所规定的氮及所需的氧、氮气钢瓶和调节装置。气体使用的压力不低于 1 MPa。

(7)点火器

由一根金属管制成，尾端有内径为(2±1)mm 的喷嘴，能插入燃烧筒内点燃试样。通以未混有空气的丙烷，或丁烷、石油液化气、煤气、天然气等可燃气体。点燃后，当喷嘴垂直向下时，火焰的长度为(16±4)mm。

仲裁试验时，须以未混有空气的丙烷作为点燃气体。

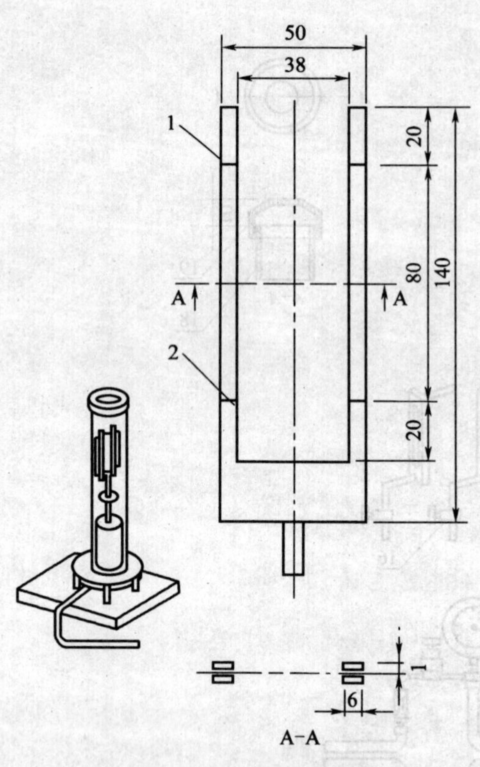

图 3—5　非自撑试样的框架结构

1—上参照标记；2—下参照标记

(8)排烟系统

能排除燃烧产生的烟尘和灰粒，但不应影响燃烧筒中的温度和气体流速。

(9)计时装置

具有±0.25 s精度的计时器。

4. 试样

(1)取样

按产品标准或按 GB 2828 的有关规定取样。

(2)试样制备

按产品标准的有关规定或按 GB 5471，GB 9352，GB 11997 等有关标准，模塑或切割符合尺寸规定要求的试样。

(3)试样类型、尺寸和用途

试样类型、尺寸和用途见表 3—2。

5. 试样数量

每组试样至少 15 条。

6. 外观要求

试样表面清洁，无影响燃烧行为的缺陷，如：气泡、裂纹、溶胀、飞边、毛刺等。

表 3—2　试样类型、尺寸和用途　　　　单位：mm

类型	型式	长		宽		厚		用途
		基本尺寸	极限偏差	基本尺寸	极限偏差	基本尺寸	极限偏差	
自撑材料	Ⅰ	80～150		10	±0.5	4	±0.25	用于模塑材料
	Ⅱ					10	±0.25	用于泡沫材料
	Ⅲ					<10.5	—	用于原厚的片材
	Ⅳ	70～150		6.5		3	±0.25	用于电器用模塑料或片材
非自撑材料	Ⅴ	140	−5	52		≤10.5	—	用于软片或薄膜等

注：不同型式、不同厚度的试样，测试结果不可比。

7. 试样的标线

对Ⅰ，Ⅱ，Ⅲ，Ⅳ型试样，标线划在距点燃端 50 mm 处，对Ⅴ型试样，标线划在框架上(图 3—4)或划在距点燃端 20 mm 和 100 mm 处。

8. 状态调节与试验环境

状态调节按 GB 2918 中有关规定进行。

试验环境应在 GB 2918 所规定的常温、常湿下进行，即环境温度为 10℃～35℃，相对湿度为 45%～75%。如有特殊要求，在产品标准中规定。

9. 试验步骤

(1)开始试验时氧浓度的确定

根据经验或试样在空气中点燃的情况,估计开始试验时的氧浓度。如在空气中迅速燃烧,则开始试验时的氧浓度为18%左右,在空气中缓慢燃烧或时断时续,则为21%左右,在空气中离开点火源即灭,则至少为25%。

(2)调整仪器和点燃试样

将试样夹在夹具上,垂直地安装在燃烧筒的中心位置上,保证试样顶端低于燃烧筒顶端至少100 mm,其暴露部分最低处应高于燃烧筒底部配气装置顶端至少100 mm。

调节气体混合及流量控制装置,使混合气中的氧浓度为(1)中所确定的氧浓度,以(40±10)mm/s的速度流经燃烧筒,洗涤燃烧筒至少30 s。

点燃试样有方法A和方法B两种。

1)方法A(顶端点燃法)

使火焰的最低可见部分接触试样顶端并覆盖整个顶表面,勿使火焰碰到试样的棱边和侧表面。在确认试样顶端全部着火后,立即移去点火器,开始计时或观察试样烧掉的长度。点燃试样时,火焰作用的时间最长为30 s,若在30 s内不能点燃,则应增大氧浓度,继续点燃,直至30 s内点燃为止。

2)方法B(扩散点燃法)

充分降低和移动点火器,使火焰可见部分施加于试样顶表面,同时施加于垂直侧表面约6 mm长。点燃试样时,火焰作用时间最长为30 s,每隔5 s左右稍移开点火器观察试样,直至垂直侧表面稳定燃烧或可见燃烧部分的前锋到达上标线处,立即移去点火器,开始计时或观察试样燃烧长度。若30 s内不能点燃试样,则增大氧浓度,再次点燃,直至30 s内点燃为止。

方法B也适用于Ⅰ,Ⅱ,Ⅲ,Ⅳ型试样,标线应划在距点燃端10 mm和60 mm处。

注:(1)点燃试样是指引起试样有焰燃烧,不同点燃方法的试验结果不可比;

(2)燃烧部分包括任何沿试样表面淌下的燃烧滴落物。

10. 燃烧行为的评价

(1)评价准则

燃烧行为的评价准则,见表3—3所示。

表3—3 评价准则

试样型式	点燃方式	评价准则(两者取一)	
		燃烧时间/s	燃烧长度
Ⅰ,Ⅱ,Ⅲ,Ⅳ	A法	180	燃烧前锋超过上标线
	B法		燃烧前锋超过下标线
Ⅴ	B法		燃烧前锋超过下标线

(2)"○"与"×"反应的确定

点燃试样后,立即开始计时,观察试样燃烧长度及燃烧行为。若燃烧中止,但在1 s内又自发再燃,则继续观察和计时。

如果试样的燃烧时间或燃烧长度均不超过表3—3的规定，则这次试验记录为"○"反应，并记下燃烧长度或时间。

如果二者之一超过表3—3的规定，扑灭火焰，记录这次试验为"×"反应。

还要记下材料燃烧特性，例如：熔滴、烟灰、结炭、漂游性燃烧、灼烧、余辉或其他需要记录的特性。

如果有无焰燃烧，应根据需要，报告无焰燃烧情况或包括无焰燃烧时的氧指数。

(3) 下次试验准备

取出试样，擦净燃烧筒和点火器表面的污物，使燃烧筒的温度回复至常温或另换一个为常温的燃烧筒，进行下一个试验。

如果试样足够长，可以将试样倒过来或剪掉燃烧过的部分再用。但不能用于计算氧浓度。

11. 逐次选择氧浓度

采用"少量样品升—降法"这一特定的条件，以任意步长作为改变量，按照上述试验步骤，进行一组试样的试验。

(1)如果前一条试样的燃烧行为是"×"反应，则降低氧浓度。

(2)如果前一条试样的燃烧行为是"○"反应，则增大氧浓度。

12. 初始氧浓度的确定

采用任一合适的步长，重复试验，直到以体积百分数表示的二次氧浓度之差不大于1.0%，并且一次是"○"反应，一次是"×"反应为止。将这组氧浓度中的"○"反应的记作初始氧浓度 ψ_0。

13. 氧浓度的改变

(1)用初始氧浓度 ψ_0 重复操作，记录在 ψ_0 时所对应的"×"或"○"反应。即为 N_L 系列的第一个值。

(2)用混合气浓度的0.2%(体积分数)为步长，重复操作，测得一组氧浓度值及对应的反应。直至得到不同于(1)的反应为止，记下这些氧浓度值及其反应。

(1)和(2)测得的结果，即为 N_L 系列。

(3)仍以0.2%(体积分数)为步长，重复试验，再测试4条试样，记下各次的氧浓度及所对应的反应，最后一条试样的氧浓度，用 ψ_F 表示。

(1)～(3)试验结果，组成 N_T 系列。

14. 结果的计算

(1)氧指数的计算

以体积百分数表示的氧指数，按式(3—10)计算：

$$OI=\psi_F+Kd \tag{3—10}$$

式中 OI——氧指数，%；

ψ_F——N_T 系列最后一个氧浓度，取一位小数，%；

d——步骤13. 使用和控制的两个氧浓度之差，即步长，取一位小数；

K——查表3—4所得的系数。

报告 OI 时，取一位小数，不能修约，为了计算标准偏差 $\hat{\sigma}$，OI 应计算到二位小数。

(2)K 值的确定

1)按 13.(1)条试验的试样如为"○"反应,则第一个相反的反应是"×"反应,从表 3—4 第一栏中找出所对应的反应,并按 N_L 系列的前几个反应,查出所对应的行数,即为所需 K 值,其符号与表中符号相同。

2)按 13.(1)条试验的试样如为"×"反应,则第一个相反的反应是"○"反应,从表 3—4 第 6 栏中找出所对应的反应,并按 N_L 系列的前几个反应,查出所对应的行数,即为所需 K 值,其符号与表中符号相反。

(3)步长 d 值的校验

$$\frac{2}{3}\hat{\sigma}<d<\frac{3}{2}\hat{\sigma} \tag{3—11}$$

式中 d——步骤(1)中所用的步长,%;

$\hat{\sigma}$——标准偏差。

$$\hat{\sigma}=\left[\frac{\sum(\psi_i-OI)^2}{n-1}\right]^{\frac{1}{2}} \tag{3—12}$$

式中 ψ_i——N_L 系列中最后 6 个试样所对应的氧浓度值,%;

n——计入 $\sum(\psi_i-OI)^2$ 的氧浓度测定次数。

若 d 满足式(3—10)的条件或者 $d=0.2$ 时,$d>\frac{2}{3}\hat{\sigma}$;则 OI 有效。

若 $d<\frac{2}{3}\hat{\sigma}$,则增大 d,重复步骤 13. 操作,直至满足式 3—11 为止。

若 $d>\frac{2}{3}\hat{\sigma}$,则减小 d,重复步骤 13. 操作,直至满足条件为止。一般不应将 d 减少至小于 0.2,除非相应的产品标准有规定。

注:对于本方法,$n=6$。若 $n<6$,则方法失去精密性。若 $n>6$,则需另选统计方法。

表 3—4 *K* 值

1	2	3	4	5	6
最后 5 次试验的反应	a. N_L 前几次测试的反应如下时的 K 值				
	○	○○	○○○	○○○○	
×○○○×	−0.55	−0.55	−0.55	−0.55	○××××
×○○×○	−1.25	−1.25	−1.25	−1.25	○×××○
×○○××	0.37	0.38	0.38	0.38	○××○×
×○×○○	−0.17	−0.14	−0.14	−0.14	○××○○
×○×○×	0.02	0.04	0.04	0.04	○×○××
×○××○	−0.50	−0.46	−0.45	−0.45	○×○×○
×○×××	1.17	1.24	1.25	1.25	○×○○×
××○○○	0.61	0.73	0.76	0.76	○×○○○
××○○×	−0.30	−0.27	−0.26	−0.26	○○×××
×○○○○	−0.83	−0.76	−0.75	−0.75	○○××○

续表

1	2	3	4	5	6
最后5次试验的反应	a. N_L 前几次测试的反应如下时的 K 值				
	○	○○	○○○	○○○○	
××○×○	0.83	0.94	0.95	0.95	○○×○×
××○××	0.30	0.46	0.50	0.50	○○×○○
×××○○	0.50	0.65	0.68	0.68	○○○××
×××○×	−0.04	0.19	0.24	0.25	○○○×○
××××○	1.60	1.92	2.00	2.01	○○○○×
×××××	0.89	1.33	1.47	1.50	○○○○○
	b. N_L 前几次试验的反应如下时的 K 值				最后5次试验的反应
	×	××	×××	××××	

(4)结果的精密度

对易点燃和燃烧稳定的材料，本方法具有表3—5所示的精确度。

表3—5 精确度

95%置信度近似值	实验室内	实验室间
标准偏差	0.2	0.2
重复性 r	0.5	—
再现性 R	—	1.4

附录A 设备的校正（参考件）

A1 气体流速控制的校正

流经燃烧筒的气体流速，可用水封鼓式旋转计或其他等效装置进行校验。其准确度为流经燃烧筒流速的±2 mm/s。也可用式(A1)计算：

$$F=1.27\times10^{6}\frac{Q_V}{D^2} \tag{A1}$$

式中 F——流经燃烧筒的气体流速，mm/s；

Q_V——在(23±2)℃下流经燃烧筒的气体总流量，L/s；

D——燃烧筒内径，mm。

A2 氧浓度控制的校正

进入燃烧筒的混合气体中的氧浓度应校准至混合气体的0.1%（体积分数）。校准方法可以从燃烧筒中取样进行分析，也可以使用校正过的氧分析仪就地进行分析。至少校核3个不同的浓度，分别代表设备所要用的氧浓度范围的最大、最小和中间值。

A3 整台仪器的校正

通过试验一组已知氧指数的材料，用所得结果与预期结果相比较。

附录 B　试验结果记录（参考件）

第一部分初始氧浓度的测定结果，记于表 B1。

氧浓度间隔不大于 1%的一对“×”和“○”反应中，“○”反应的氧浓度 $\psi_O=30.0$，该值再次用于第二部分的首次测定。

表 B1　测定结果记录表

氧浓度(%)	25.0	35.5	30.0	32.0	31.0	
燃烧时间/s	10	>180	140	>180	>180	
燃烧长度/ mm				—		
反应(“○”或“×”)	○	×	○	×	×	

第二部分氧指数的测定结果，记于表 B2。

表 B2　N_T 系列的测定

N_T 系列测定										
N_T 系列测定						ψ_F				
氧浓度(%)	30.0	29.8	29.6	29.4		29.4	29.6	29.4	29.6	29.8
燃烧时间/s	>180	>180	>180	150		150	>180	110	165	>180
燃烧长度/mm	—	—	—	—		—	—	—	—	—
反应	×	×	×	—	→	O	×	O	O	×

查表 3—4 得，$K=-1.25$

$$OI=\psi_F+Kd=29.8+(-1.25\times 0.2)$$
$$=29.55\%$$
$$=29.5\%$$

第三部分步长 d 的校验。

标准偏差：

$$\hat{\sigma}=\left[\frac{\sum(\psi_i-OI)^2}{n-1}\right]^{\frac{1}{2}} \tag{B1}$$

计算过程，记于表 B3。

$$\sum(\psi_i-OI)^2=0.115$$

$$\hat{\sigma}=\left(\frac{0.115}{5}\right)^{\frac{1}{2}}=0.152$$

$$\frac{2}{3}\hat{\sigma}=0.101$$

$$D=0.2$$

$$\frac{3}{2}\hat{\sigma}=0.227$$

$$OI=29.5\text{ 有效}$$

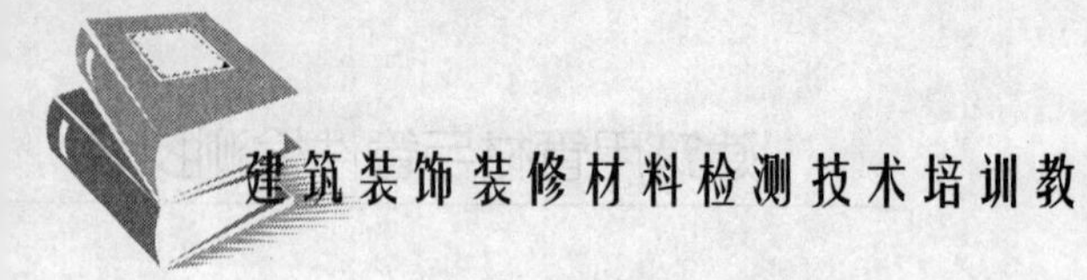

表 B3

最后6个试验结果	氧浓度			
	φ_i	OI	φ_i-OI	$(\varphi_i-OI)^2$
1	29.6	29.55	0.05	0.0025
2	29.4	29.55	−0.15	0.0225
3	29.6	29.55	0.05	0.0025
4	29.4	29.55	−0.15	0.0225
5	29.6	29.55	0.05	0.0025
6	29.8	29.55	0.25	0.0625

附录 C　氧浓度的计算（参考件）

当需要更准确地计算氧浓度时，应按式(C1)计算：

$$\varphi_O=\frac{100V_O}{V_O+V_N} \tag{C1}$$

式中　φ_O——以体积百分数表示的氧浓度，%；

V_O——在23℃时单位体积混合气体内的氧气体积；

V_N——在23℃时单位体积混合气体内的氮气体积。

当考虑氧、氮所组成的混合气流中，各气体内所含氧的比率时，例如：混合气是由含氧量98.5%（体积分数）的氧气和含氧量0.5%（体积分数）的氮气组成，则氧浓度按式(C2)计算：

$$\varphi_O=\frac{98.5V'_O+0.5V'_N}{V'_O+V'_N} \tag{C2}$$

式中　V'_O——单位体积混合气中氧体积；

V'_N——单位体积混合气中氮体积。

六、塑料吸水性的测定(GB/T 1034—2008)

塑料在水的作用下会发生以下几种现象：

a)由于吸水引起尺寸改变（如膨胀）；

b)水溶性物质溶出；

c)材料其他性能的变化。

材料暴露于潮湿条件、浸入或暴露于沸水中，可发生明显不同的反应。当暴露于潮湿条件下平衡吸水量可用于比较不同种类塑料的吸水量。非平衡条件下的吸水量，可用于比较相同材料的不同批次；以及用规定尺寸的塑料试样暴露潮湿环境中小心控制非平衡条件，也可测定材料的扩散常数。

1. 范围

GB/T 1034 规定了测定平板或曲面形状的固体塑料在厚度方向吸水性的方法，也规定了当试样浸入水中或在一定的湿度条件下，测量规定塑料试样尺寸的吸水量。对单相材料假设通过试样厚度方向上具有恒定吸水性的费克扩散行为，那么可以测定通过厚度方向的水分扩散系数。该模型对均质材料和增强聚合物基料在玻璃化温度以下的试验是有效的。

然而一些两相基料，如固化的环氧树脂可能要求多相吸收模型，不包含在标准 GB/T 1034 范围内。

材料的吸水性和(或)扩散系数适于比较塑料暴露于相同条件下的平衡吸水量。若在非湿度平衡条件下比较材料的性能，就不局限于单相费克扩散行为。

另一种情况是在一定时间内将规定尺寸的塑料试样浸泡于水中或规定的湿度下，该方法可用于相材料不同批次的比较，或给定材料的质量控制。所有试样尽可能相同，有相同的物理性质即表面光洁度、内应力等。然而在这些条件下试样达不到平衡吸水性，所以该试验不能用于比较不同种类塑料的吸水性。为了保证结果的可靠性，建议试验同时进行。

GB/T 1034 得到的结果适用于大多数塑料，但不适用于具有吸水性和毛细管效应的泡沫塑料、颗粒或粉末。塑料暴露于潮湿条件一定时间，可用于塑料间的相互比较。测定扩散系数的试验不适用于所有塑料。下文 5.(2)中方法 2 不适用于浸入沸水中后不能保持形状的塑料。

2. 试验原理

将试样浸入 23℃蒸馏水中或沸水中，或置于相对湿度为 50%的空气中，在规定温度下放置一定时间，测定试样开始试验时与吸水后的质量差异，用质量差异对于初始质量的百分率表示。如有必要，可测定干燥除水后试样的失水量。

在某些应用中，需要使用相对湿度 70%～90%和 70℃～90℃的条件。相关方协商可使用比 GB/T 1034 推荐的更高温度和湿度。当使用不同于推荐的相对湿度和温度时，应在试验报告中详尽说明(包括相应的公差)。

3. 试验仪器

(1)天平：精度为±0.1 mg。

(2)烘箱：具有强制对流或真空系统，能控制在(50.0±2.0)℃或其他商定温度的烘箱。

(3)容器：用以盛蒸馏水或同等纯度的水，装有能控制水温在规定温度的加热装置。

(4)干燥器：装有干燥剂(如 P_2O_5)。

(5)测定试样尺寸的量具：如需要，精度为±0.1 mm。

4. 试样

(1)概述

每一种材料最少用 3 个试样进行试验。试样可用模塑或机械加工方法制备。报告中应包含试样的制备方法。

注：表面效应影响该方法的结果。对一些材料，模塑试样和从片材切割制得的试样可能得到不同的结果。

当试样表面有影响吸水性的材料污染时，应使用对塑料及其吸水性无影响的清洁剂擦拭。试样清洁后，在(23.0±2.0)℃、相对湿度(50±10)%的环境下干燥至少 2 h 再开始试验。处理样品时应戴干净的手套以防止污染试样。

清洁剂应不影响吸水性。测定平衡吸水量应按 5.(1)中方法 1 和 5.(4)中方法 4 进行，清洁剂的影响可忽略。

(2)均质塑料方形试样

除非相关方有其他规定，方形试样的尺寸和公差应与 GB/T 17037.3—2003 相同，厚度为(1.0±0.1)mm。可按照 GB/T 17037.3，用给出的适用于试验材料的条件模塑(或用材料使用者推荐的条件)。对于有些材料(如聚酰胺、聚碳酸酯和某些增强塑料),用1 mm厚试样不能给出有意义的结果。此外有些产品说明书在测定吸水性时要求使用更厚的试样。在这些情况下,可用(2.05±0.05)mm厚的试样。如果使用的试样厚度不为1 mm,试样厚度应在试验报告中说明。

试样对于边角的半径没有要求。试样的边角应光滑、干净,以防止在试验中材料从边角损失。

一些材料具有模塑收缩性,如果这些材料的模塑试样尺寸在GB/T 17037.3规定的下限,最后试样的尺寸可能超过本标准规定的公差,应在试验报告中说明。

(3)各向异性的增强塑料试样

对于一些增强塑料,如碳纤维增强环氧树脂,用小试样时由增强材料引起的各向异性扩散效应会产生错误的结果。考虑到这种情况,试样应符合以下要求,并且试样的特殊尺寸和制备方法应在试验报告中说明。

1)标称方形板或曲面板应满足式(3—13):

$$w \leqslant 100d \tag{3—13}$$

式中 w——标称边长,mm;

d——标称厚度,mm。

2)为使试样边缘的吸水性最小,用不锈钢箔或铝箔粘在100 mm×100 mm方形板的边缘。当制备该试样时,由于铝箔和粘合剂质量的影响,粘合铝箔前后需小心称量样品。用吸水性差的粘合剂不会影响试验结果。

(4)管材试样

除非其他标准另有规定,管材试样应具有如下尺寸:

1)内径小于或等于76 mm的管材,沿垂直于管材中心轴的平面从长管中切取长(25±1) mm的一段作为试样,可以用机械加工、锯或剪切作用切取没有裂缝的光滑边缘。

2)内径大于76 mm的管材,沿垂直于管材中心轴的平面从长管中切取长(76±1)mm(沿管的外表面测量)、宽(25±5)mm的一段作为试样,切取的边缘应光滑没有裂缝。

(5)棒材试样

棒材试样应具有如下尺寸:

1)对于直径小于或等于26 mm的棒材,沿垂直于棒材长轴方向切取长(25±1)mm的一段作为试样。棒材的直径为试样的直径。

2)对于直径大于26 mm的棒材,沿垂直于棒材长轴方向切取长(13±1)mm的一段作为试样。棒材的直径为试样的直径。

(6)取自成品、挤出物、薄片或层压片的试样

除非其他标准另有规定,应满足以下条件:

1)满足方形试样要求,或从产品上切取一小片;

2)被测材料的长、宽为(61±1)mm,一组试样有相同的形状(厚度和曲面)。

用于制备试样的加工条件需相关方协商一致。也应依照ISO 2818:1994并在试验报告中说明。

如果标称厚度大于1.1 mm,如无特殊要求,仅在一面机械加工试样的厚度至1.0 mm~1.1 mm。

当加工层压板的表面对吸水性影响较大，试验结果无效时，应按照试样的原始厚度和尺寸进行试验，并在试验报告中说明。

5. 试验条件和步骤

(1)概述

1)某些材料可能需要在称量瓶中称量。

2)经相关方协商可采用 GB/T 1034 所述干燥方法以外的干燥方法。

3)当材料的吸水率大于或等于 1%时，样品需要精确称量至±1 mg，质量波动允许范围为±1 mg。

(2)通用条件

1)试验前应小心干燥试样。如在 50℃，需要干燥 1 d～10 d，确切的时间依赖于试样厚度。

2)在浸水过程中为了避免水中的溶出物变得过浓，试样总表面积每平方厘米至少用 8 mL蒸馏水，或每个试样至少用 300 mL 蒸馏水。

3)将每组 3 个试样放入单独的容器内完全浸入水中或暴露在相对湿度 50%环境中(方法 4)。

组成相同的几个或几组试样在测试时，可以放入同一容器内并保证每个试样用水量不低于 300 mL。但试样之间或试样与容器之间不能有面接触。

注：建议使用不锈钢栅格，以确保每个试样之间的距离。

对于密度低于水的样品，样品应放在带有锚的不锈钢栅格内浸入水中。注意样品表面不要接触锚。

4)浸入水中的时间按 GB/T 1034 规定。经相关方协商可采用更长时间。对此应采用下列措施：

①在 23℃水中试验时，每天至少搅动容器中的水一次。

②用沸水中试验时，应经常加入沸水以维持水量。

5)在称量时试样不应吸收或释放任何水，试样应从暴露环境取出(如需要，除去任何表面水)后立即称量，对于薄试样和高扩散系数的材料尤其应当小心。

6)1 mm 厚的试样和高扩散系数的材料第一次称量应在 2 h～6 h 之后。

(3)方法 1:23℃水中吸水量的测定

将试样放入(50.0±2.0)℃烘箱内干燥至少 24 h，然后在干燥器内冷却至室温，称量每个样品，精确至 0.1 mg(质量 m_1)。重复本步骤至试样的质量变化在±0.1 mg 内。

将试样放入盛有蒸馏水的容器中，根据相关标准规定，水温控制在(23.0±1.0)℃或(23.0±2.0)℃。如无相关标准规定，公差为±1.0℃。

浸泡(24±1)h 后，取出试样，用清洁干布或滤纸迅速擦去试样表面所有的水，再次称量每个试样，精确至 0.1 mg(质量 m_2)。试样从水中取出后，应在 1 min 内完成称量。

若要测量饱和吸水量，则需要再浸泡一定时间后重新称量。标准浸泡时间通常为 24 h，48 h，96 h，192 h 等。经过这其中每一段时间±1 h 后，从水中取出试样，擦去表面的水并在 1 min内重新测量，精确至 0.1 mg(例如 m_2/24 h)。

(4)方法 2:沸水中吸水量的测定

将试样放入(50.0±2.0)℃烘箱内干燥 24 h，然后在于燥器内冷却至室温，称量每个样品，精确至 0.1 mg（质量 m_1）。重复本步骤至试样的质量变化在±0.1 mg 内。

将试样完全浸入盛有沸腾蒸馏水的容器中。浸泡(30±2)min 后，从沸水中取出试样，放入室温蒸馏水中冷却(15±1)min。取出后用清洁干布或滤纸擦去试样表面的水，再次称量每个试样，精确至 0.1 mg（质量 m_2）。如果试样厚度小于 1.5 mm，在称量过程中会损失能测出的少量吸水，最好在称量瓶中称量试样。

若要测量饱和吸水量，则需要每隔(30±2)min 重新浸泡和称量。在每个间隔后，试样都要如上所述从水中取出，在蒸馏水中冷却，擦干和称量。

重复浸泡和干燥后可能形成裂缝。如果是这样，在试验报告中注明首次发现裂缝的试验周期数。

(5)方法 3：浸水过程中水溶物的测定

如果已知或怀疑材料中含有水溶物，则需要用材料在浸水试验中失去的水溶物对吸水性进行校正。根据方法 1 或方法 2 完成浸水后，就像用方法 1 和方法 2 的干燥步骤一样重复至试样的质量恒定（质量 m_3）。如果 $m_3<m_2$.，则需要考虑在浸水试验中水溶物的损失。对于这类材料，吸水性应该用在浸水过程中增加的质量与水溶物的质量和来计算。

(6)方法 4：相对湿度 50％环境中吸水量的测定

将试样放入(50.0±2.0)℃烘箱内干燥 24 h，然后在干燥器内冷却至室温，称量每个试样，精确至 0.1 mg（质量 m_1）。重复本步骤至样品的质量变化在±0.1 mg 内。

根据相关标准规定，将试样放入相对湿度为(50±5)％的容器或房间内，温度控制在(23.0±1.0)℃或(23.0±2.0)℃。如无相关标准规定，温度控制在(23.0±1.0)℃。放置(24±1)h 后，称量每个试样，精确至 0.1 mg（质量 m_2），试样从相对湿度为(50±5)％的容器或房间中取出后，应在 1 min 要测量饱和吸水量要将试样再放回相对湿度 50％的环境中，按照方法 1 中给出的称量步骤和时间间隔进行。

6. 结果表示

(1)吸水质量分数

计算每个试样相对于初始质量的吸水质量分数，用式(3—14)或式(3—15)计算：

$$c=\frac{m_2-m_1}{m_1}\times100\% \tag{3—14}$$

或

$$c=\frac{m_2-m_3}{m_1}\times100\% \tag{3—15}$$

式中 c —试样的吸水质量分数，％；

m_1——浸泡后试样的质量，mg；

m_2——浸泡前干燥后试样的质量，mg；

m_3——浸泡和最终干燥后试样的质量，mg。

试验结果以在相同暴露条件下得到的 3 个结果的算术平均值表示。

在某些情况下，需要用相对于最终干燥后试样的质量表示吸水百分率，用式(3—16)计算：

$$c=\frac{m_2-m_3}{m_3}\times100\% \tag{3—16}$$

(2)费克(Fiek)定律确定的饱和吸水量和水分扩散系数

当潮湿聚合物试验温度低于其玻璃化温度时，绝大多数聚合物的吸水性(由方法 1、方法 3 和方法 4 测定符合费克定律(见 GB/T 1034 附录 A)，不依赖于时间和浓度的水分扩散系数可由下例所描述的方法计算。

在这种情况下，可通过在费克定律表中填入试验数据(不必等到质量恒定)，得到饱和吸水率已和扩散系数 D，D 用平方毫米每秒(mm^2/s)表示。

按照方法 1、方法 2 或方法 3 将试样浸入水中的饱和吸水量用 c 表示；按照方法 4 将试样暴露在相对湿度 50％环境中的饱和吸水量用 $c_s(50\%)$表示。曲线法可用于代替计算 D 值验证试样的费克扩散行为，例如用理论数据或商业软件得到的 log 曲线。为了验证聚合物的吸水性是否符合费克扩散行为，应采用更长时间达平衡浓度后 c_s 的试验数据。

附录 A 图 A.1 给出了薄片试样符合费克定律的示例。斜率 0.5 源于式(3—17～3—21)：

$$c \leqslant 0.51 c_s \tag{3—17}$$

或

$$\iota / c_s \leqslant 0.51 \tag{3—18}$$

或

$$\frac{D\pi_2 t}{d_2} \leqslant 0.50 \tag{3—19}$$

式中 t——试样在水中的浸泡时间或湿润空气中的放置时间，s；

d——试样的厚度，mm。

若

$$d\pi^2 t / d^2 \geqslant 5 \tag{3—20}$$

则

$$c = c_3 \tag{3—21}$$

其他值在表 3—6 中列出。

表 3—6 由费克定律得到的薄片试样的理论无量纲值

$D\pi^2 t/d^2$	c/c_s
0	0
0.01	0.07
0.10	0.22
0.5	0.51
0.7	0.60
1.0	0.70
1.5	0.82
2.0	0.89
3.0	0.96
4.0	0.99
5.0	1.00

附录 A

验证试样的吸水性与费克(Fick)扩散定律的相关性

A1　概述

在吸水率符合费克定律的情况下,由试验时间决定的吸水率可由扩散系数 D 和饱和吸水率 c_s 表示,见式(A1):

$$c(t)=c_s-c_s\frac{8}{\pi^2}\sum_{k=1}^{20}\frac{1}{(2k-1)^2}\exp\left[-\frac{(2k-1)^2D\pi^2}{d^2}t\right] \tag{A1}$$

式中　k——1,2,3,…,20;

d——试样的厚度。

注:通常认为用 20 个加数足够。

A2　未达到质量恒定测定 D 和 c

假设符合费克定律,对于图 A1 中横、纵坐标值较小时,$\lg[c(t)/c_s]$和 $\lg(D\cdot t)$具有的线性关系可视为真实的。包括表 3－6 中的理论值,在线性范围内扩散系数表示见式(A2):

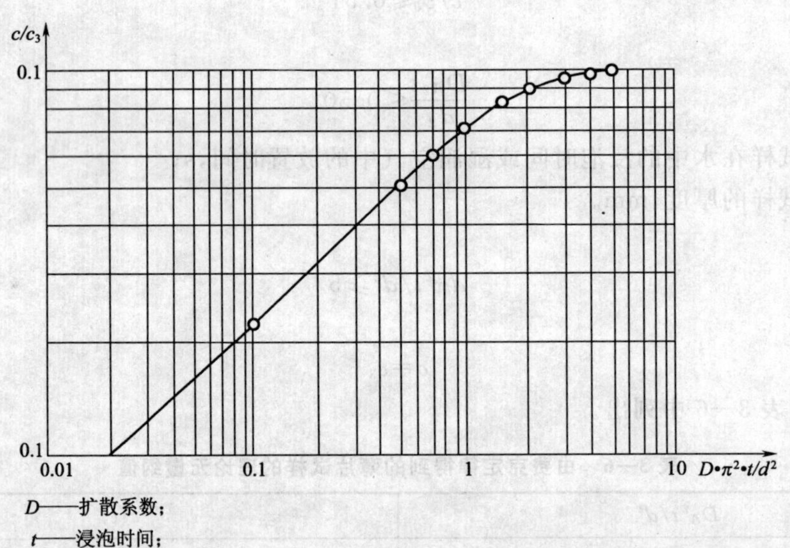

图 A1　薄片试样的吸水性 c/c_s 与无量纲值 $d\pi^2t/d^2$ 的关系

$$\sqrt{D}\approx\frac{1}{c_s}\cdot\frac{d}{0.52\pi}\cdot\frac{c(t)}{\sqrt{t}} \tag{A2}$$

式中　c_s——饱和吸水率;

d——试样厚度;

t——暴露时间;

$c(t)$——在 t 时测得的吸水率。

用式(A1)结合曲线法或计算工具可以估算出 c_s 的值(可以的方法是曲线法、数学工具和商业计算机程序)。

A3　验证试样的吸水性与费克扩散定律的相关性

如果聚合物试样的吸水性与费克扩散行为较吻合，曲线 $c=f(t)$ 大约在 t_{70}，弯曲后（见图A1），增加浸泡时间至 t_{max}（t_{max} 为最长试验时间，且 $>t_{70}$），把试验数据代入方程（A1）得到的 c_s 和 D 值没有明显的变化。t_{70} 时的 c_s 与 $t\to\infty$ 时的 c_s 之间的偏差小于10%；同样，t_{70} 相对应的 D 值与 $t\to\infty$ 时的 D 值之间的偏差小于20%。

七、耐液体化学试剂性能的测定（GB/T 11547—2008）

1. 试验原理

在规定的温度和规定的时间条件下，将试样完全浸泡在测试液体中。

在浸泡前后，分别对试样的性能进行测定，如果可行，也可能在干燥后进行测定。对于后一种情况，在同一组试样中，尽可能一个接一个进行测试。

注：仅在所用试样具有相同的形状相同的尺寸（特别是厚度相同）和极为相似的状态（内应力表面等）下，本试验方法才能比较不同塑料之间的性能。

1）浸泡后或浸泡干燥后，立即测定试样在质量、尺寸和外观上的变化；

2）浸泡后或浸泡干燥后，立即测定试样物理性能的变化（力学性能、热性能、光学性能等）；

3）液体吸收量。

若要求确定材料仍受液体作用的情况，应采用浸泡后立即测试的方法，若要求确定材料在液体（液体为挥发性的）作用的状态，则应采用浸泡干燥后测试的方法，这一方法可以测定可溶成分的影响。

2. 通用技术要求和试验步骤

（1）试液

1）试液的选择

若需要塑料与某一特定液体接触时的行为的数据，通常应选用该特定液体作为试液。试液应为分析纯。

不同批次的工业用化学试剂通常没有完全恒定的组分。因此，为了使试液对塑料性能产生的影响具有代表性，应尽可能选用规定的化工产品或其混合液。当采用工业级试剂时，应采用同一批次试剂来测试。

在验证成分不明的试剂对塑料性能产生的影响时，其试剂应从同一容器中取出。

2）试液类型

试液类型见 GB11547 附录 A。

（2）测试条件

1）浸泡温度

优先选用的浸泡温度为：

①（23±2）℃；

②（70±2）℃。

若为了与塑料的使用温度保持一致，应采用其他温度时，则应从 ISO 3205 中给出的优先选用温度中选取。推荐使用以下温度：

0℃，20℃，27℃，40℃，55℃，85℃，95℃，100℃，125℃，150℃

浸泡温度不大于100℃,允许偏差±2℃;浸泡温度大于100℃时,允许偏差±3℃。在测试塑料管材的某些特定条件下,则采用60℃作为浸泡温度。

注:1. 在高于正常环境温度条件下进行浸泡试验时,可增加一组试样。在此温度下,用相同的试验周期进行状态调节,然后测试其性能,以区分性能的变化是受温度影响还是受试液影响。

2. 对于长周期浸泡试验,试样在23℃空气中储放期间也可能发生变化,建议增制一组试样以供对比。

2)测定温度

质量、尺寸或物理性能变化的测定温度为(23±2)℃。若浸泡温度不是(23±2)℃,则按(6)中所述方法调节试样温度到23℃。

(3)浸泡时间

优先选用的浸泡时间为:

1)短期试验:24 h;

2)标准试验:1周;

3)长期试验:16周。

若需要采用其他的浸泡时间,如要求以时间为变数进行试验,或要求做出直到达到平衡时的曲线,建议从下列标准等级中选用浸泡时间:

1)1 h,2 h,4 h,8 h,16 h,24 h,48 h,96 h,16 h;

2)2周,4周,8周,16周,26周,52周,78周;

3)1.5年,2年,3年,4年,5年。

(4)试样

试样的形状和尺寸根据塑料本身的形状(片材、薄膜、棒材等)、性质以及浸泡后的试验项目(质量、尺寸、物理性能)而定,试样可以具有各种各样的形状和尺寸。

试样可直接模塑成型,也可机械加工成型。在机械加工中,表面应精加工,试样的加工表面应非常光洁,但不得造成炭化痕迹。

对于5. 中规定的试样,优先选择试样尺寸为60 mm×60 mm,其厚度取决于塑料的类型:

——对于热塑性塑料,推荐选择厚度为1.0 mm~1.1 mm;

——对于模塑混合物,样品尺寸按照GB/T 17037.3—2003的规定;

——对于半成品材料,试样应优先选择根据ISO 2818:1994进行的机械加工,并且至少保留一面不进行机械加工;

——对于复合材料,推荐厚度不少于2 mm。

所用的试样数量按相关测定项目的国家标准中的规定,若无规定,每组试样应不少于3个。

注:采用厚度是1 mm的样品进行测试。由于厚度影响可能会导致测试结果在质量、尺寸、外观或试液吸收量上发生改变。

(5)状态调节

按照GB/T 2918—1998的规定:23/50,2级,对试样进行调节。

注:对于已知能迅速达到或很缓慢达到温度和湿度平衡(特别是湿度平衡)的塑料,可以

在相应的产品说明中缩短或延长状态调节时间(见附录B)。

(6)试验步骤

1)试液用量

为避免试验过程中试液中被提取物质浓度增大,所用试液量按照试样的总表面积计算,每平方厘米不少于8 mL的试液。试样应完全浸泡于试液当中。

注:在一些其他标准中规定了不同的试液量,如:已知硬质PVC和聚烯烃管材中被提取物质含量很少,在相关的标准中规定了较少的试液量。

2)试样的浸泡

每组试样放置于规定的容器中,并使它们完全浸泡于试液内(必要时可系一重物)。允许将成分相同的几组试样浸泡于同一容器中。

试样表面不允许相互接触,也不允许与容器壁及所系重物有所接触。

浸泡过程中,每24 h至少搅动试液一次。

试验时间超过7d时,每到第7d应更换等量新配试液。

若试液不稳定(如次氯酸钠),则要求更加频繁地更换。

注:若光线对试液作用可能产生影响,则建议在暗室或在规定照明条件下进行操作。

在某些情况下,应规定试样上方的液体高度(如试液有氧化的危险),或检测试液吸收体积量。试样吸收的试液体积是开始时的体积和试液剩余体积之差。若有必要计算这个数值,仪器设备应具有单独测量试液体积的能力。

3)冲洗和擦拭

浸泡周期结束时,如需将试样温度调节到室温,可将试样迅速地转入室温下的新鲜试液中,浸泡15 min~30 min。

试样从试液中移出以后,采用下列步骤冲洗试样:

①对于浸泡在酸、碱或其他水溶性溶剂中的试样,可直接用清水冲洗。若为了避免在称重之前或称重的过程中试样吸湿,要求快速处理,可在冲洗后的试样表面吸附一些吸湿剂,如浓硫酸。

②对于浸泡在非挥发性、非水溶性的有机试液中的试样,用对试样没有影响的挥发性溶剂清洗,如轻质石脑油。

再用滤纸或无绒棉布擦拭试样表面。

注:1. 若试样浸泡在室温的丙酮或乙醇等挥发性溶剂中,可无需冲洗和擦拭。

2. 若要求的话,可能需要在浸泡结束时检测试液。这种检测可以是简单的肉眼观察、试液体积或质量的测定以检测是否有液体吸收,也可以是更严格的检测,如滴定等。但这种检测可能不适用于在浸泡过程中更换过试液的情况。

(7)结果表示

1)数字形式表示

除了给出浸泡前、后的测定结果外,还可以用浸泡后性能值(X_2)(质量变化除外)相对于浸泡前的性能值(X_1)的百分比来表示,见式(3—22):

$$性能变化百分比=\left(\frac{X_2}{X_1}\right)\times 100\% \qquad (3—22)$$

式中 X_1——相应的浸泡前性能值;

X_2——浸泡后的某一性能值。

2)图线形式表示

进行试样性能随时间变化试验时,建议绘制出相应的关系图。以所得测定值(包括起始值)或性能值的差值为纵坐标,以浸泡时间(t)为横坐标,如需缩短时间坐标,则可用 $t^{1/2}$ 或 $\lg t$ 作为横坐标。

若吸收符合菲克定律,GB/T 1034—2008 推荐的双对数曲线(如试液质量或体积—浸泡时间)可以使得饱和浓度和扩散系数的测定在较短的浸泡时间内完成。

3. 质量、尺寸及外观变化的测定

(1)概述

质量、尺寸和外观变化试验可在同一片试样上进行。至少需测量 3 个试样。

(2)仪器

1)通用仪器

①烧杯:大小适宜,并带盖(必要时需密封),对于易挥发性或有蒸汽产生的试液需配上冷凝管。仪器应具有一定的耐腐蚀性。浸泡温度在室温以上时,烧杯需密封,以尽量减少试液蒸发带来的质量损失。

②密闭容器:可控制试验温度恒定。若随着温度的升高,试液有所挥发,则应保证通风效果良好。

③温度计:范围和精度适宜。

④鼓风烘箱:能控制在所选定的干燥温度下。

若无特别说明,则能控制在(50±2)℃的烘箱。

2)质量变化测量仪器

①称量瓶。

②天平:当试样质量大于或等于 1 g 时,天平的精度为 0.001 g;当试样质量小于 1 g 时,天平的精度为 0.0001 g。

③尺寸和体积变化测量仪器

a)千分尺:平面砧式,精度为 0.01 mm。

b)孔径规:精度为 0.1 mm。

c)带刻度的玻璃管:用于测量试样的原始体积。

d)试样浸泡装置:能够测量剩余液体体积,例如,由带刻度毛细管测量计连接的完全密封的两个玻璃球形容器,见图 3—5(a)。然后将装置翻转 180°,让在球形容器 1 中的试样浸泡于试液当中,见图 3—5(b),开始试验。为了测量剩余试液的体积,再次将装置翻转恢复到刚刚开始的位置。试液流回球形容器 1 中,可从毛细管测量计上读出液体体积变化,见图 3—5(c)。读数完成后,装置翻转 180°变成图 3—5(b)的位置,继续浸泡过程。

(3)试样

1)模塑材料

试样应是边长为(60±1)mm 的正方形,其厚度在 1.0 mm～1.1 mm 之间。材料应按照相应的产品标准规定的条件模塑成型(或按照供应商提供的条件)。

注:1. GB/T 9352—1988、GB/T 17037.3—2003 和 GB/T 5471—2008 提供了模塑试样制备的通则。

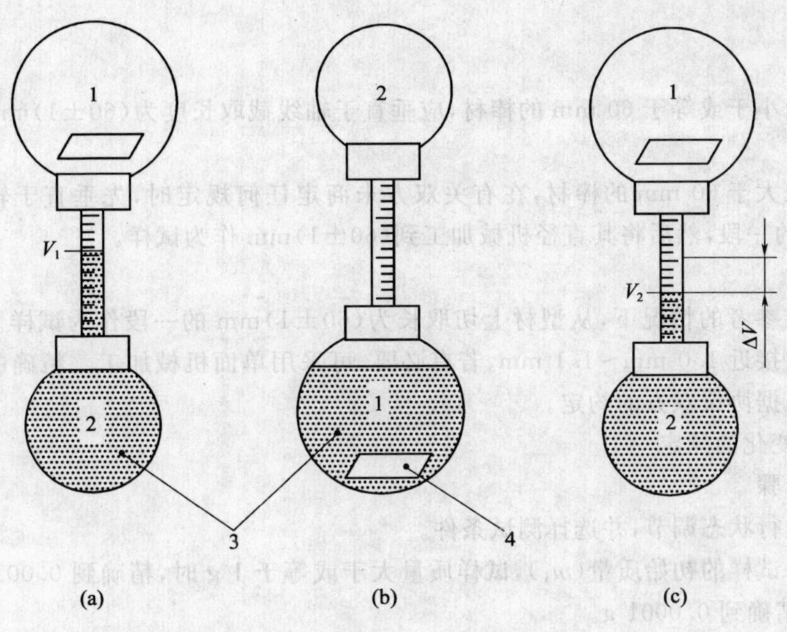

图 3—6　试样浸泡装置示意图

1—球形容器 1;2—球形容器 2;3—试液;4—试样

2. 在某些情况下，经双方协商可采用尺寸为 50 mm×50 mm×4 mm 的试样。采用这一尺寸试样时。将会增加达到平衡的时间，相当于厚度为 1 mm 试样的 16 倍。

2)挤出料

试样应是边长为(60±1)mm 的正方形，其厚度在 1.0 mm～1.1 mm 之间。试样可从挤出片材上直接切取下来，片材应按照相应的产品标准中规定的条件制备(或按照材料供应商提供的条件)。

注：在某些情况下。经双方协商试样尺寸可为 50 mm×50 mm×2 mm。

3)片材和板材

试样应是边长为(60±1)mm 的正方形，并采用 ISO 2818:1994 规定的机械加工方法从大片材或板材上加工而得到。

若片材或板材的公称厚度小于或等于 25mm，则试样厚度跟板材或片材厚度一样。

若片材或板材的公称厚度大于 25mm，在没有相关说明的情况下，试样的尺寸应单面加工到 25mm。

注：由于菲克扩散，达到平衡的时间与正方形试样的厚度成比例的增加。试样厚度为 25mm 将需要花费 5 年多的时间来达到平衡。

4)管材和棒材

①管材

若有可能，试样的尺寸应当参考相应的国家标准。若无标准参考，应以垂直于轴线截取长度为(60±1)mm 的管材作为试样。

若管材的外径大于 60 mm，应切取长度为(60±1)mm 的管材，再由该管材制备成试样。

其制法为：沿着包含该管材纵轴的两个平面分别切割，使从外表面测量的展开宽度为(60±1)mm。

②棒材

对于直径小于或等于 60 mm 的棒材，应垂直于轴线截取长度为(60±1)mm 的棒段作为试样。

对于直径大于 60 mm 的棒材，在有关双方未商定任何规定时，先垂直于轴线截取长为(60±1)mm 的一段，然后将其直径机械加工到(60±1)mm 作为试样。

5)型材

在无标准参考的情况下，从型材上切取长为(60±1)mm 的一段作为试样。保证试样的厚度尽可能地接近 1.0 mm～1.1 mm，若有必要，可采用单面机械加工。精确的厚度和机械加工条件应根据协议双方的约定。

(4)质量变化的测定

1)操作步骤

对试样进行状态调节，并选择测试条件。

测定每个试样的初始质量(m_1)，试样质量大于或等于 1 g 时，精确到 0.001 g，试样质量小于 1 g 时，精确到 0.0001 g。

将试样浸泡在试液中。

浸泡后立即称量时，从试液中取出试样，进行冲洗和擦拭，放入已称重的空称量瓶中，盖好，并称取试样的质量(m_2)，精确到 0.001 g 或 0.0001 g。

若所用试液在室温下有挥发性，则试样暴露在空气中的时间不应超过 30 s。若称量之后还需继续试验(如质量随时间变化的曲线)，则立即将试样放回试液中，并将容器放回恒温控制器中。

浸泡干燥后称量时，从称量瓶中取出试样，放入规定温度的烘箱中，干燥至恒重。对于厚度为 1 mm 的试样，通常采用的干燥条件为：(50±2)℃，2 h。若有必要则将试样冷却，需重新进行状态调节，再称取试样的质量(m_3)。

注：在某些情况下，有关双方可以商定被测试样不必进行状态调节。

仅在干燥后称量时，将试样从试液中取出后，进行冲洗和擦拭，然后立即置于烘箱中，并进行干燥处理，再称取试样质量。

2)试验结果的计算和表示

①记录每个试样的质量，用毫克(mg)表示。浸泡前的质量，用 m_1 表示；试样浸泡后的质量，用 m_2 表示；试样浸泡干燥和再状态调节的质量，用 m_3 表示。

计算以下差值：

$$m_2-m_1 \text{ 和 } m_3-m_1$$

并记录正负号。

②也可用浸泡后单位面积的质量和浸泡后质量变化率来表示。

用式(3—23)、式(3—24)和式(3—25)、式(3—26)计算每单位面积的质量增加或减少值，用 mg/cm² 表示：

$$\text{浸泡后每单位面积的质量变化}=\frac{m_2-m_1}{A} \tag{3—23}$$

$$浸泡干燥和再状态调节后每单位面积质量变化=\frac{m_3-m_1}{A} \qquad (3-24)$$

式中 m_1——试样浸泡前的质量，mg；

m_2——试样浸泡后的质量，mg；

m_3——试样浸泡干燥和再状态调节的质量，mg；

A——表示试样的初始总表面积，cm^2。

$$浸泡后质量变化率=\frac{m_2-m_1}{m_1}\times 100\% \qquad (3-25)$$

$$浸泡干燥和再状态调节后质量变化率\frac{m_3-m_1}{m_1}\times 100\% \qquad (3-26)$$

式中 m_1——试样浸泡前的质量，mg；

m_2——试样浸泡后的质量，mg；

m_3——试样浸泡干燥和再状态调节后的质量，mg。

计算每组试验结果的算术平均值。

(5)尺寸变化的测定

1)操作步骤

对试样进行状态调节，并选择测试条件。

测量试样的原始尺寸。

①正方形试样

在试样的4个侧面作4根长度基准线，用千分尺测量其长度，然后记录其平均长度为 l_1，精确到0.1 mm。用孔径规测量4个基准点的厚度，然后记录其平均长度为 l_1，精确到0.01 mm，要求各基准点离边缘的距离不小于10 mm。

②棒材和型材

用千分尺测量并记录试样长度，然后记录其平均长度为 l_1，精确到0.1 mm。用孔径规在4个基准点上测量其厚度，然后记录其平均长度为 h，精确到0.01 mm。若型材的厚度不均匀，则在两个不同厚度的区域分别测量其厚度值。

③管材

根据GB/T 8806—1988测量管材的外径(d_1)、长度(l_1)、壁厚(h_1)。

初始体积的测量使用带刻度的玻璃管在23℃条件下，测量试样的原始体积(V_1)。

采用烧杯和试样浸泡装置，将试样浸泡在试液中。

浸泡后立即测量时，从试液中取出试样，立即进行冲洗和擦拭，在原记号位置上测量试样的尺寸，相应地记录为 d_1、l_2 和 h_2。

注：不宜延长开始测量尺寸的时间。

浸泡后干燥测量时，将试样按照规定的温度和规定的时间在烘箱中干燥，通常采用的干燥条件为：(50±2)℃，2 h。若有必要则将试样冷却，重新进行状态调节，再在原记号位置上测量试样的尺寸，相应地记录为 d_3、l_3 和 h_3。

注：在某些情况下，有关双方可以商定被测试样不必进行状态调节。

仅在干燥后测量试样时，将试样从试液中取出后，进行冲洗和擦拭，然后立即置于烘箱中，进行干燥处理和测量。

测量液体吸收总量，用试液原始体积和试样移出的试液体积之差表示。

2)试验结果计算和表示

除了记录试样原始尺寸(或体积)和最后尺寸(或体积)外，还应报告最后尺寸(或体积)对原始尺寸(或体积)的百分率。对试验过程中每个试样、每个尺寸和每个变化计算百分率。计算结果可能大于、等于或小于100%。若计算值为100%，则表示试样在试液作用下无尺寸(或体积)变化。

因此，可按式(3—27)和式(3—28)计算膨胀率：

$$Q=\frac{\Delta V}{V_1}=\frac{V_1-V_2}{V_1} \qquad (3—27)$$

或用百分比表示：

$$Q'=\frac{\Delta V}{V_1}\times 100\% \qquad (3—28)$$

式中 Q——材料试样的膨胀率；

ΔV——浸泡前后的体积差；

V_1——试样浸泡前的体积；

V_2——试样浸泡后的体积；

Q'——材料试样的膨胀率百分比。

计算每组试样试验结果的算术平均值。

做试样尺寸随时间变化试验时，应绘制尺寸—浸泡时间的曲线。

(6)颜色或其他外观变化的检测

1)概述

颜色或其他外观变化的检测可以与标准GB/T 11547规定的其他测试试验一同进行，也可单独进行。无论是哪种情况，都应准备好额外的试样以做对比。

2)操作步骤

当进行其他测试时，兼测颜色或其他外观变化，则按该试验项目步骤操作。

当仅测颜色或其他外观变化，只要双方一致同意，则采用通用步骤。

用GB/T 15596—1995规定的方法将每个试样与空白试样对比检测，并记录如下性能的变化：

①颜色

——仪器检测；

——用灰度比色卡肉眼检测。

②其他外观

——仪器检测(表面光泽度、透光性)；

——肉眼检测如下外观上的变化：

银纹和开裂的出现；

起泡、小坑或其他类似缺陷的出现；

表面存在有易于擦掉的物质；

表面发黏；

分层、翘曲或其他变形；

部分溶解。

使用表 3—7 中的等级表示。

表 3—7 外观变化等级

外观变化等级
无变化
不明显变化
轻微变化
中等变化
严重变化

3)结果表示

根据 GB/T 15596—1995,用表 3—7 中规定的变化等级来表示肉跟检测外观性能改变的结果。

分别记录试样经浸泡擦拭、浸泡干燥和再状态调节的检测结果。

4. 其他物理性能变化的测试

(1)概述

可测定力学性能、电性能、热性能或光学性能等。

(2)仪器

1)仪器列于 3. 中,但仅在特殊情况需要时才使用天平。

2)其他仪器,在所要测定性能的相关国家标准中规定了的仪器。

(3)试样

1)形状和尺寸

试样应满足所要测定性能的相关国家标准中的试样规定。

若有几种尺寸可供选择,推荐选用试样厚度最接近 4 mm 的规格尺寸。

2)试样制备

按照相关国家标准的规定进行。

注:有些性能对样品中的内应力很敏感。因此,为了评价最终制品。建议试样取自该最终制品,不使用专门的模塑或挤出成型。

3)数目

试样数目按照相关国家标准中规定的数量。对需要更换试样的测试项目(特别是破坏性试验),应多备一些空白试样。

(4)操作步骤

对试样进行状态调节,并选择测试条件。

根据所要测定项目的相关国家标准测定试样的初始性能值。

再将试样浸泡在试液中。

浸泡后立即测量时,从试液中取出试样,进行冲洗和擦拭,然后重新测量该测定项目的性能值。

若所用试液在室温条件下是挥发性的,则试样从试液移出后的 2 min～3 min 内就应开始测试。

浸泡干燥后立即测量时，将试样按照规定的温度和时间在烘箱中干燥，若无特别说明则在(50±2)℃下干燥2h±15min。若有必要则将试样冷却，重新进行状态调节，再按相关国家标准重新测量所要求的性能值。

注：在某些情况下，有关双方可以商定被测试样不必进行状态调节。

仅在干燥后测量时，将试样从试液中取出后，进行冲洗和擦拭，然后立即置于烘箱中，进行干燥处理，再测量所测定的性能值。

(5)试样结果的计算和表示

按照相关的国家标准计算测定性能的试验结果。

计算下列数值的平均值：

Y_1——每个试样浸泡前的性能数值(空白试样的性能值)；

Y_2——浸泡后试样的性能值；

Y_3——浸泡干燥和再状态调节后的性能值。

对于可测量的(即测量标尺呈比例的)性能，可计算其最终性能对初始性能的百分比：

①对于浸泡后性能改变百分比为：$\frac{Y_2}{Y_1}\times 100\%$

②对于浸泡干燥和再状态调节后性能改变百分比为：$\frac{Y_3}{Y_1}\times 100\%$

所得百分率可能大于、等于或小于100%。当该值等于100%时，表示试样在试液作用下该物理性能无变化。

若有必要，可做性能—时间的关系曲线。

附录A

A1　表A1和A2列出了可作为试液的化学试剂和各种化工产品的详细名称。

表A1　化学试剂

试液	浓度[1]		预防措施(见A.1和B.2)	备注	密度[2](20℃)(kg/m³)
	质量分数(%)	kg/m³			
乙酸	99.5		A,C	浓溶液	1050
	5	50	—	加50 mL浓乙酸到950 mL水中	—
丙酮	100		B	—	785
氢氧化铵	25	230		以氨(NH_3)表示	907
	10	96			958
苯胺	100	—	A,C	—	1021
铬酸	40(以CrO_2表示)	550		1000 mL溶液中加3 mL浓硫酸	—

续表

试液	浓度[1] 质量分数(%)	浓度[1] kg/m³	预防措施(见 A.1 和 B.2)	备注	密度[2](20℃)(kg/m³)
柠檬酸	10	100	—		—
乙醚	100	—	B,C	—	719
蒸馏水			—		—
乙醇	—	770	B	体积分数 97%(71℃O.P.)	802
	50	460	—	1000 mL 体积分数 96%乙醇加 47 mL 水	—
乙酸乙酯	100	—	B,C	—	901
正庚烷			B		683
盐酸	36		A,C	浓溶液	1180
	10	105		加 250 mL 浓盐酸到 750 mL 水中	—
氢氟酸[3]	40	450		—	1160
过氧化氢	30	330	A	不稀释	—
	3	31		10 份体积体积分数 30%H_2O_2 加 90 体积水	—
乳酸	10	100	—	—	—
甲醇	100	—	B,C		790
硝酸	70		A,C	浓硝酸	1420
	40	500	A	加 500 mL 浓硝酸到 540 mL 水中	1250
	10	105		加 105 mL 浓硝酸到 900 mL 水中	1050
油酸	100	—	—	—	890
苯酚	5	50	A		—
碳酸钠	20	216		以 $Na_2CO_3 \cdot H_2O$ 表示	1080
	2	20			1010
氯化钠	10	108	—		1070
氢氧化钠	40	575	A		1430
	1	10			1010
次氯酸钠	10	—	A,C	9.5%活性氯	—
硫酸	98		A	浓硫酸	1840
	75	1250		加 695 mL 浓硫酸到 420 mL 水中	1670
	10			$c(H_2SO_4)=1$ mol/L	—
	5			$c(H_2SO_4)=0.5$ mol/L	
甲苯	100	—	B		871
2,2,4—三甲基戊烷					698

①g/L 表示的浓度与 kg/m³ 表示的浓度在数值上是相等的。

②g/mL 表示的单位体积质量是由 kg/m³ 表示的单位体积质量除以 1000 得到的。

③若在操作过程中氢氟酸溅到皮肤上，应立即用葡萄糖酸钙溶液或胶体处理。

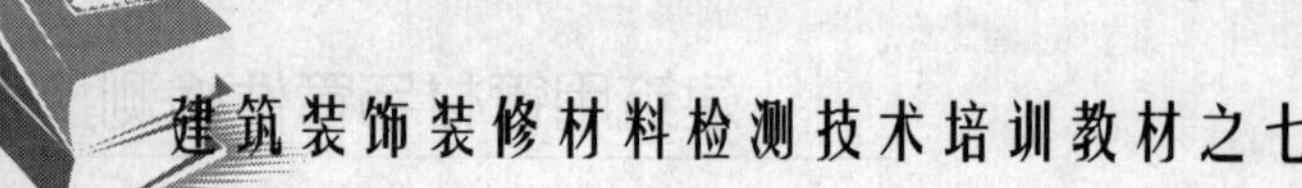

表 A2 化工产品

试液	说明	预防措施(见 A2 条)
矿物油	例如:GB/T 1690—2006[①] 中规定的 1、2 或 3 号参照油	—
绝缘油	按 GB 2536—1990	
橄榄油	质量待规定	
棉籽油	质量待规定	
溶剂混合物	例如:GB/T 1690—2006[①] 中规定 A、B、C 或 D 参照溶剂	B
肥皂液	用肥皂片制得 1%肥皂溶液	—
清洗剂	质量和浓度待规定	
松节油	质量待规定	B
煤油	质量待规定	B
石油[②](汽油)	质量待规定	

①GB/T 1960—2006 是关于液体对硫化弹性体的标准。

②石油不应含苯。

注:如选用表中所列化工产品,则其种类、组成和有关参数必须与有关部门协商。

警告:其中有些是用浓化学试剂稀释而成,在配制时有危险性,应在有经验的技术人员指导下操作。

试验所用的化学试剂质量应满足试验要求。任何混合产品的质量和参考组成都应满足协议双方的商定。

A2 试液在处理时的危险性及预防措施如下:

A——不同腐蚀程度的药品绝不应与皮肤或衣服接触,只能用安全移液管。

B——可燃性药品,不应靠近火源。

C——产生刺激性气味或毒气的药品,应在通风橱里操作。

附录 B

关于达到状态调节平衡的塑料试样吸湿的注释

B1 在潮湿环境中状态调节的塑料试样的吸湿量和吸湿速度会因为塑料性质的不同而大不相同。

B2 本方法中规定的状态调节步骤,除了以下一些情况,一般都能达到满意效果:

a)已知在状态调节环境下需经过很长时间才能达到平衡的材料(如某些聚酰胺材料);

b)不能预估计吸湿能力的吸湿达到平衡所需时间的新材料或未知结构的材料。

B3 对于 B2 中提到的材料,可采用如下操作步骤之一:

a)在高温下干燥材料;

b)根据 GB/T 2918—1998 在 23/50 条件下对试样进行状态调节,直到平衡。

八、塑料玻璃化转变温度的测定(DSC法)(GB/T 19466.2—2004)

1. 基本原理

在规定的气氛及程度温度控制下,测量输入到试样和参比样的热流速率差随温度和/或时间变化的关系。测量材料的比热容随温度的变化,并由所得的曲线确定玻璃化转变特征温度。

2. 仪器和材料

(1)差式扫描量热仪,主要性能如下:

1)能以0.5℃/min～20℃/min的速率,等速升温或降温;

2)能保持试验温度恒定在±0.5℃内至少60 min;

3)能够进行分段程序升温或其他模式的升温;

4)气体流动速率范围在10 mL/min～50 mL/min,偏差控制在±10%范围内;

5)温度信号分辨能力在0.1℃内,噪音低于0.5℃;

6)为便于校准和使用,试样量最小应为1 mg(特殊情况下,试样量可以更小);

7)仪器能够自动记录DSC曲线,并能对曲线和准基线间的面积进行积分,偏差小丁2%;

8)配有一个或多个样品支持器的样品架组件。

(2)样品皿:用来装试样和参比样,由相同质量的同种材料制成。在测定条件下,样品皿不与试样和气氛发生物理或化学变化。样品皿应具有良好的导热性能,能够加盖和密封,并能承受在测量过程中产生的过压。

(3)天平:称量准确度为±0.01 mg;

(4)标准样品:见表3—8。

(5)气源:分析级。

表3—8 玻璃化转变温度标准样品

标准样品	外推起始温度/℃	中点温度/℃
聚苯乙烯	104.5	107.5

3. 试样

试样可以是固态或液态。固态试样可为粉末、颗粒、细粒或从试样上切成的碎片状。试样应能代表受试样品,并小心制备和处理。如果是从试样上切取试样时应小心,以防聚合物受热重新取向或其他可能改变其性能的现象发生。应避免研磨等类似操作,以防止受热或重新取向和改变试样的热历史。对粒料或粉料样品,应取两个或更多的试样。

4. 试验条件和试样状态调节

试验前,接通仪器电源至少1 h,以便电器元件温度平衡。仪器的维护和操作应在GB/T 2918—1998规定的环境下进行。建议仪器不要放在风口处,并防止阳光直射。测量时,应避免环境温度、气压或电源电压剧烈波动。

5. 校准

至少应按照仪器生产厂的建议校准量热仪的能量和温度测量装置。

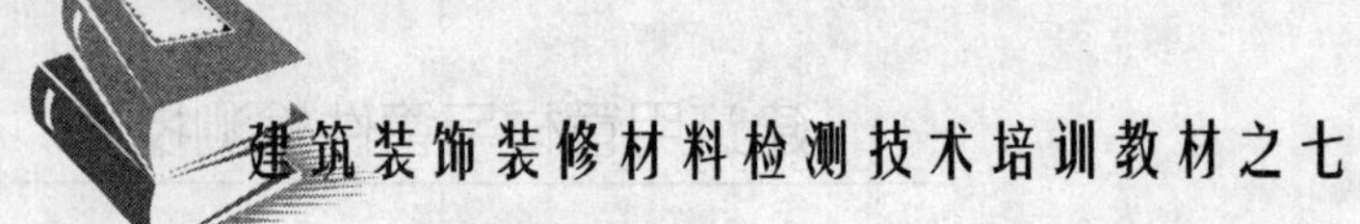

6. 操作步骤

(1)打开仪器

试验前,接通仪器电源至少 1 h,使电器元件温度平衡。将具有相同质量的两个空样品皿放置在样品支持器上,调节到实际测量的条件。在要求的温度范围内,DSC 曲线应是一条直线。当得不到一条直线时,在确认重复性后记录 DSC 曲线。

使用与校准仪器相同的清洁气体及流速。气体和流速有任何变化,都需要重新校准。一般采用:氮气(分析级),流速 50 mL/min(1±10%)。经有关双方的同意,可以采用其他惰性气体和流速。

(2)将试样放在样品皿内

选择容积适当的样品皿,并保证其清洁。用两个相同的样品皿,一个作试样皿,另一个作参比皿(可用空样品皿或不空的样品皿)。称量试样,精确到 0.1 mg。除非材料标准另有规定,试样量采用 5 mg~20 mg。对于半结晶材料,使用接近上限的试样量。

样品皿的底部应平整,且皿和试样或样品皿。这对获得好的数据是至关重要的。不能用手直接处理试样或样品皿,要用镊子或戴手套处理试样。

(3)把样品皿放入仪器内

用镊子或其他合适的工具将样品皿放入样品支持器中,确保试样和皿之间、皿和支持器之间接触良好。盖上样品支持器的盖。

(4)温度扫描

在开始升温操作之前,用氮气预先清洁 5 min。

以 20℃/min 的速率开始升温并记录。将试样皿加热到足够高的温度,以消除试验材料以前的热历史。

样品和试样的热历史及形态对聚合物的 DSC 测试结果有较大影响。进行预热循环并进行第二次升温扫描测量是非常重要的。若材料是反应性的或希望评定预处理前试样的性能时,取第一次热循环时的数据。试验报告中应记录与标准步骤的差别。

保持温度 5 min。将温度骤冷到比预期的玻璃化转变温度低约 50℃。保持温度 5 min。以 20℃/min 的速率进行第二次升温并记录,加热到比外推终止温度 T_{efg} 高约 30℃。经有关双方同意,可以采用其他升温或降温速率。特别是,高的扫描速率使记录的转变有高的灵敏度,另一方面,低的扫描速度能提供较好的分辨能力。选择适当的速率对观察细微的转变是重要的。

将仪器冷却到室温,取出试样皿,观察试样皿是否变形或试样是否溢出。重新称量皿和试样,精确到±0.1 mg。如有任何质量损失,应怀疑发生了化学变化,打开皿并检查试样。如果试样已降解,舍弃此试验结果,选择较低的上限温度重新试验。变形的样品皿不能再用于其他试验。如果在测试过程中有试样溢出,应清理样品支持器组件。清理按照仪器制造商的说明书进行,并用至少一种标准样品进行温度和能量的校准,确认仪器有效。按仪器制造商的说明处理数据,同时应由使用者决定重复试验。

7. 结果表示

转变温度的测定曲线如图(3—7)所示。通常两条基线不是平行的。在这种情况下,T_{mg} 就是两条外推基线间的中线与曲线的交点。

也可以把测定的拐点本身作为玻璃化转变特征温度 T_g。它可通过测定微分 DSC 信号

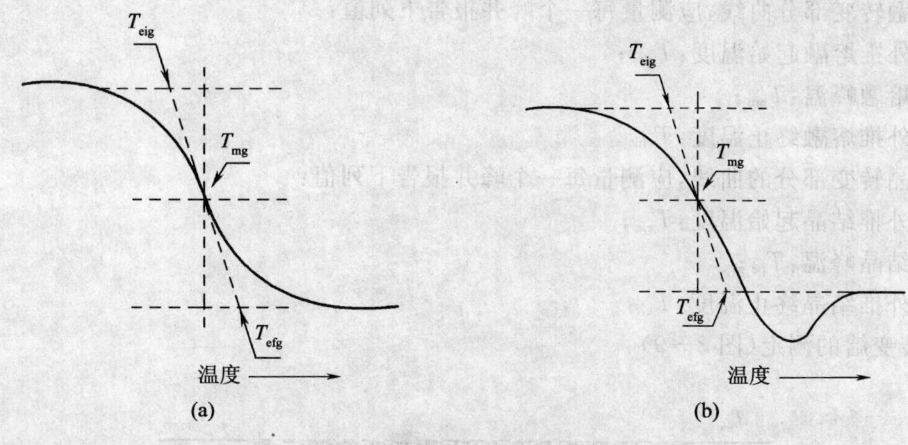

图 3—7　玻璃化转变特征温度

最大值或转变区域斜率最大处对应的温度而得到。

若 DSC 曲线出现图 3—7(b)图中曲线的情况，确定玻璃化转变温度的方法是相同的。

九、塑料熔融和结晶温度及热焓的测定(DSC 法)(GB/T 19466.3—2004)

1. 该试验的试验仪器与操作步骤与八、相同

2. 结果表示

(1)转变温度的测定

调整 DSC 曲线图，使峰覆盖的范围能达到满量程的 25%。通过连接峰(熔融是吸热峰，结晶是放热峰)开始偏离基线的两点画一条基线，如图 3—8 所示。如果存在多个峰，对每一个峰要画一条基线。

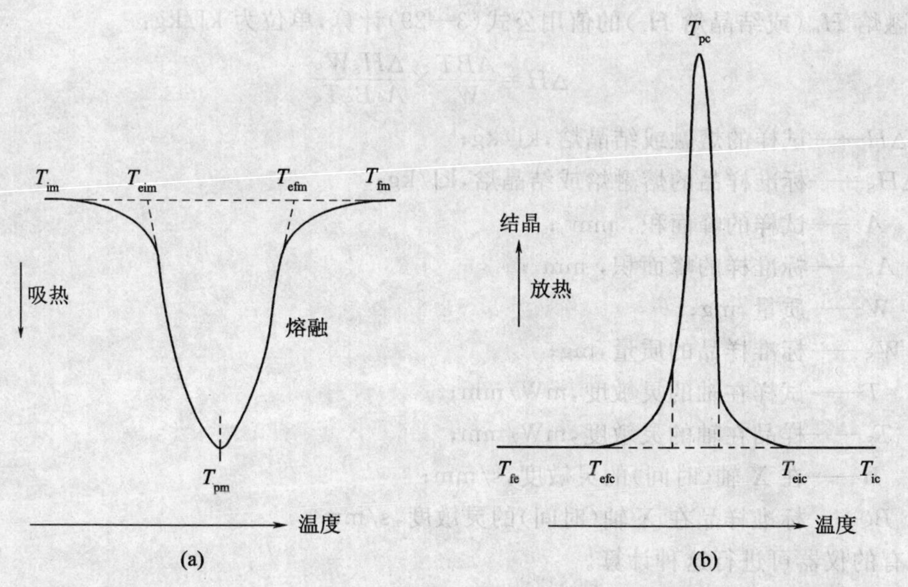

图 3—8　特征温度测定示例

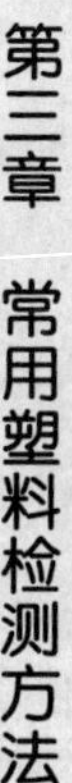

对熔融转变部分曲线，应测量每一个峰并报告下列值：

——外推熔融起始温度：T_{eim}；

——熔融峰温：T_{pm}；

——外推熔融终止温度：T_{efm}。

对结晶转变部分的曲线，应测量每一个峰并报告下列值：

——外推结晶起始温度：T_{eic}；

——结晶峰温：T_{pc}；

——外推结晶终止温度：T_{efc}

(2)转变焓的测定(图 3—9)

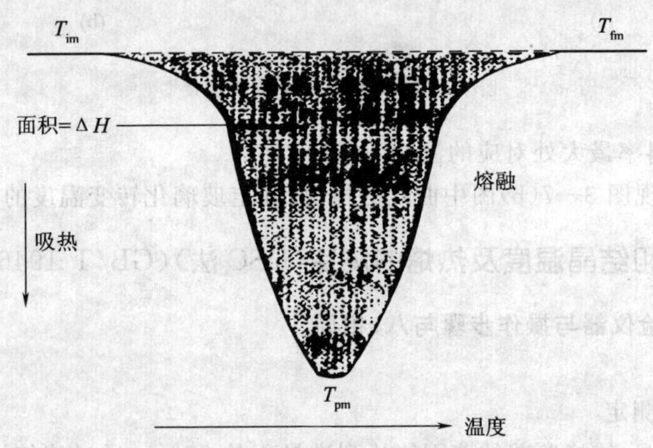

图 3—9　转变焓的测定

测量 DSC 曲线上的峰与按(1)所作的基线之间的面积。

熔融焓 H_m(或结晶焓 H_c)的值用公式(3—29)计算，单位为 kJ/kg：

$$\Delta H=\frac{ABT}{W}\times\frac{\Delta H_S W_S}{A_S B_S T_S} \tag{3—29}$$

式中　ΔH——试样的熔融或结晶焓，kJ/kg；

ΔH_S——标准样品的熔融焓或结晶焓，kJ/kg；

A——试样的峰面积，mm^2；

A_S——标准样的峰面积，mm^2；

W——质量，mg；

W_S——标准样品的质量，mg；

T——试样在轴的灵敏度，mW/mm；

T_S——样品在轴的灵敏度，mW/mm；

B——在 X 轴(时间)的灵敏度，s/mm；

B_S——标准样品在 X 轴(时间)的灵敏度，s/mm。

现有的仪器可进行这种计算。

当聚合物的固态和液态的比热容存在明显差异的情况下，可使用特殊开关的基线，如 S 形基线，以改进试验的结果。

十、塑料大气暴露试验方法(GB/T 3681—2000)

1. 范围

本方法规定了塑料在太阳辐射下的自然气候直接暴露方法目的是要评价塑料经过规定的暴露阶段后所产生的变化。

本方法规定了对试验方法所述的装置和操作程序的一般要求,同时规定了测定辐射量的方法。本标准可适用于各种塑料材料、产品和自产品取样的试验。

2. 原理

将试样或能够由其切取试样的片材或其他形太的材料作为样品,按规定暴露于自然日光下。在经规定的暴露阶段后,将试样从暴露架上取下,并测定其光学、机械或其他有效性能的变化。暴露阶段可以用时间间隔表示或者用总太阳辐射量或太阳紫外辐射量表示。当暴露的主要目的是测定耐光老化性能时,用辐射量表示是较好的选择因为它可以把太阳辐射因气候、位置和时间的变化而引起的对辐射性质和辐射强度变化的影响减少到最低限度。

评价辐射量的仪器方法和得出一个时间周期的光量的方法。

——对光暴露后颜色或其他规定的性能变化的物理标准的评价,其变化的等级表示光能量。

除非另有规定,用于测定颜色和机械性能变化的试样应以无应变状态暴露。

在试验过程中,要监测气候条件及其变化并和其他暴露条件一起列入试验报告。

3. 试验装置

(1) 暴露试验设备

暴露所用的设备是由一个适用的试验架组成。框架、支持和其他夹持装置应该用不影响试验结果的惰性材料制成。耐腐蚀的铝合金、不锈钢或陶瓷是适宜的,还可使用防腐蚀剂(如铜—铬—砷混合物)适当地浸渍过的木材或那些已证明不影响暴露试验的木材。使用和上述材料热性能不同的材料会产生不同的结果。试样不能接触铜、锌、铜锌合金、铁、不锈钢以外的钢、镀过的金属或不是上述列举的那些木材。

当装配时,使用的框架应能安装成所规定的倾斜角,并且试件的任何部分离地面或其他任何障碍物的距离都应不小于 0.5 m。试样可以直接装在框架上,或先装在支持架上再固定在框架上。固定装置应该是牢固的,但应尽可能使试样处于小的应力状态,并让试样自由收缩、翘曲和扩张。

如果需要用背衬支撑试件,或者模拟试件使用条件,则应该用惰性材料作背衬。对于为防止下垂而需要支撑,但又不希望因背衬而使温度升高的或不需实心背衬的试样,应该用细股线网状或者扩张槽状的铝或不锈钢作背衬。

对于制品试验,建议所用的固定装置尽可能模拟实际应用条件。

试验架的设计应适合样品的类型,但对于大多数用途来说,可以把一个平直的框架装于支架上,这个框架应该由合适的木材或其他材料制成的横条构成。然后把样品或试样支持架固定在框架上。试验固定装置的倾斜角和方位角应可以调整。

(2)测定气象因素的仪器

1)测定太阳辐射的仪器

a)总日射表。总日射表应达到或超过世界气象组织(WMO)规定的二级仪器的要求。另外,仪器应该至少每年校准一次,其校准因子可追溯到世界辐射测量基准(WRR)。

b)直射日射表。直射日射表应该达到或超过世界气象组织(WMO)规定的一级仪器的要求。另外,仪器应该至少每年校准一次,它的校准因子可追溯到世界辐射滑动测量基准(WRR)。

c)紫外总日射表。当用于确定暴露阶段时,紫外总日射表应有一光谱通带,该通带的最大吸收位于300 mm～400 mm波段区域的辐射并且应作余弦校正,以包括紫外天空辐射。对商品紫外总日射表要求每年校准一次。

d)窄谱带紫外日射表。当用于确定暴露阶段时,窄谱带紫外日射表应该作余弦校正并且要求每年校准一次,如果需要保证仪器常数的稳定性则应经常校准。

日射表应与日射记录仪(包括积分器)配合使用。

e)日晒牢度蓝色羊毛标准。当用于确定暴露阶段时,应按照GB/T 8426的规定,见附录A。

2)其他气象测定仪

测定空气温度、样品温度、相对湿度、降雨、潮湿时间和光照时数所需的仪器应该适合于暴露试难方法并经有关方面协商同意。

潮湿时间测量仪通常采用原电池或类似的电测方法

4. 试样

(1)试样和制备

可用一块薄片或其他形状的样品进行暴露,在暴露后从样品上切取试样,试样的尺寸应该符合所用试验方法的规定或暴露后所要测定的一种或多种性能的规范的规定。

如果试验的材料是经挤出或模塑成型的颗粒状、薄片状或其他原始形态,试样应通过适当的方法直接用它们制成,或可用适当方法切成片材,再从片材上切取试样。所使用的制样方法应由有关方面商定并且应与用户对材料的加工方法接近试样的制备要符合GB/T 9352,GB/T 11997,GB/T 17037.1和ISO 2557－1的规定。

如果被试材料是挤出材料、模塑材料或片材等形式,则可以在暴露前或暴露后用这些材料制备试样,这取决于试验的特殊需要和材料的性质。例如,对因自然气候老化会明显脆化的材料,应该以它们进行测试的形状暴露,因为暴露后难以进行机械加工。另一方面,对于在边缘可能分层的材料(如层压材料)应该以片材形式暴露,在暴露后切取试样。

用机械加工制取试样的方法见ISO 2818。

当确定特定产品的性能时,应尽可能以制品暴露。这种制品或部件的大小足以满足试验目的时,则应以其原件暴露,如果坩埚片状材料,在暴露后用它来切取试样,那么不能除去暴露表面。从暴露过的片材上取切试样时,应该在与样品边缘及固定装置或支持架(这个支持架不是为了模拟材料使用条件)的距离不少于20 mm之处切取。在制备试样时,任何情况下都不应从暴露表面除去任何材料。

用于对比试验的试样,应具有相同暴露面积和相同的暴露阶段。

(2)试样数量

为了测定暴露后的一种或多种性能,每个试验条件或暴露阶段的试样数量至少都应达到相应的试验方法所规定的数量。

对于机械性能的测定，推荐被暴露试样的数量为有关国家标准中所规定的数量的二倍（由于测定“气候老化后的”塑料的机械性能中会出现大的标准偏差）。

(3)贮存和状态调节

如果试样是用机械加工的方法得到的，并且为制备试样必须进行预处理的话，就应该详细记录预处理的条件。

试验前，应该按照适当的材料规范和符合试验程序的要求对试件进行处理。应该按照GB/T 2918 相应的要求记录所使用的处理程序。如果所用的处理期未达到GB/T 2918 规定的最短时间且会对后续试验产生明显影响时（例如，试件测试性能对湿气很敏感和/或试件已暴露于顶端气候条件下），则应该记录所用的最短处理期。

对照的样品应该在正常的试验条件下贮存于暗处，最好贮存在GB/T 2918 中给出的一种标准环境条件下。

某些材料贮存在暗处时会变色，特别是自然所老化后的材料。

5. 试验条件

(1)暴露方法

暴露方向应面向正南固定，并且根据暴露试验的日的按下列条件之一选择一个与水平面形成的倾斜角。

1)为得到最大的年总太阳辐射在我国北方中纬度地区，与水平面形成的倾斜角应该比纬度角小 10°。

2)为得到最大年紫外太阳辐射的暴露，在北纬 40°以南的地区，与水平线形成的倾斜角应为 5°到 10°。

在赤道到中纬度沙漠地区，半纬度角暴露量比较接近总太阳此外辐射的最大年暴露量。

3)与水平面成 10°和 90°之间的任何其他特定的角度。

对于特殊目的，选择 3)可以用来得到有关特殊用途的结果。例如，直角暴露可模拟建筑物表面的条件，45°或当地纬度角暴露可用来与建立的数据库相比较。

(2)暴露地点

暴露试验地点应该在远离树木和建筑物的空地上。对于向南 45°倾斜角的暴露，在东、西、南方向仰角大于 20°及在北方向仰角大于 45°范围内没有任何障碍物，包括附近的框架。对于小于 30°倾斜角的暴露，则在北方向大于 20°的仰角范围内不应有任何障碍物。除非应用条件有其他要求，推荐保持自然土壤覆盖，例如，气候温和地区的草地，或沙漠地区稳定的沙地。有植物生长则应该经常割短。

此外，对于某些应用，可能需要暴露于包括丛林或森林的阴暗地区，以评价生物生长、白蚁和腐烂草木的影响。选择这样的地区要注意确保：

1)阴暗地点真实代表了整个试验环境。

2)暴露设施和通道不会显著影响或改变该环境。

为了获得最可靠的结果，大气暴露试验应该在多个不同环境地点进行，特别是在接近那些预期的使用条件的地点。

(3)试样的说明

除非另有规定，用于测定颜色和机械性能变化的试样应以无应变状态暴露。

除非需要用背衬支持试样或者模拟使用条件，试样应该在没有背衬或支持（不是为保持

它的位置所要求的)的情况下暴露,并且它们的背面应该裸露于大气中。如果试样的背面使用背衬或支撑物,受暴露样品应被视作由试样加背衬或支持物组成。

背衬和整个支撑物会明显影响暴露样品的温度,因为背衬影响试样非暴露侧的热绝缘。

当材料预期的用途要求它必须在与特殊的衬垫材料直接接触的情况下暴露,则可以改变试验以考虑这个要求。

6. 暴露阶段

不论暴露试验地点如何,试样经相同暴露阶段后不一定会产生相同的变化。所规定的暴露阶段仅被看作该暴露所引起的材料性能变化程度的一种表示。通常认为暴露结果与暴露地点的特征有关。

测定试样性能变化的暴露阶段是按以下方法之一规定的。

(1)暴露期

除非另有规定,暴露阶段应使用从下面选出的暴露期。

月:1,3,6,9;

年:1,1.5,2,3,4,6。

少于一年的暴露试验其结果取决于这一年进行暴露的季节。较长的暴露阶段,季节的影响被均化了,但试验结果仍然取决于开始暴露的季节(例如始于春季还是始于秋季)。

(2)太阳辐射量

在进行大气老化暴露时,由于太阳辐射是塑料老化的最重要因素之一,但在本方法规定的暴露试验里,每个暴露阶段都应该测定和报告总太阳辐射能。

1)用仪器测定太阳辐射能量的方法

用来测定辐射能量的仪器应该安置在样品暴露试验架区的附近。

a)太阳辐射总暴露量

对于暴露试验,太阳辐照度应该用总日射表测定,其接受器的平面平行于暴露试验架的平面。太阳辐照度经记录并积分给出每个暴露阶段所接受的总太阳辐射暴露量,以J/㎡表示。如果在与水平线大于10°的角上安置总日射表,要注意确保不容许有物体反射不均衡的太阳光到接收器上,并且确保总日射表与暴露试样的前景尽可能匹配。总日射表的玻璃圆顶应该每天用蒸馏水或去离子水清洗,并且用柔软的擦镜纸擦干。

b)规定的波长范围内的辐射能量

用来测定总太阳辐照度的总日射表和直射日射表除测量紫外辐射和可见光辐射外,还测量所有红外部分的太阳辐射。尽管红外部分的能量确实会影响暴露样品的温度但对塑料的大气老化没有任何直接光化学效应,所以最好把太阳辐射测量限制在有光化学活性的波长范围内,这主要是太阳光谱的紫外部分。

例如,用符合规定的紫外总日射表可测定在300 nm~400 nm宽谱带波长范围内的太阳紫外辐射。另一种方法是用符合规定的窄谱带紫外日射表来跟踪暴露阶段。在这两种情况下当紫外日射表用作确定或者监测暴露阶段时,要按照a)中的方法来安置和保养。

紫外辐射暴露量的测量和记录应该以J/m^2表示。

2)日晒牢度蓝色羊毛标准

按GB/T 8426的规定用日晒牢度蓝色羊毛标准评价耐光色牢度。

在干燥状态下，最好用有覆盖和未覆盖的蓝色羊毛标准进行对比试验来检查盖子对入射光是透明的。

目前检测仪器或标准材料还没有理想的灵敏度可用于监控所有材料的暴露。虽然大多数材料对太阳光谱的紫外区的短波端特别敏感，但不同材料对光的细微敏感特性是不同的，这取决于其化学组成和添加物的性质。

7. 程序

(1)样品安置一般程序

用惰性材料的夹持装置把试样装在框架上或者装在支持架上。确保边接件之间和板条之间有足够的空间，以便为暴露后的光学测试和机械测试留出一个足够尺寸的未遮盖的测试区。确保用于机械测试的试样按照其形状的不同，例如有缺口的、带状的等，适当加以固定，确保不会因固定方法而对试样施加应力。

在每个试样的背面作上不易消除的记号以示区别。要避免记号划在可能影响机械测试结果的部位。为检查方便，可以保留试样安放的布置图。

如果需要，可在试样期间用耐老化的不透明物盖住每个试样的一部分在暴露区的旁边形成一个未暴露的遮盖区以进行相互比较。这种方法可用于检查暴露试验的进程。但报告数据应以试样与贮存的款暴露的对比试样的比较为准。

常用一种或多种已知性能的材料制成的试样，在相同时间内暴露，监控暴露的严酷程度。

(2)辐射仪和标准材料的安置

按照步骤 5. 的规定安置辐射仪或标准材料。按照(1)中安置试样的方法安置蓝色羊毛标准并且要靠近试样，确保满足附录 A 的要求。

为纺织品试验而提出的羊毛标准已应用于塑料试验。当用来确定塑料的暴露阶段时，人们承认这个方法有严重的局限性。

(3)气象的观察

记录所有的气象条件和会影响试验结果的变化。

(4)试样的暴露

除非应用规范有要求，在暴露期间不应清洗试样。如果需要清洗，要用蒸馏水或等效纯度的水清洗小心以免擦伤损坏试样表面。

应定期地检查和保养暴露地点，以便记录试样的一般状态和修复损坏或破坏的设备，并重新固定松动的样品，特别是在暴风雨后。

(5)性能变化的测定

试样经过一个或多个暴露阶段后，从试验装置上取下，并按 GB/T 15596 和适当的测试方法测定外观、颜色、光泽和机械性能的变化。

暴露后要按照状态调节要求的期间进行测试，并记录暴露终止和测试开始之间的时间间隔。根据早期的试验结果考虑是否调整后续的试验周期。

8. 试验结果的表示

(1)性能变化的测定

按国家标准的程序和试验方法(见 GB/T 15596)测定所需的性能变化。

(2)气候条件

1)气候的分类

我国气候分为六种类型，见附录 B。

所给出的气候分类法是根据气候条件对塑料的大气老化性能的影响来确定的，预料各种不同气候条件的影响会有明显不同。

作为对这个区域分类的关键影响，海洋和工业条件可能会对本区域的基本气温条件产生明显不同的影响。这些特殊条件构成了试验地点的小气候。例如，在沿海地区，那里的大气可能含有微量盐，却常常是干净的，受暴露的样品可接受到较大量的太阳辐射，其老化可能比非沙漠的内陆地区更快。在工业区内，大气污染和留在样品上的灰尘减少了太阳辐射的影响，尽管污染和灰尘同时又会使湿气的影响更为明显。

2)气候的观察

地区气候一般要按类型和特殊条件作说明，还应通过以下细节的观察作补充。

①温度

a)日最高温度的月平均值；

b)日最低温度的月平均值；

c)月最高温度和月最低温度。

②相对湿度

a)日最大相对湿度的月平均值；

b)日最小相对湿度的月平均值；

c)月变化范围。

③暴露阶段的程度(数值)

a)经过时间(月、年)；

b)太阳辐射总暴露量，用 J/m^2 表示。

④雨量

a)月总降雨量，用 mm 表示；

b)凝露而成的月总潮湿时间，用 h 表示；

c)降雨而成的月总潮湿时间，用 h 表示。

⑤潮湿时间

a)日潮湿时间百分率的月平均值；

b)日潮湿时间百分率的月变化范围。

⑥其他观察

其他观察如风速和风向，任何大气污染的影响程度和性质，总紫外辐射暴露量(如果测量过)以及任何特殊的地方特征也都应记录。

附录 A　使用蓝色羊毛标准测定光能量

A1　概述

蓝色羊毛标准由纺织物试验发展而来，由于它的有效性，历史上也用于塑料。因为塑料比那些常规的纺织物光加速试验需要更长的暴露时期，所以在连续使用情况下引入 8 级标准。

由于蓝色羊毛标准和塑料对光敏感性存在差异，蓝色羊毛标准在塑料的应用很值得怀疑，然而他们现成的有效性和根据它们的数据积累证明这依然是应用于塑料暴露试验的一种需要。

A2 步骤

同时暴露一组蓝色羊毛标准(GB/T 8426),包括一组从1至8的带条。

根据表A1通过用灰卡4级(GB 250)比较暴露和未暴露蓝色羊毛的色差,决定辐射量(暴露阶段)。因此,当标准1和灰卡4级的色差相等时,达到暴露阶段1/1;当标准2和灰卡4级的色差相等时,便是达到了暴露阶段2/1;以此类推到灰卡4级的暴露阶段8/1。

为确定各暴露阶段到达时间,应对日晒色牢蓝色标准作经常性的检查。

当达到暴露阶段8/1时,弃掉第一组蓝色标准,安放上第二个新的标准8,连续暴露直至第二个标准8与未暴露的标准8比较表现的反差等于灰卡4级为止,此时的暴露阶段为8/2。

然后弃掉第二个标准8,安放上第三个新的标准8,当此标准又表现出4级时,即是达到了暴露阶段8/3。

根据需要重复进行,得到暴露阶段8/4,……,直到8/N(见表A1)。

只有当没有更好选择的情况下,才可以使用8级标准。

表A1 暴露阶段

阶段	描述	阶段	描述
1/1	蓝色标准1变化至灰卡4级	6/1	蓝色标准6变化至灰卡4级
2/1	蓝色标准2变化至灰卡4级	7/1	蓝色标准7变化至灰卡4级
3/1	蓝色标准3变化至灰卡4级	8/1	第一个蓝色标准8变化至灰卡4级
4/1	蓝色标准4变化至灰卡4级	8/2	第二个蓝色标准8变化至灰卡4级
5/1	蓝色标准5变化至灰卡4级	8/N	第N组蓝色标准1变化至灰卡4级

附录B 我国主要的气候类型

表B1 我国主要的气候类型

气候类型	特征	地区
热带气候	气候炎热,湿度大 年太阳辐射总量5400 MJ/m^2～5800 MJ/m^2 年积温≥8000℃ 年降水量>1500 mm	雷州半岛以南 海南岛 台湾南部等地
亚热带气候	湿热程度亚于热带,阴雨天多 年太阳辐射总量3300 MJ/m^2～5000 MJ/m^2 年积温8000℃～4500℃ 年降水量1000 mm～1500 mm	长江流域以南 四川盆地 台湾北部等地
温带气候	气候温和,没有湿热月 年太阳辐射总量4600 MJ/m^2～5800 MJ/m^2 年积温4500℃～1600℃ 年降水量600 mm～700 mm	秦岭、淮河以北 黄河流域 东北南部等地

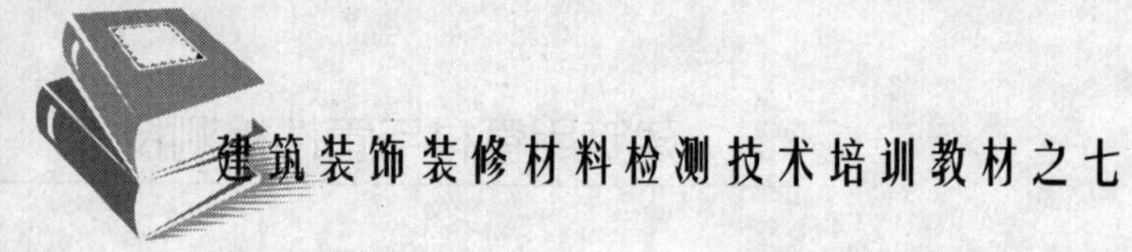

续表

气候类型	特　征	地　区
寒温带气候	气候寒冷，冬季长 年太阳辐射总量 4600 MJ/m^2～5800 MJ/m^2 年积温＜1600℃ 年降水量 400 mm～600 mm	东北北部 内蒙古北部 新疆北部部分地区
高原气候	气候变化大，气压低，紫外辐射强烈 年太阳辐射总量 6700 MJ/m^2～9200 MJ/m^2 年积温＜2000℃ 年降水量＜400 mm	青海、西藏等地
沙漠气候	气候极端干燥，风沙大，夏热冬冷，温差大 年太阳辐射总量 6300 MJ/m^2～6700 MJ/m^2 年积温＜4000℃ 年降水量＜100 mm	新疆南部塔里木盆地 内蒙西部等沙漠地区

十一、塑料拉伸性能试验方法(GB/T 1040.2—2006)

1. 主题内容与适用范围

——硬质和半硬质的热塑性模塑、挤塑和铸塑材料，除未填充类型外还包括例如用短纤维、细棒、小薄片或细粒料填充和增强的复合材料，但不包括纺织纤维增强的复合材料；

——硬质和半硬质热固性模塑和铸塑材料，包括填充和增强的复合材料，但纺织纤维增强材料除外；

——热致液晶聚合物。

本标准规定了对试样施加静态拉伸负荷，以测定拉伸强度、拉伸断裂应力、拉伸屈服应力、偏置屈服应力、断裂伸长率的试验方法。

不适用于纺织纤维增强的复合材料、硬质微孔材料或含有微孔材料夹层结构的材料。

2. 基本原理

沿试样纵向主轴恒速拉伸，直到断裂或应力(负荷)或应变(伸长)达到某一预定值，测量在这一过程中试样承受的负荷及其伸长。

3. 试验设备

(1)电子拉力试验机，应符合 GB/T 17200 的规定。

(2)夹具：用于夹持试样的夹具与试验机相连，使试样的长轴与通过夹具中心线的拉力方向重合。应尽可能防止被夹持试样相对于夹具滑动。

(3)引伸计：引伸计应符合 GB/T 17200 的规定。

(4)测量试样宽度和厚度的仪器

硬质材料应使用测微计或等效的仪器测量试样宽度和厚度，其读数精度为 0.02 mm 或更优，测量头的尺寸和形状应适合于被测量的试样，不应使试样承受压力而明显改变所测量的尺寸。

软材料应使用读数精度为 0.02 mm 或更优的度盘式测微器测量试样厚度，其压头应带有圆形平面，同时在测量时能施加(20±3)kPa 的压力。

4. 试样

只要可能，试样应为图 3—10 所示的 1A 和 1B 型的哑铃型式样，直接模塑的多用途试样选用 1A 型，机加工试样选用 1B 型。

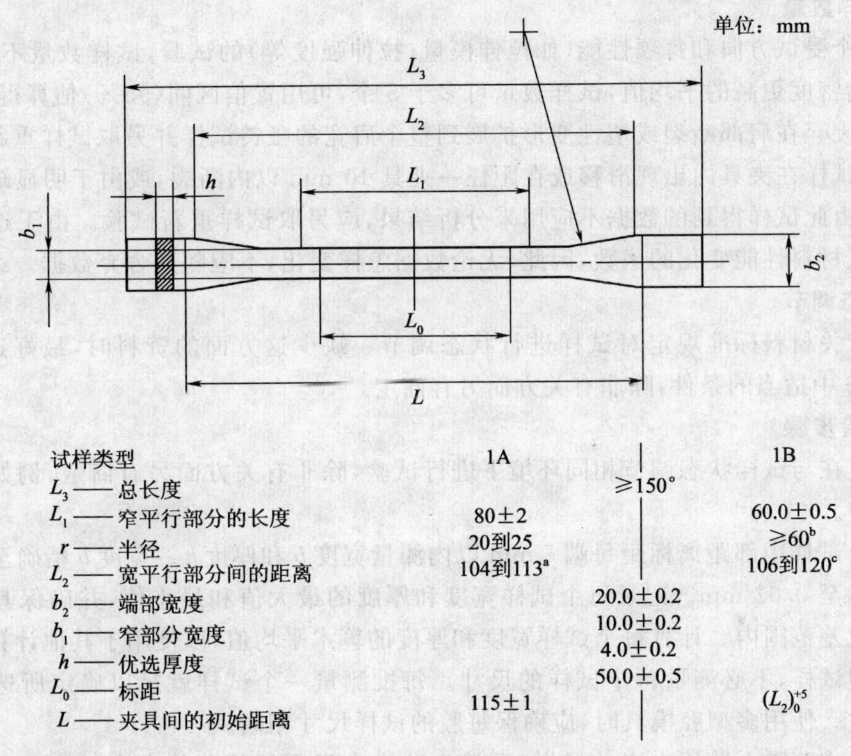

试样类型	1A	1B
L_3——总长度	≥150[a]	≥150[a]
L_1——窄平行部分的长度	80±2	60.0±0.5
r——半径	20到25	≥60[b]
L_2——宽平行部分间的距离	104到113[a]	106到120[c]
b_2——端部宽度	20.0±0.2	20.0±0.2
b_1——窄部分宽度	10.0±0.2	10.0±0.2
h——优选厚度	4.0±0.2	4.0±0.2
L_0——标距	50.0±0.5	50.0±0.5
L——夹具间的初始距离	115±1	$(L_2)_0^{+5}$

图 3—10 1A 和 1B 型试样

注：1A 型试样为优先使用的直接模塑的多用途试样，1B 型试样为机加工试样。

a 对有些材料柄端长度需要延长(如 $L_3=200$ mm)，以防止在试验夹具内断裂或滑动。

b $r=[(L_2-L_1)^2+(b_2-b_1)^2]/4(b_2-b_1)$。

c 由 L_1、b_1 和 b_2 获得的结果应在规定的允差范围内。

5. 试样制备

应按照相关材料规范，以适宜的方法从材料直接压塑或注塑制备试样，或经机加工制备试样。

试样所有表面应无可见裂痕、划痕或其他缺陷。如果模塑试样存在毛刺应去掉，注意不要损伤模塑表面。

由制件机加工制备试样时应取平面或曲率最小的区域。除非确实需要，对于增强塑料试样不宜使用机加工来减小厚度，表面经过机加工的试样与未经机加工的试样试验结果不能互相比较。

试样制备好之后应进行检查。试样应无扭曲，相邻的平面间应互相垂直。表面和边缘应无划痕、空洞、凹陷和毛刺。试样可与直尺、直角尺、平板比对，应用目测并用螺旋测微器检查是否符合这些要求。经检查发现试样有一项或几项不符合要求时，应舍弃或在试验前机加工至合适的尺寸或形状。

6. 标线

标线不能刻划、冲刻或压印在试样上，以免损坏受试材料，应采用对受试材料无影响的标线，而且所划的相互平行的每条标线要尽量窄。

7. 试样数量

(1)每个受试方向和每项性能(如拉伸模量、拉伸强度等)的试验，试样数量不少于 5 个。如果需要精密度更高的平均值，试样数量可多于 5 个，可用置信区间(95%)估算得出。

(2)应废弃在肩部断裂或塑性变形扩展到整个肩宽的哑铃试样并另取试样重新试验。

(3)当试样在夹具内出现滑移或在距任一夹具 10 mm 以内断裂，或由于明显缺陷导致过早破坏时，由此试样得到的数据不应用来分析结果，应另取试样重新试验。由于这些数据的变化是受试材料性能变化的函数，因此，无论数据怎样变化，不应随意舍弃数据。

8. 状态调节

应按有关材料标准规定对试样进行状态调节。缺少这方面的资料时，最好选择 GB/T 2918—1998 中适当的条件，除非有关方面另有商定。

9. 试验步骤

试验应在与试样状态调节相同环境下进行试验，除非有关方面另有商定，例如在高温或低温下试验。

在每个试样中部距离标距每端 5 mm 以内测量宽度 b 和厚度 h。宽度 b 精确至 0.1 mm，厚度 h 精确至 0.02 mm。记录每个试样宽度和厚度的最大值和最小值，并确保其在相应材料标准的允差范围内。计算每个试样宽度和厚度的算术平均值，以便用于其他计算。

对注塑试样，不必测量每个试样的尺寸。每批测量一个试样就足以确定所选式样类型的相应尺寸。使用多型腔模具时，应确保每腔的试样尺寸相同。

从片材或薄膜上冲压出来的试样，可认为冲模中间平行部分的宽度平均宽度与试样的对应宽度相等。在周期性的比对验证试验基础上，方可采用这种方法。

然后将试样放到夹具中，务必使试样的长轴线与试验机的轴线成一条直线。当使用夹具对中销时，为得到准确对中，应在紧固夹具前稍微绷紧试样，然后平稳而牢固地加紧夹具，以防止试样滑移。

试样在试验前应处于基本不受力状态。将校准过的引伸计安装到试样的标距上并调正，或根据要求装上纵向应变规。如需要，测出初始距离(标距)。如要测定泊松比，则应在纵轴和横轴方向上同时安装两个伸长或应变测量装置。用光学方法测量伸长时，应按规定在试样上标出测量标线。测定拉伸标称应变时，应夹具间移动距离来表示试样自由长度的伸长。

根据规定确定试验速度，进行试验。

10. 结果计算和表示

(1)应力计算

根据试样的原始横截面积按式(3—30)计算应力值：

$$\sigma=\frac{F}{A} \tag{3—30}$$

式中　σ——拉伸应力，MPa；

F——所测的对应负荷，N；

A——试样原始横截面积，mm^2。

(2)应变计算

根据标距由式(3—31)或(3—32)计算应变值：

$$\varepsilon=\frac{\Delta L_0}{L_0} \tag{3—31}$$

$$\varepsilon(\%)=\frac{\Delta L_0}{L_0}\times 100 \tag{3—32}$$

式中　ε——应变，用比值或百分数表示；

L_0——试样的标距，mm；

ΔL_0——试样标记间长度的增量，mm。

应根据夹具间的初始距离由式(3—33)或式(3—34)来计算拉伸标称应变值：

$$\varepsilon_t=\frac{\Delta L}{L} \tag{3—33}$$

$$\varepsilon_t(\%)=\frac{\Delta L}{L}\times 100 \tag{3—34}$$

式中　ε_t——拉伸标称应变，用比值或百分数表示；

L——夹具间的初始距离，mm；

ΔL——夹具间距离的增量，mm。

计算结果以算术平均值表示，应力取三位有效数字，应变取二位有效数字。

第四章　常用塑料管材管件检测方法

一、塑料管材尺寸测量方法(GB/T 8806—1988)

(一)壁厚的测量

1. 试验设备

壁厚的测量使用管壁测厚仪(图 4—1)或其他具有相同精度等级的测量仪器,如游标卡尺等。

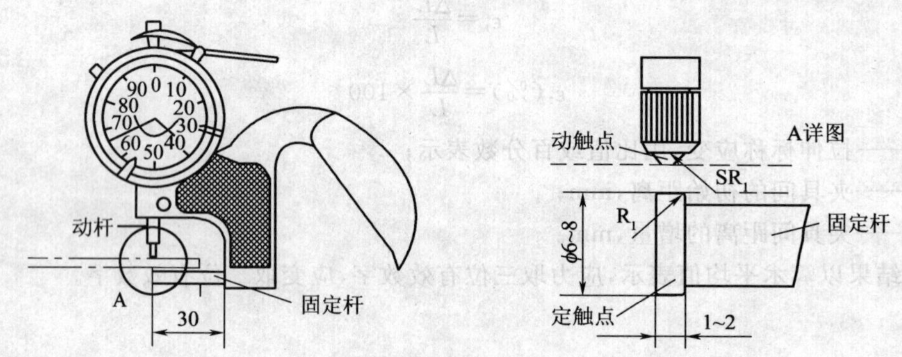

图 4—1　管壁测厚仪

测厚仪应满足如下要求:

(1)分度值不大于 0.05 mm;

(2)装有长度不小于 30 mm 的固定杆,固定杆与仪器为一刚性整体,当 5 N 的力沿动杆轴线方向作用于固定杆末端时,测厚仪读数偏差应小于 0.01 mm;

(3)固定杆末端(定触点)应为垂直于杆端面的圆片,其直径为 6 mm～8 mm,厚度为 1 mm～2 mm,边缘曲率半径应为 1 mm;

(4)动杆末端 (动触点)应为半球形,其半径约为 1 mm;

(5)动触点施于管壁上的力应小于 2.5 N;

(6)点和动触点的表面应由硬质钢制成。

2. 测量方法

测量应在(23±2)℃的环境中进行,该环境条件应满足 GB/T 2918—1998 的要求。

将测厚仪定触点伸入管内使之与管材内表面接触,调整动杆,在此过程中应保持测厚仪固定杆与管材轴线平行,读取最小读数。旋转管材,测量同一截面不同处的壁厚。

3. 数据处理

测量结果精确到 0.05 mm,小数点后第二位大于 0、小于或等于 5 时取 5,大于 5 时进一位，即最后位为 0 或 5。

4. 注意事项

(1)壁厚的测量应使用管壁测厚仪或其他具有相同精度等级的测量仪器，不宜使用游标卡尺，以避免因端口不规整造成误差；

(2)管壁的测量不能在管口处进行，尽量将管壁测厚仪的固定杆伸入管材内部；

(3)测量前将测厚仪调至零点；

(4)测量过程中要保持测厚仪固定杆与管材轴线平行，动杆保持与管材外表面轻微接触。

(二)任意部位外径

1. 试验设备

采用分度值不大于 0.05 mm 的游标卡尺或其他能达到相同测量精度的仪器。

2. 测量方法

将游标卡尺的固定量爪置于管材一侧，活动量爪置于另一侧，垂直于管材轴线，移动卡尺动爪，直至两爪与管材表面恰好接触。确认卡尺与管材成正确位置后读数。在测量最大与最小外径时，要在同一截面处测量，直至得出最大与最小值。

3. 数据处理

读数精确到 0.1 mm。

4. 注意事项

(1)管口处不宜测量；

(2)测量过程中游标卡尺的两爪恰好与管材表面接触，不能用力。

(三)平均外径

1. 基本原理

测量管壁圆周长，除以圆周率(3.142)得到平均外径。

2. 试验设备

平均外径的测量使用直接以直径数值为刻度的卷尺(π 尺)或其他能达到相同测量精度的仪器。卷尺应满足如下要求：

(1)分度值不大于 0.05 mm；

(2)由不锈钢或其他合适材料制成；

(3)当 2.5 N 的拉力作用于其端部时，总伸长应不大于 0.05 mm；

(4)卷尺厚度和刻线宽度等均应不影响测量结果；

(5)有足够的揉曲性，以便与管外壁圆周紧密贴合。

3. 测量方法

将卷尺垂直于管材轴线绕外壁一周，贴合紧密，直接读数。当直径小于 40.0 mm 时，平均外径可取同一截面均布的 4 个外径的算术平均值。

4. 数据处理

读数或平均外径的计算值精确到 0.1 mm。

5. 注意事项

(1)一般情况下选用 π 尺进行测量；

(2)测量过程中卷尺应垂直紧贴管材外表面。

二、热塑性塑料熔体流动速率的测定(GB/T 3682—2000)

1. 基本原理

熔体流动速率，通常作为热塑性树脂质量控制和热塑性塑料成型工艺条件的参数。它是热塑性树脂或塑料在规定温度和恒定负荷下，熔体在一定时间内流过标准毛细管的量。可以用两种方法表示：一种是以 10 min 时间熔体流过标准毛细管的质量为量度，以符号 *MFR* 表示，单位为 g/10 min；另一种是以 10 min 时间熔体流过标准毛细管的体积为量度，称为体积流动速率，以符号 *MVR* 表示，单位为 cm^3/10min。通常使用第一种溶体流动速率 *MFR* 表示法。

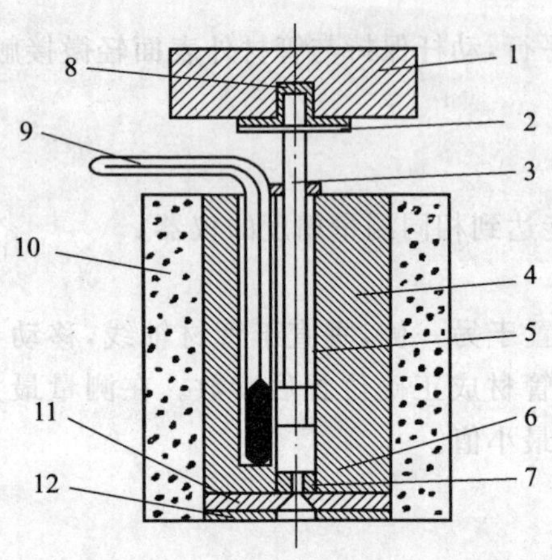

图 4—2　熔体流动速率仪示意图

1—砝码；2—砝码托盘；3—活塞；
4—炉体；5—料筒；6—控温元件；
7—标准口模；8—隔热套；9—温度计；
10—隔热层；11—托盘；12—隔热垫

熔体流动速率用以区别各种热塑性塑料在熔融状态时的流动性。对同一种树脂，可以用 *MFR* 来比较其相对分子质量的大小，作为生产质量的控制的参数。

2. 试验设备

熔体流动速率采用熔体流动速率仪测定。仪器由主体和加热控制两部分组成，主体结构见图 4—2 所示。主体结构主要由料筒、活塞、标准口模、负荷、温度控制和温度监测装置及附属器件等组成。

3. 试验步骤

试验前应按照材料规格标准，对材料进行状态调节，必要时，还应进行稳定化处理；试样可为任何形状，只要能够装入料筒内膛，粉料、粒料或薄膜碎片等均可，若从管材等产品制样，应尽量保证所切颗粒粒径较小。

清洗仪器。料筒可用布片擦净，活塞应趁热用布擦净，口模可以用紧密配合的黄铜铰刀或木钉清理。但不能使用磨料及可能会损伤料筒、活塞和口模表面的类似材料。所用的清洗程序不能影响口模尺寸和表面粗糙度。

将仪器调至水平，接通电源，选定试验温度及切料间隔和次数，开始升温，并保证料筒在选定的温度下恒温不少于 15 min。

根据预先估计的流动速率，将 3 g～8 g 样品装入料筒。装料时，用手持装料杆压实样料。对于氧化降解敏感的材料，装料时应尽可能避免接触空气，并在 1 min 内完成装料过程。根据材料的流动速率，将加负荷（*MFR* 值较小的材料，如 PE、PP 等）或未加负荷的活塞（*MFR* 值较大的材料，如 PB 等）放入料筒。如果材料的熔体流动速率高于 10 g/10 min，预热时就要用不加负荷或只加小负荷的活塞，直到 4 min 预热期结束，再把负荷改变为所需要的负荷。当熔体流动速率非常高时，则需要使用口模塞。

在装料完成后 4 min，温度应恢复到所选定的温度。如果原来没有加负荷或负荷不足的，此时应把选定的负荷加到活塞上。让活塞在重力的作用下下降，直到挤出没有气泡的细条。操作时间不应超过 1 min。用切断工具切断挤出物（建议设备具有自动切断装置），然后丢弃。然后让加负荷的活塞在重力作用下继续下降。当下标线到达料筒顶面时，开始切料并计时。逐一收集按一定时间间隔的挤出物切段，以测定挤出速率。切段时间间隔取决于熔体流动速率。每条切段的长度应不短于 10 mm，最好为 10 mm～20 mm。当活塞杆的上标线达到料筒顶面时停止切割，舍弃有肉眼可见气泡的切段。

切段冷却后，将保留的切段（至少 3 个）逐一称量，精确到 1 mg，计算平均质量。如果单个称量值中的最大值和最小值之差超过平均值的 15%，则舍弃该组数据，并用新样品重新进行试验。从装料到切断最后一个样条的时间不应超过 25 min。

4. 结果表示

熔体质量流动速率（*MFR*）值由式（4—1）计算：

$$MFR(\theta, m_{\text{nom}}) = \frac{600m}{t} \tag{4—1}$$

式中 θ——试验温度，℃；

m_{nom}——标称负荷，kg；

m——切段的平均质量，g；

t——切段的时间间隔，s。

结果保留两位有效数字。

5. 注意事项

（1）试验之前，应先将仪器调整至水平；

（2）进行塑料管材管件熔体流动速率试验时，颗粒的粒径应尽量小；

（3）尽量在短时间内装料，以减少材料因高温氧化。对于氧化降解敏感的材料，可在装料前在料筒中充入惰性气体（如 N_2）；

（4）尽量将足量的试样连续装入料筒，并压实，尽量排除料筒里的空气；

（5）若材料的 *MFR* 较高，需要较多的试样，同时在预热时不加或者少加负荷；当 *MFR* 非常高时，应使用口模塞；

（6）仔细观察刚切下来的切段有无气泡，若有气泡，该切段应舍弃。

三、纵向回缩率的测定（GB/T 6671—2001）

基本原理：将规定长度的试样，置于给定温度下的加热介质中保持一定的时间。测定加热前后试样标线间的距离，以相对原始长度变化百分率来表示管材的纵向回缩率。

该方法规定了两种测定热塑性塑料管材纵向回缩率的试验方法：方法 A（在液体中）和方法 B（在空气中），适用于所有内外壁光滑、横截面恒定的热塑性材料。

（一）方法 A：液浴试验

1. 试验设备

（1）液浴槽：液浴槽应能恒温控制在规定的温度 T_R 内，其容积和搅拌装置应保证当试样浸入时，槽内介质温度变化保持在试验温度范围内，所选用的介质应在试验温度下性能稳定，并对塑料材料无不良影响，如甘油、乙二醇、无芳香烃矿物油和氯化钙溶液等；

（2）夹持器：悬挂试样的装置，把试样固定在加热介质中；

（3）划线器：保证两标线间距为 100 mm；

（4）温度计：精度为 0.5℃。

2. 试验步骤

从一根管材上截取 3 个长度为(200±20)mm 的管段,使用划线器在试样上划两条相距 100 mm 的圆周标线,并使其一标线距任一端至少 10 mm。对于公称直径大于或等于 400 mm 的管材,可沿轴向均匀切成 4 片进行试验。试样在(23±2)℃下至少放置 2 h。

在(23±2)℃下,测量标线间距 L_0,精确到 0.25 mm,按照标准要求将液浴温度调节到规定值 T_R。把试样完全浸入液浴槽中,使试样既不触碰槽壁也不碰槽底,保持试样的上端距液面至少 30 mm,试样浸入液浴保持标准中规定的时间。从液浴槽中取出试样,将其竖直悬挂,待完全冷却至(23±2)℃时,在试样表面沿母线测量标线间最大或最小距离 L_i,精确到 0.25 mm。对于切片试样,每一管段所切的四片应作为一个试样,测得 L_i,且切片在测量时,应避开切口边缘的影响。

3. 数据处理

每一试样的纵向回缩率依照式(4—2)计算:

$$R_{L_i}=|L_0-L_i|\ /L_0\times 100 \tag{4—2}$$

式中 L_0——浸入前标线间距离,mm;

L_i——试验后沿母线测定的两标线间距离,mm。

选择 L_i 使的 $|L_0-L_i|$ 值最大。计算出 3 个试样 R_{L_i} 的算术平均值,其结果作为管材的纵向回缩率 R_L。

4. 注意事项

(1)使用划线器划线时,两标线均应离试样端部至少 10 mm;

(2)试样浸入液浴槽中时不能与液浴槽壁接触;

(3)从液浴槽中取出后,应竖直悬挂;

(4)对于大口径管材切片,在测量时,应避免切口边缘的影响。

(二)方法 B:烘箱试验

1. 试验设备

(1)烘箱:烘箱应能恒温在规定的温度 T_R 内,并保证当试样置入后,烘箱内温度应在 15 min内重新回升到试验温度范围。

(2)划线器:保证两标线间距为 100 mm;

(3)温度计:精度为 0.5℃。

2. 试验步骤

试样及调节方法同(一)方法 A。

将烘箱温度调节至标准规定值 T_R。把试样放入烘箱,使样品不触及烘箱底和壁。若悬挂试样,则悬挂点应在距标线最远的一端。若把试样平放,则应放于垫有一层滑石粉的平板上。切片试样,应使凸面朝下放置。把试样放入烘箱内保持标准规定的时间(从烘箱温度回升到规定温度时算起)。从烘箱中取出试样,平放于一光滑平面上,待完全冷却至(23±2)℃时,在试样表面沿母线测量标线间最大或最小距离 L_i,计算方法同方法 A。

3. 注意事项

(1)试样在烘箱中加热时不能接触烘箱底和壁,条件允许时,应尽量选择平放,平板上应垫有一层滑石粉,若为切片,应使凸面向上;

(2)在烘箱温度升到 T_R 时，快速将试样放入，以免温度下降过大；

(3)从烘箱中取出试样后，应平放于一个光滑的平板上冷却。

四、维卡软化温度的测定(GB/T 8802—2001)

适用于当材料开始迅速软化时，能测定出温度的热塑性塑料材料，不适用于结晶或半结晶的聚合材料。

1. 基本原理

把试样放在液体介质或加热箱中，在等速升温条件下测定标准压针在(50±1)N 力的作用下，压入从管材或管件上切取的试样内 1 mm 时的温度，该温度即为试样的维卡软化温度(*VST*)。

2. 试验设备

试验设备如图 4—3 所示。

可采用液浴槽或烘箱加热装置，宜采用加热温度及压入深度可自动记录的设备。选用合适的液体(液体石蜡、变压器油、甘油和硅油等)，应保证在测试温度下是稳定的，并且在测试中对试样不产生影响，如软化、膨胀、破裂。

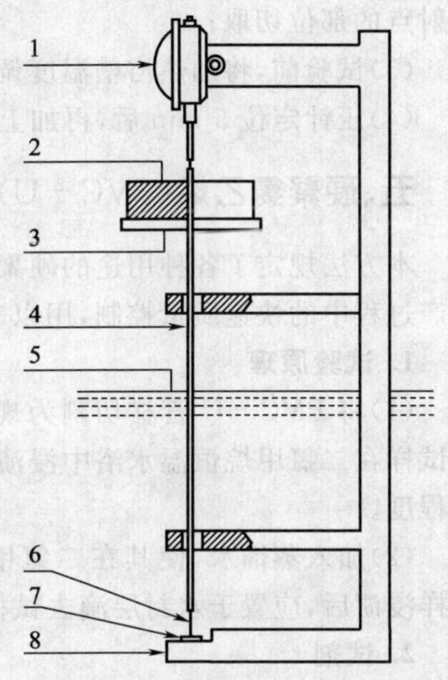

图 4—3　维卡软化温度测定原理图

1—千分表；2—砝码；3—载荷盘；4—负载杆
5—液面；6—压针；7—试样；8—试样支架

3. 试验步骤

管材试样应是从管材上沿轴向截下的弧形管段，长度约为 50 mm，宽度为 10 mm～20 mm；管件试样应是从管件的承口、插口或柱面上截下的弧形片断，对于直径小于或等于 90 mm 的管件，试样长度和承口长度相等，直径大于 90 mm 的管件，试样长度为 50 mm，试样的长度均为 10 mm～20 mm，而且试样应从没有合模线或注射点的部位切取。如果管材或管件壁厚大于 6 mm，则应采用合适的方法加工管材或管件外表面，使壁厚减至 4 mm，如果管件承口带有螺纹，则应车掉螺纹部分，使其表面光滑。壁厚在 2.4 mm～6 mm(包括 6 mm)范围内的试样，可直接截下测试。如果管材或管件壁厚小于 2.4 mm，则可将两个弧形管段叠加在一起，使其总厚度不小于 2.4 mm，作为垫层的下层管段试样应首先压平，为此可将该试样加热到 140℃并保持 15 min，再置于两块光滑平板之间压平，上层管段应保持其原样不变。每次试验用两个试样，但在裁制试样时，应多提供几个试样，以备试验结果相差太大时作补充试验用。

将试样在低于预期维卡软化温度(*VST*)50℃的温度下预处理至少 5 min；对于 ABS 和 ASA 试样，应在烘箱中(90±2)℃的温度下干燥 2 h，取出后在(23±2)℃的温度和(50±5)%的相对湿度下，冷却(15±1)min，然后将试样在低于预期维卡软化温度 50℃的温度下预处理至少 5 min。

将加热浴槽温度调节至约低于试样软化温度 50℃并保持恒温。将试样凹面向上，水平放置在无负载金属杆的压针下面，试样和仪器底座的接触面应是平的，对于壁厚小于 2.4 mm 的试样，压针端部应置于未压平试样的凹面上，下面放置压平的试样，压针端部距试样边缘不小于 3 mm。压针定位 5 min 后，在载荷盘上加上所要求的重量，以使试样所承受的总轴向压力为(50±1)N,并将初始位置调至零点。以每小时(50±5)℃的速度等速升温,提高浴槽温度。在整个过程中应开动搅拌器。当压针压入试样内(1±0.01)mm时,记录此时的温度,此温度即为该试样的维卡软化温度。

4. 数据处理

两个试样的维卡软化温度的算术平均值,即为所测试管材或管件的维卡软化温度。若两个试样结果相差大于2℃时,应重新取不少于两个的试样继续试验。

5. 注意事项

(1)应严格按照规定制备试样,以免因尺寸达不到要求而损坏设备或造成偏差;

(2)若从管件上截取试样,应从其承口、插口或柱面上截取,而且试样应从没有合模线或注射点的部位切取;

(3)试验前,将加热浴槽温度调节至约低于试样软化温度50℃并保持恒温;

(4)压针定位5 min后,再加上砝码,不要将试样放在压针下面就开始试验。

五、硬聚氯乙烯(PVC−U)管材二氯甲烷浸渍试验方法(GB/T 13526—2007)

本方法规定了各种用途的硬聚氯乙烯(PVC−U)管材的二氯甲烷浸渍试验方法,可作为生产过程中的快速质量控制,用以表征管材的塑化程度和均一性。

1. 试验原理

(1)将PVC−U管材切割为规定长度,根据壁厚将其一个端面切割为一定角度的斜面,将试样在二氯甲烷恒温水浴中浸渍(30±1)mm来测试试样在相关产品标准规定温度下的破坏程度。

(2)加入蒸馏水,使其在二氯甲烷上形成一层厚的水封层,以减少蒸发达到保护作用。试样浸渍后,应置于水封层滴去试样表面的二氯甲烷浸渍液,最后干燥检查试样是否有破坏。

2. 试剂

(1)二氯甲烷,分析纯。

警告:二氯甲烷的沸点较低(40℃),在环境温度下易气化。另外,二氯甲烷可以通过皮肤和眼睛吸收造成中毒,当操作二氯甲烷液体或浸渍过的试样时,要有足够的预防措施。蒸气也有毒,浓度最大允许的极限值为100 mL/m^3(ppm)。因此,应保持存放容器的房间和场所的通风以及试样的干燥。

(2)蒸馏水。

3. 试验装置

(1)斜面切割仪。

(2)玻璃或不锈钢容器:尺寸合适,在规定条件下能够容纳一个或多个试样,离容器底部10 mm处安装有滤网,加盖用以限制液体的蒸发。

(3)调温装置:带搅拌的调温装置,能将二氯甲烷的温度冷却至规定温度,保持试液的温度在(T±0.5)℃范围内。

(4)通风橱:安装有抽风系统。

4. 试样制备

从管材上截取长度为160 mm的试样,切割时应垂直于管材轴线,管材试样的壁厚应大于标准中所规定的试样最小壁厚。

切割斜面时应尽可能避免产生热量。将试样一个端面沿整个厚度倒成斜面，倾斜角度根据管材壁厚确定，两者之间的对应关系见表 4—1。

表 4—1　管材壁厚与斜面角度的关系

管材壁厚 e/mm	斜面角度 α/°
$e<8$	10
$8\leqslant e\leqslant 16$	20
$e>16$	30

为便于试验大口径管材可沿轴向切割成片条。

从管材上截取试样时，在尽量不使材料发热的情况下，用直角刀仔细切割试样斜面，然后用 800＃水磨砂纸轻轻打磨，使斜面光滑平整，再用干布仔细将试样内外表面清理干净。

5. 浸渍条件

将已知折光系数的二氯甲烷装入容器中，装入量应足以覆盖试样的斜面。

加入蒸馏水，使其在二氯甲烷上形成水封层，水封层一般为 250 mm～300 mm，但最少为 20 mm。

用调温装置控制温度并适当搅拌，保持容器内的二氯甲烷温度在($T\pm0.5$)℃范围内，试验温度 T 不应低于 12℃。

6. 试验步骤

在试验过程中，宜使用钳子或戴手套取放试样。将试样置于浸渍液内，确保斜面完全浸渍在二氯甲烷中。保持试样在二氯甲烷中浸渍(30±1)min。试样经浸渍后，将滤网放在相应的位置，让二氯甲烷液滴下 10 min～15 min。再将试样从容器内取出，放在空气中或通风良好的地方和有通风系统的通风橱里干燥至少 15 min，直到水分全部蒸发。检查试样，记录试验结果。

7. 结果表示

(1)如果测试样品显示无破坏(除膨胀)，结果表示“无破坏”。

(2)如果测试样品显示破坏，按附录 A 规定表示破坏结果。如切片，则将各片试验结果累计表示。

8. 注意事项

(1)二氯甲烷为有毒化学试剂，且易挥发，试样应在带抽风系统等环境下进行，避免用手直接接触试样；

(2)制备试样时，应保证试样内外表面和端面清洁、光滑平整；

(3)浸渍过程中，确保试样斜面应完全浸渍在二氯甲烷中；

(4)浸渍过程中，确保试样浸渍部分不与容器壁接触。

附录 A：破坏程度的描述

A1　在破坏的情况下，计算方法有如下两种(见图 A1)：

a)斜面破坏百分数的计算，即：

$$\text{破坏百分数 } 1=a/c\times100\% \tag{A1}$$

式中 a——斜面轴向方向平均破坏长度；

c——斜面宽度。

b)斜面圆周方向破坏破坏百分数的计算，即：

$$破坏百分数\ 2 = b/\pi D \times 100\% \qquad (A2)$$

式中 b——斜面圆周方向各破坏面平均破坏长度的累加值；

D——管材平均外径。

A2 结果表示

用以下两种形式共同表示破坏结果，例如“破坏程度为 4 L”。

(1)按 A1 a)方法评定试样尺寸变化：

1)4——0%~25%；

2)3——26%~50%；

3)2——51%~75%；

4)1——75%以上。

(2)按 A1 b)方法评定试样尺寸变化：

1)N——0%~25%；

2)L——26%~50%；

3)M——51%~75%；

4)S——75%以上。

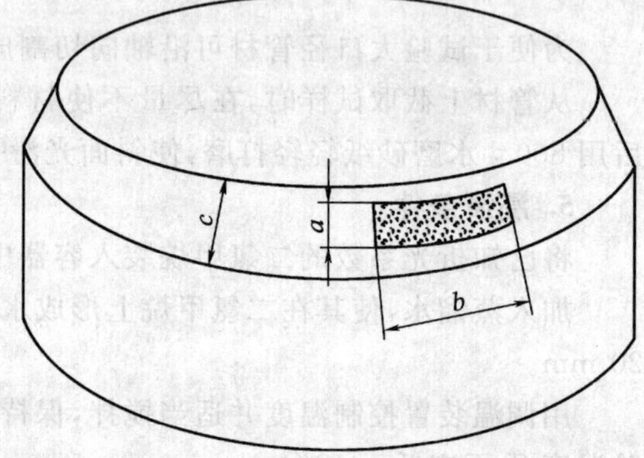

图 A1 试样尺寸变化计算示意图

附录 B:小容器装入大容器装入大容器实例

图 B1 显示了在试验中为了减少二氯甲烷蒸发量而修改试验装置和程序的实例。

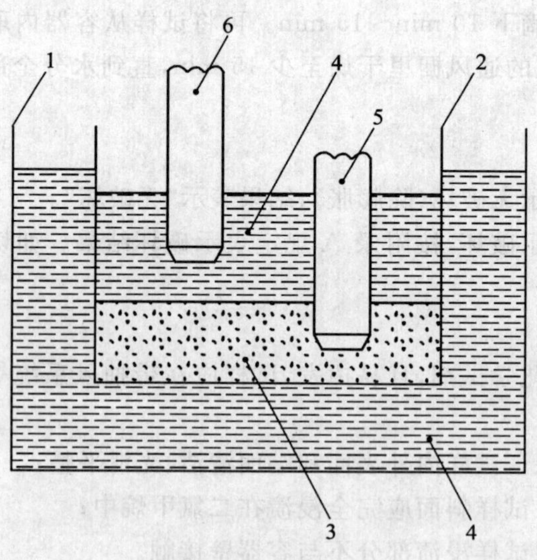

图 B1 试验装置示意图

1—大容器内装保持试验温度的水；2—新容器(测试容器)；3—二氯甲烷的水的容量；
4—水的容量；5—管材在试验中的位置；6—管材在“滴水”的位置

六、拉伸性能测定(GB/T 8804—2003)

拉伸性能包括拉伸屈服应力和断裂伸长率。该试验方法适用于各种类型的热塑性塑料管材。

1. 基本原理

沿热塑性塑料管材的纵向裁切或机械加工制取规定形状和尺寸的试样，通过拉力试验机在规定的条件下测得管材的拉伸性能。

2. 试验设备

(1)电子拉力试验机。

(2)夹具:用于夹持试样的夹具连在试验机上，使试样的长轴与通过夹具中心线的拉力方向重合。试样应夹紧，使之相对于夹具尽可能不发生位移。夹具装置系统不得引起试样在夹具处过早断裂。

(3)引伸计:测定试样在试验过程中任一时刻的长度变化，该装置在一定试验速度时必须不受惯性滞后的影响且能测量误差范围在1%内的形变。试验时，该装置应安装在使试样经受最小的伤害和变形的位置，且它与试样之间不发生是对滑移。夹具应避免滑移，以防影响伸长率测量的精确性。

(4)测量设备:用于测量试样厚度和宽度的仪器，精确至0.01 mm。

(5)裁刀:应能裁出要求规定的试样。

(6)制样机和铣刀:应能制备出要求规定的试样。

3. 试验步骤

按照标准要求选定试样类型。从管材上取样时不应加热或压平，样条的纵向平行于管材的轴线，取样位置应符合下列要求:

(1)公称外径小于或等于63 mm的管材，取长度约150 mm的管段。以一条任意直径为参考线，沿圆周方向取样。除特殊情况外，每个样品应取3个样条，以便获得3个试样，见表4—2所示。

表4—2 取样数量

公称外径 d_n/mm	$15\leqslant d_n<75$	$75\leqslant d_n<280$	$280\leqslant d_n<450$	$d_n\geqslant 450$
样条数	3	5	5	8

(2)公称外径大于63 mm的管材，取长度约为150 mm的管段，如图4—4所示沿管段周边均匀取样条。

除另有规定外，应按表4—2中的要求，根据管材的公称外径把管段沿圆周边分成一系列样条，每块样条制取试样一片。

根据不同材料制品标准的要求，选择制样方式(冲裁或机械加工)制样。

在试样上从中心线近似等距离划两条标线，精确到1%。

按照要求进行状态调节。除生产检验或相关标准另有规定外，试样应在管材生产15 h之后测试。试验前应将试样置于(23±2)℃的环境中，根据试样厚度进行状态调节，时间不少于表4—3中的规定。

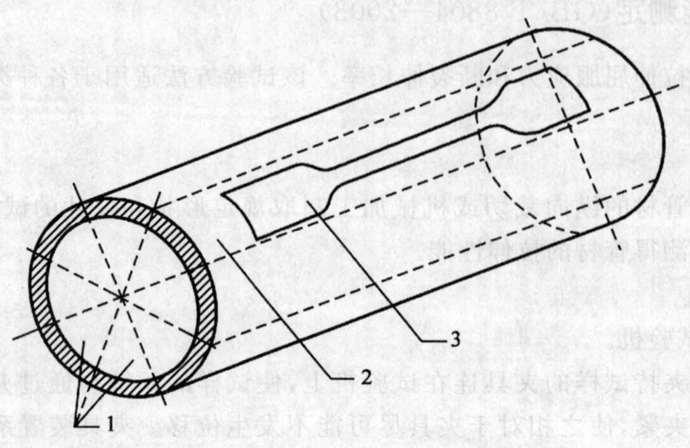

图 4—4　试样制备

1—扇形块；2—样条；3—试样

试验应在(23±2)℃环境下进行。测量试样标距间中部的宽度和最小厚度，计算最小截面积。将试样安装在拉力试验机上并使其轴线与拉伸应力的方向一致，同时应使夹具松紧适宜以防止试样滑脱。使用引伸计，将其放置或调整在试样的标线上。选定试验速度进行试验。开始试验直至试样断裂。在应力/应变曲线上标出试样达到屈服点时的应力和断裂时标距间的长度。如果试样从夹具处滑落或在平行部位(工作区)之外渐宽处发生拉伸变形并断裂，应重新取相同数量的试样进行试验。

表 4—3　状态调节时间

管材壁厚 e_{min}/mm	状态调节时间
$e_{min}<3$	1 h±5 min
$3\leqslant e_{min}<8$	3 h±15 min
$8\leqslant e_{min}<16$	6 h±30 min
$16\leqslant e_{min}<32$	10 h±1 h
$32\leqslant e_{min}$	16 h±1 h

4. 数据处理

对于每个试样，拉伸屈服应力以试样的初始截面积为基础，按式(4—3)计算：

$$\sigma=F/A \tag{4—3}$$

式中　σ——拉伸屈服应力，MPa；

F——拉伸屈服应力，N；

A——试样的原始截面积，mm^2。

拉伸屈服强度结果保留三位有效数字。

对于每个试样，断裂伸长率按式(4—4)计算：

$$\varepsilon=(L-L_0)/L_0\times100\% \tag{4—4}$$

式中　ε——断裂伸长率，%；

L——断裂时标线间的长度，mm；

L_0——标线间的原始长度，mm^2。

断裂伸长率结果保留三位有效数字。

如有要求可按 GB/T 3360 中所示程序计算标准偏差和平均值的 95%置信度。

对于拉伸屈服应力和断裂伸长率，如果所测得的一个或多个试样的试验结果异常，应取双倍试样重做试验。

5. 注意事项

(1)应根据材料及相关的产品标准确定正确的试样类型及制样方式；

(2)采用制样机和铣刀制样时，应注意试样所铣端面平整，并保证试样尺寸在标准允许的偏差范围之内；

(3)试验过程中如试样发生从夹具处滑落，不得再将其安装在夹具上进行试验，应重新取相同数量的新的试样进行试验；

(4)试验过程中如试样从工作区之外处发生断裂，应重新取相同数量的新的试样进行试验；

(5)如果所测得的 个或多个试样的试验结果异常，应取双倍试样重新进行试验。

七、耐内压试验方法(GB/T 6111—2003)

1. 基本原理

试样经状态调节后，在规定的恒定静液压下保持一个规定时间或直到试样破坏。

在整个试验过程中，试样应保持在规定的恒温环境下，这个恒温环境可以是水(水—水试验)，其他液体(水—液试验)或者是空气(水—空气试验)。

2. 试验设备

(1)密封接头

密封接头装在试样两端，通过适当方法密封试样并与压力装置相连。密封接头分为 A 型和 B 型两种，如图 4—5 所示。

A 型封头：与试样刚性连接的密封接头，但两个密封接头彼此不相连接，因此静液压端部推力可以传递到试样中。对于大口径管材，可根据实际情况在试样与密封接头间连接法兰盘，当法兰、接头、堵头及法兰盘的材料与试样相匹配时，可以把它们焊接在一起。

B 型封头：用金属材料制造的承口接头，能确保与试样外表面密封，且密封接头通过连接件与另一密封接头相连，因此静液压端部推力不会作用在试样上。这种封头可由一根或多根金属拉杆组成，且试样两端在纵向能自由移动，以免试样由于受热膨胀而引起弯曲变形。

除非在相关标准中有特殊规定，否则应选用 A 型封头。仲裁试验采用 A 型封头。

(2)测厚仪和管材平均外径尺(如 π 尺)

测厚仪用于测量管材壁厚；平均外径尺用于测量管材平均外径。

(3)恒温箱

恒温箱内充满水或其他液体，保持恒定的温度，其平均温差为±1℃，最大偏差为±2℃。恒温箱为烘箱时，保持在规定温度，其平均温差$^{+3}_{-1}$℃，最大偏差$^{+4}_{-2}$℃。当试验在水以外的介质中进行时，特别是涉及安全及所用液体与试样材料之间的相互作用时，都应采取必要的防护措施。

(4)支承或吊架

当试样置于恒温箱中时能保持试样之间及试样与恒温箱的任何部分不相接触。

(5)加压装置

加压装置应能持续均匀地向试样施加试验所需的压力,在试验过程中,压力偏差应保持在要求值的$^{+2}_{-1}$%范围内,并尽可能将偏差控制在规定范围内的最小值。当压力较规定值稍有下降时(如由于试样的膨胀),为保证压力维持在规定偏差范围内,系统应具有自动补偿压力装置,补充压力到规定值。

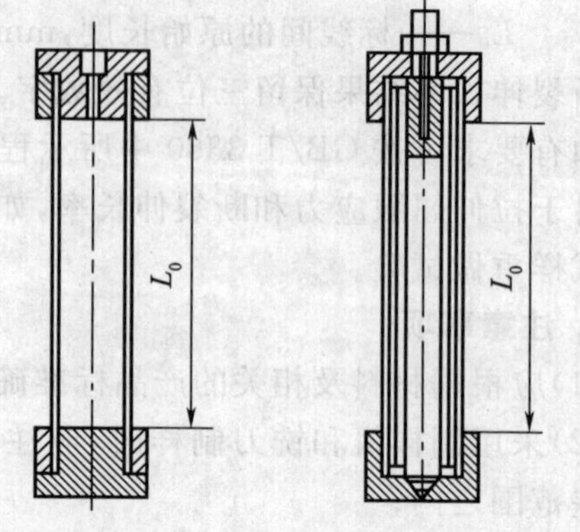

(a)A型密封接头示意图　　(b)B型密封接头示意图

图 4—5　封头

L_0—试样自由长度

(6)压力测量装置

该装置能检查试验压力与规定压力的一致性,对于压力表或类似的压力测量装置的测量范围是:要求压力的设定值应在所用测量装置的测量范围内。压力测量装置不能污染试验液体。

(7)温度计或测温装置

该装置用于检查试验温度与规定温度的一致性。

(8)计时器

计时器应能记录试样加压后直至试样破坏或渗漏的时间。建议采用对由于试样渗漏或破坏所造成的压力变化较敏感并能自动停止计时的设备,必要时能关闭与试样有关的压力循环系统。

3. 试验步骤

当管材公称外径 $d_n \leqslant 315$ mm 时,每个试样在两个密封接头之间的自由长度 L_0 应不小于试样外径的 3 倍,但最小不得小于 250 mm;当管材 $d_n > 315$ mm 时,其最小自由长度 $L_0 \geqslant$ 1000 mm。除非在相关标准中有特殊规定,试验至少应准备 3 个试样。

试验之前应测量每个试样的平均外径和最小壁厚,根据公式(4—5)计算试验压力 p:

$$p=\delta \frac{2e_{\min}}{d_{\text{em}}-e_{\min}} \tag{4—5}$$

式中　δ——由试验压力引起的环应力,一般在产品标准中规定,MPa;

d_{em}——测量得到的试样的平均外径,mm;

$e_{\min}$——测量得到的试样自由长度部分的最小值,mm。

擦除试样表面的污渍、油渍、蜡或其他污染物以使其清洁干燥,然后选择密封接头与其连接起来。对于 B 型封头,试样总长度应保证试样的端面在试验过程中不与密封接头底面发生接触。并向试样中注满接近试验温度的水,水温不能超过试验温度 5℃。把注满水的试样,放入水箱或烘箱中,根据壁厚的大小,在试验温度条件下放置标准规定的时间。

按相关标准要求,选择试验类型,如水—水试验、水—空气试验或水—其他液体试验。将经过状态调节后的试样与加压设备连接起来,排净试样内的空气。把试样悬放在恒温控制的环境中，整个试验过程中试验介质都应保持恒温，直至试验结束。根据试样的材料、规格尺寸和加压设备情况，在 30 s～1 h 之间用尽可能短的时间，均匀平稳地施加压力至试验压力 p 值，当达到试验压力时进行计时。当达到规定时间或试样发生破坏、渗漏时，停止试验。

如果试样在距离密封接头小于 $0.1L_0$ 处出现破坏，则试验结果无效，应另取试样重新试验。如试验已经进行 1000 h 以上，试验过程中设备出现故障，若设备能在 3 天内恢复，则试验可继续进行；如试验已超过 5000 h，设备能在 5 天内恢复，则试验可继续进行。如果设备出现故障，试样通过电磁阀或其他方法保持试验压力，即使设备故障时间超过上述规定，试验还可继续进行，但由于试样发生持续蠕变，试验压力会逐渐下降，故设备出现故障的这段时间不应计入试验时间内。

4. 注意事项

(1)试样注满水后，应用加压设备将里面的空气排尽；

(2)试验过程中试样应悬放于介质中，不得与介质周围试验设备内壁接触；

(3)试验完成之后，即使试样表面上未发生任何变化，也不得将其再进行其他试验。

八、耐外冲击性能试验方法(时针旋转法)(GB/T 14152—2001)

1. 基本原理

以规定质量和尺寸的落锤从规定高度冲击试验样品规定的部位，即可测出该批(或连续挤出生产)产品的真实冲击率(*TIR*：冲击破坏总数除以冲击总数即为真实冲击率)。

2. 试验设备

(1)落锤冲击试验机。

(2)主机架和导轨：垂直固定，可以调节并垂直、自由释放落锤。校准时，落锤冲击管材的速度不能小于理论速度的 95%。

(3)落锤：落锤应符合图 4—6、表 4—4、表 4—5 的规定，锤头应为钢制的，最小壁厚为 5 mm，锤头的表面不应有凹痕、划伤等影响测试结果的可见缺陷。质量为 0.5 kg 和 0.8 kg 的落锤应具有 d25 型的锤头，质量大于或等于 1 kg 的落锤应具有 d90 型的锤头。

表 4—4 落锤锤头的尺寸 单位：mm

型号	R_s	d	d_s	α(°)
d25	50	25	任意	任意
d90	50	90	任意	任意

表 4—5 推荐落锤质量 单位：kg

0.5	1.6	4.0	10.0
0.8	2.0	5.0	12.5
1.0	2.5	6.3	16.0
1.25	3.2	8.0	

注：落锤质量的允许公差为±0.5%。

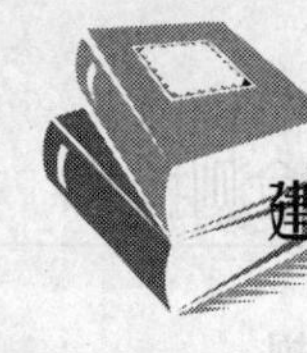

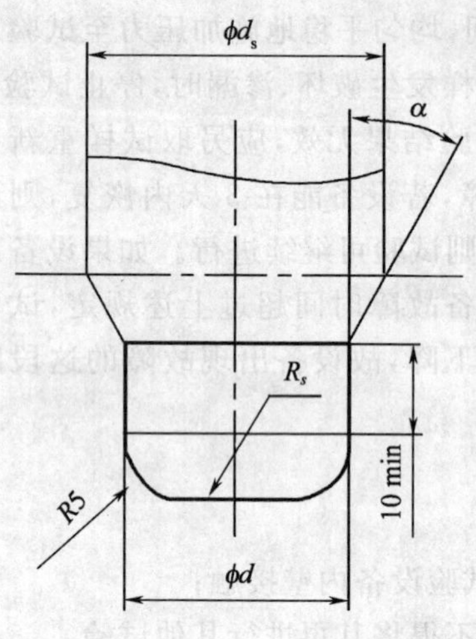

(a)d25型(质量为0.5kg和0.8kg的落锤)

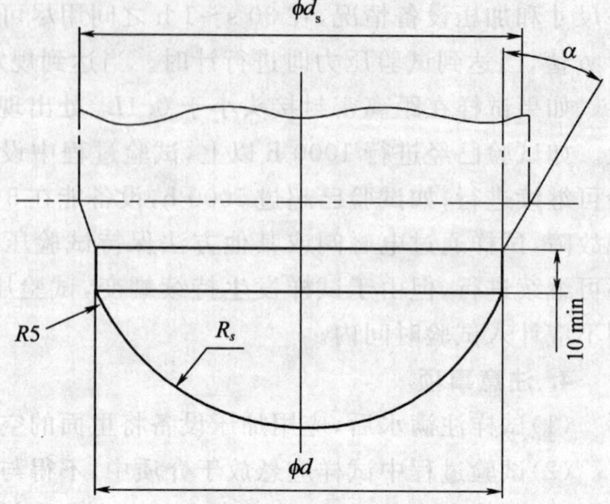

(b)d90型(质量大于或等于1kg的落锤)

图 4—6 落锤锤头

(4)试样支架:包括一个120°角的V型托板,其长度不应小于200 mm,其固定位置应使落锤冲击点的垂直投影在距V型托板中心线的2.5 mm以内。仲裁检验时,采用丝杠上顶式支架。

(5)释放装置:可使落锤从至少2 m高的任何高度落下,此高度指距离试样表面的高度,精确到±10 mm。

(6)应具有防止落锤二次冲击的装置:落锤回跳捕捉率应保证100%。

3. 试验步骤

试样应从一批或连续生产的管材中随机抽取切割而成,其切割端面应与管材的轴线垂直,切割端面应清洁、无损伤。试样长度为(200±10)mm。对于外径小于或等于40 mm的管材,每个试样只进行一次冲击。外径大于40 mm的试样应沿其长度方向按表4—6画出等距离标线,并顺序编号。冲击次数根据标准要求及实际情况确定。

试样应在(0±1)℃或(20±2)℃的水浴或空气浴中进行状态调节,最短调节时间见表4—7。仲裁检验时应使用水浴。

状态调节后,壁厚小于或等于8.6 mm的试样,应从空气浴中取出10 s内或从水浴中取出20 s内完成试验。壁厚大于8.6 mm的试样,应从空气中取出20 s内或从水浴中取出30 s内完成试验。如果超过此时间间隔,应将试样立即放回预处理装置,最少进行5 min的再处理。若试样状态调节温度为(20±2)℃,试验环境温度为(20±5)℃,则试样从取出至试验完毕的时间可放宽至60 s。对于内外壁光滑的管材,应测量管材各部分的壁厚,根据平均壁厚进行状态调节。对于波纹管或有加强筋的管材,根据管材截面最厚处壁厚进行状态调节。

按照产品标准的规定确定落锤质量和冲击高度。外径小于40 mm的试样,每个试样只承受一次冲击。外径大于40 mm的试样在进行冲击时,首先使落锤冲击在1号标线上,若试样未破坏,再进行状态调节后对2号标线进行冲击,直至试样破坏或全部标线都冲击一次。当波纹管或加筋管的波纹间距或筋间距超过管材外径的0.25倍时,要保证被冲击点为波纹或筋顶部。逐个对试样进行冲击,直至取得判定结果。

表 4—6 不同外径管材试样应画线数

公称外径/mm	应画线数	公称外径/mm	应画线数
≤40	—	160	8
50	3	180	8
63	3	200	12
75	4	225	12
90	4	250	12
110	6	280	16
125	6	≥315	16
140	8	—	

表 4—7 不同壁厚管材状态调节时间表

壁厚 δ/mm	调节时间/min	
	水浴	空气浴
$\delta \leqslant 8.6$	15	60
$8.6 < \delta \leqslant 14.1$	30	120
$\delta > 14.1$	60	240

4. 注意事项

(1)依据产品标准的要求确定试验的最少冲击次数,10%TIR 法冲击次数最少为 40 次,即 40 次冲击中最多只能有一次破坏;5%TIR 法冲击次数最少为 80 次,即 80 次冲击中最多只能有一次破坏;

(2)试验时,应尽量将状态调节装置置于冲击机旁,以便在要求规定的时间内冲击完毕;

(3)当波纹管或加筋管的波纹间距或筋间距超过管材外径的 0.25 倍时,要保证被冲击点为波纹或筋顶部。

九、管材环刚度和环柔性的测定(GB/T 9647—2003)

1. 基本原理

用管材在恒速变形时所测得的力值和变形值确定环刚度。将管材试样水平放置,按管材的直径确定平板的压缩速度,用两个互相平行的平板垂直方向对试样施加压力。在变形时产生反作用力,用管试样截面直径方向变形量为 $0.03d_i$ 时的力值计算环刚度。

2. 试验设备

(1)试验压缩机

试验压缩机应能按规定的压缩速率施加压力,压缩速率根据管材公称直径确定,见表 4—8。

表 4—8 压缩速率

管材的公称直径 DN/mm	压缩速度/(mm/min)
$DN \leqslant 100$	2±0.4
$100 < DN \leqslant 200$	5±1
$200 < DN \leqslant 400$	10±2
$400 < DN \leqslant 100$	20±2
$DN > 1000$	50±5

(2)压板

两块平整、光滑、洁净的钢板，试验过程中不应产生影响试验结果的变形。两块压板的长度至少应等于试样的长度，在承受负荷时，压板的宽度应至少比所接触试样最大表面宽25 mm。

(3)量具

1)试样长度测量量具，精确到1 mm；

2)试样内径测量量具，精确到内径的0.5%；

3)在负载方向上试样的内径变化测量装置，精确到0.1 mm，或变形的1%，取最大值。

3. 试验步骤

切取足够长的管材，在管材的外表面，以任一点为基准，每隔120°沿管材长度方向划线并分别做好标记。若管材存在最小壁厚线，则以此线为基准线。将管材按规定长度切割为a,b,c三个试样，试样截面垂直于管材的轴线。

按表4—9规定沿圆周方向等分测量3个～6个长度值，计算其平均值为试样长度，精确到1 mm。

表 4—9 长度的测量数

管材的公称直径 DN/mm	长度测量数
$DN \leqslant 200$	3
$200 < DN \leqslant 500$	4
$DN \geqslant 500$	6

对于每个试样在所有的测量值中，最小值不应小于最大值的0.9倍。公称直径小于或等于1500 mm的管材，每个试样的平均长度应在(300±10)mm；公称直径大于1500 mm的管材，每个试样的平均长度不小于0.2DN；有垂直肋、波纹或其他规则结构的结构壁管，切割试样时，在满足长度要求的同时，应使其所含的肋、波纹或其他结构最少，切割点应在肋与肋、波纹与波纹或其他结构的中点；对于螺旋管材，切割试样时，在满足长度要求的同时，使其所含螺旋数量最少；带有加强肋的螺旋管和波纹管，在满足长度要求的同时，应包含所有数量的加强肋，肋数不少于3个。试样内径测量a,b,c三个试样，应通过横断面中点处，每隔45°依次测量4处，取算数平均值，每次的测量应精确到内径的0.5%，取平均值d_i。产品标准对试验数量有规定时，以产品标准为准。

试样应在试验温度环境下按GB/T 2918规定继续状态调节24 h，再进行试验。

测试一般在(23±2)℃的条件下进行。如果能确定试样在某位置的环刚度最小，把试样a的该位置和压力机上板接触；如不能确定，在放置第一个试样后，将另外两个试样b、c的放置位置依次相对于第一个试样旋转120°和240°。对于每一个试样，放置好变形测量仪并检查试样的中央位置。放置试样时，使其轴线平行于压板，然后放置于试验机的中央位置，使上压板和试样恰好接触且能夹持住设备，根据规定的速度压缩试样直至至少达到 $0.03d_i$ 的变形，按规定正确记录力值和变形量。环柔度试验时，继续压缩至所需的变形。

一般情况下，变形量是通过测量一个压板的位置得到，但如果在试验过程中，管壁厚度的变化超过10%，则应通过直接测量试样内径的变化来得到。

4. 结果表示

环刚度按式(4—6)计算：

$$S_i=(0.0186+0.025Y_i/d_i)F_i/L_iY_i \qquad (4-6)$$

式中 F_i——对于管材3.0%变形时的力值，kN；

L_i——试样长度，m；

Y_i——变形量，m。

每个试样环刚度的计算值精确到小数点后第二位，最终结果取3个试样环刚度的平均值，保留3位有效数字。

5. 注意事项

(1)试样的端面应尽可能平齐；

(2)放置试样时，应使其轴线平行于压板，且位于试验机的中央位置；

(3)典型的力/变形曲线是一条光滑的曲线，否则意味着零点可能不正确，如图4—7所示，用曲线开始的直线部分倒推到与横坐标轴相交于点(0,0)(原点)并得到 $0.03d_i$ 变形的力值。

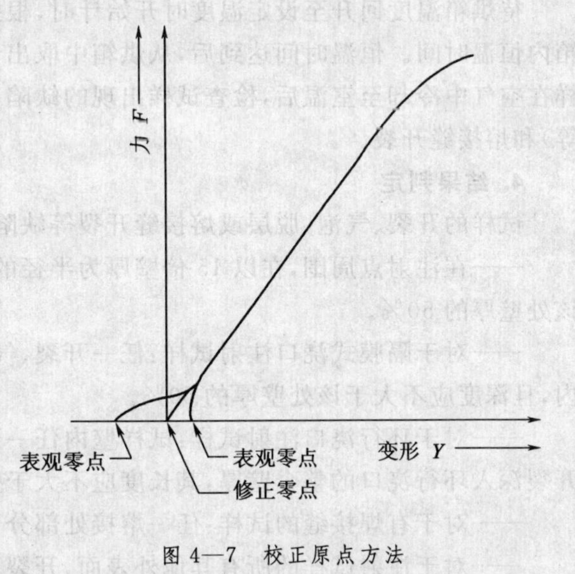

图4—7 校正原点方法

十、管件热烘箱试验方法(GB/T 8803—2001)

GB/T 8803—2001规定了测定注射成型硬聚氯乙烯(PVC—U)、氯化聚氯乙烯(PVC—C)、丙烯腈—丁二烯—苯乙烯(ABS)和丙烯腈—苯乙烯—丙烯酸盐三元共聚物(ASA)管件的热烘箱试验方法。

1. 基本原理

为了揭示管件在注射成型过程中所产生的内部应力大小，是否有冷料或未熔融部分以及熔接缝的熔接质量等，根据试样壁厚将试样置于150℃的空气循环烘箱中经受不同时间的加热，取出冷却后，检查试样出现的缺陷，测量所有开裂、气泡、脱层或熔接缝开裂，并用试样壁厚的百分数形式表示。

2. 试验设备

(1)带温控器的温控空气循环烘箱，能使试验过程中工作温度保持在(150±2)℃，并有足够的加热功率，试样放入烘箱后，能使温度在 15 min 内重新达到设定的温度。

(2)精度为 0.5℃的温度计。

3. 试验步骤

试样为注射成型的完整管件。如管件带有弹性密封圈，试验前应去掉；如管件由一种以上注射成型部件组合而成，这些部件应分开进行检验。试样数量应按产品标准的规定，同批同类产品至少取 3 个试样。

将烘箱升温，使其达到(150±2)℃。

试验前，先测量试样壁厚，在管件主体上选取横切面，在圆周面上测量间隔均匀的至少 6 点壁厚，计算算术平均值作为平均壁厚 e，精确到 0.1 mm。

将试样放入烘箱内，使其一承口向下直立，试样不得与其他试样和箱体接触，不易放置平稳或者受热后易倾倒的试样可用支架支撑。

待烘箱温度回升至设定温度时开始计时，根据试样的平均壁厚，按照规定确定试样在烘箱内恒温时间。恒温时间达到后，从烘箱中取出试样，小心不要损伤试样或使其变形。待试样在空气中冷却至室温后，检查试样出现的缺陷，例如：试样的开裂、脱层、壁内变化(如气泡等)和熔接缝开裂。

4. 结果判定

试样的开裂、气泡、脱层或熔接缝开裂等缺陷，应满足下面要求：

——在注射点周围，在以 15 倍壁厚为半径的范围内，开裂、气泡或脱层的深度应不大于该处壁厚的 50%。

——对于隔膜式浇口注射试样：任一开裂、气泡或脱层应在距隔膜区域 10 倍壁厚的范围内，且深度应不大于该处壁厚的 50%。

——对于环行浇口注射试样：试样壁内任一开裂应在距隔浇口 10 倍壁厚的范围内，如果开裂深入环行浇口的整个壁厚，其长度应不大于壁厚的 50%。

——对于有焊接缝的试样：任一熔接处部分开裂深度应不大于壁厚的 50%。

——对于注射试样的所有其他外表面，开裂及脱层深度应不大于该处壁厚的 30%，试样壁内气泡长度不大于壁厚的 10 倍。

判定时，需将试样缺陷处刨开进行测量，3 个试样均通过判定位合格。

5. 注意事项

(1)试样应快速放入烘箱，以免温度下降过低，造成回温时间过长；

(2)试样不能平置于烘箱内，应使其中一承口向下直立，同时试样不得与烘箱壁接触，如因尺寸较大等原因造成试样不易放置平稳或受热软化后易倾倒，可以使用合适的支架支撑；

(3)应从烘箱温度回升到设定温度时开始计时；

(4)试样如果出现缺陷，应将缺陷处剖开进行测量，3 个试样中如有一个试样不合格则判定该组批试样不合格。

十一、硬聚氯乙烯(PVC－U)管件坠落试验方法(GB/T 8801—2007)

本方法规定了硬聚氯乙烯(PVC－U)管件坠落试验的试验方法，适用于各种用途的硬聚氯乙烯(PVC－U)管件。

1. 试验原理

本方法是将管件在(0±1)℃下按规定时间进行预处理，在10 s内从规定高度自由坠落到平坦的混凝土地面上，观察管件的破损情况。

2. 试验设备

(1)秒表：分度值0.1 s。

(2)温度计：分度值1℃。

(3)恒温水浴(内盛冰水混合物)或低温箱：温度为(0±1)℃。

3. 试样及其制备

(1)试样为注射成型的完整管件。如管件带有弹性密封圈，试验时应将其去掉。如管件由一种以上注射成型部件组成，这些部件应彼此分开试验。

(2)试样数量应按产品标准的规定，同一规格同批产品至少取5个试样。试样应无机械损伤。

4. 试验条件

(1)坠落高度

——公称直径小于或等于75 mm的管件，从距地面(2.00±0.05)m处坠落；

——公称直径大于75 mm小于200 mm的管件，从距地面(1.00±0.05)m处坠落；

——公称直径等于200 mm或大于200 mm的管件，从距地面(0.50±0.05)m处坠落。

注：异径管件以最大口径为准。

(2)试验场地

平坦混凝土地面。

5. 试验步骤

将试样放入(0±1)℃的恒温水浴或低温箱中进行预处理，最短时间见表4—10。异径管件按最大壁厚确定预处理时间。

恒温时间达到后，从恒温水浴或低温箱中取出试样，迅速从规定高度自由坠落于混凝土地面，坠落时应使5个试样在5个不同位置接触地面。

试样从离开恒温状态到完成坠落，应在10 s之内进行完毕，检查试验后试样表面状况。

表4—10　试样最短预处理时间

壁厚δ/mm	最短预处理时间/min	
	恒温水浴	低温箱
$\delta \leqslant 8.6$	15	60
$8.6 < \delta \leqslant 14.1$	30	120
$\delta > 14.1$	60	240

6. 结果判定

检查试样破损情况，如其中一个或多个试样在任何部位产生裂纹或破裂，则该组试样为不合格。

7. 注意事项

(1)若管件带有弹性密封圈，应将其取出后再进行试验；

(2)异径管件的坠落高度根据最大口径来确定,处理时间根据最大壁厚来确定;

(3)试样从恒温水浴或低温箱中取出后,应尽可能快地完成试验;

(4)试验时应使得5个试样在5个不同位置接触地面,并应观察尽量使接触点为易损点;

(5)5个试样中一个或多个试样的任何部位产生裂纹和破裂,则判定该组试样不合格。

十二、交联度的试验方法(GB/T 18474—2001)

1. 基本原理

通过测定交联聚乙烯产品的凝胶含量来确定交联度。将试样在选定的溶剂中按规定的时间进行萃取并称量其萃取前后的质量,以经萃取而未被溶解的剩余物所占的质量分数(即凝胶含量),作为试样的交联度。

2. 试验设备

(1)冷凝回流器:普通型;

(2)圆底烧瓶:容积至少500 mL(2000 mL的容积一次试验时可同时盛装最多6个试样);

(3)加热装置:与圆底烧瓶相配,加热功率应能够使溶剂达到充分沸腾(二甲苯沸点138℃~144℃);

(4)铁架台及各类夹子;

(5)真空烘箱或鼓风烘箱;

(6)干燥器;

(7)分析天平:分度值为1 mg;

(8)车床、切片设备或其他切削工具;

(9)筛网:铝或不锈钢,孔径(125±25)μm。

3. 试验步骤

从管材或管件在距端面10 mm处的横截面上切取至少一圈,包括整个管壁的厚度为0.1 mm~0.2 mm的薄片,试样质量在0.5g~1.0 g之间。试样数量不少于2个。剪取一块面积大小可以包裹试样的清洁、干燥的筛网并称重,精确至0.1 mg,作为m_1。将试样放入筛网中包裹成袋形并称重,精确至0.1 mg,作为m_2。将二甲苯(分析纯)溶剂倒入圆底烧瓶内,加入量为溶剂与试样的质量必不小于500∶1,然后向溶剂中加入溶剂质量1%的抗氧剂。用金属丝将包有试样的筛网袋悬吊于烧瓶内,应使试样浸没于二甲苯溶剂中。安装冷凝回流器,开启加热装置加热溶剂至沸点,控制冷凝回流速度在20滴/分钟~40滴/分钟,萃取时间8h±5 min。

小心取出筛网袋与金属丝,放入真空干燥箱(真空度至少85 kPa)或鼓风干燥箱内干燥,温度(140±2)℃,时间3 h。取出筛网袋与金属丝,冷却(必要时放入干燥器内)至环境温度后,解下金属丝称量筛网袋,精确至0.1 mg,作为m_3。

4. 结果表示

单个试样的交联度G_i按式(4—7)计算:

$$G_i=\frac{m_3-m_1}{m_2-m_1}\times 100 \tag{4—7}$$

式中 m_1——筛网的质量,mg;

m_2——萃取前试样于筛网的质量,mg;

m_3——萃取后试样于筛网的质量,mg。

计算平均交联度 G,结果保留 3 位有效数字。如果两个试样的结果相差超过 3%,则需另取两个试样重新检验。

5. 注意事项

(1)二甲苯为有害、易燃型溶剂,并能通过人体皮肤吸收,其挥发气体的过量吸入亦会对人身健康产生影响,所以应在安全的环境条件下合理操作;

(2)从管材或管件上截取试样时,应在端口至少 10 mm 处的横截面上截取;

(3)试验时用筛网袋将试样包裹住,再用金属丝悬挂于圆底烧瓶内,同时确保试样在整个试验过程中完全浸泡于二甲苯溶剂中。

十三、聚乙烯管材与管件热稳定性试验方法(GB/T 17391—1998)

1. 基本原理

通过测定试样在高温氧气条件下开始发生自动催化氧化反应的时间,对试样的热稳定性作出评价。

2. 试验设备

(1)热分析仪:能连续记录试样温度的差热分析仪(DTA)、差式扫描量热计(DSC)或其他类似的热分析仪,精度为 0.1℃;

(2)分析天平:分度值为 0.1 mg;

(3)氧气和高纯度氮气供气及气体切换装置;

(4)气体流量计。

3. 试验步骤

(1)试样制备

1)管材和管件试样制备

在管材和管件上截取一块 20 mm~30 mm 宽的圆环,从圆环上截取一个 20 mm 长的弧形段,在弧形段上切取一个直径略小于热分析仪样品皿的圆柱体,最后用锋利的刀具从该圆柱体上切割一个重(15±0.5)mg 的圆片状试样。

2)原料试样制备

方法 A:在(150±3)℃下加热 2 min 进行压片后切取一个直径略小于热分析仪样品皿的圆柱体,最后用锋利的刀具从该圆柱体上切割一个重(15±0.5)mg 的圆片状试样。

方法 B:将原料切碎成 1 mm×1 mm×0.5 mm 的粒状或厚度约 0.2 mm 的薄片状,然后称取(15±0.5)mg 作为试样。

以上各方法试样数量均为 5 个。

(2)按 GB/T 13646—1992 中附录 A 的方法校准热分析仪。

(3)接通氧气和氮气,打开气体切换装置分别调节两种气体的流量,使之均达到(50±5)cm^3/min,然后切换成氮气。

(4)将盛有试样的开口铝皿置于热分析仪的样品支架上。

(5)以 20℃/min 的速率升温至(200±0.1)℃,并使该温度恒定,开始记录热曲线,一般为温度—时间关系曲线。

(6)保持恒温 5 min,迅速切换成氧气。原料试样采用方法 B 时需保持恒温 7 min。

(7)当热曲线上记录到氧化放热达到最大值时终止试验。

4. 试验结果

在试验记录到的热曲线图(图 4—8)上,标出由氮气切换成氧气时的点 A_1,作出曲线明显变化时最大斜率的切线,标注此切线与基线延长线的交点 A_2,其两点间的时间即为试样热稳定性的氧化诱导时间。试验结果取 5 次试验的算术平均值。

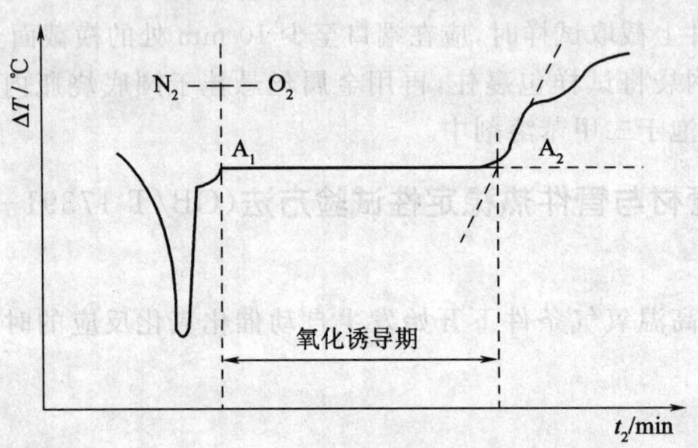

图 4—8 热曲线图

十四、热循环试验方法(GB/T 18997.2—2003 附录 A)

1. 基本原理

管材和管件按规定要求组装并承受一定的内压,在温度交替变化规定次数后,检查管材和管件连接处的渗漏情况。

2. 试验设备

试验设备包括冷热水交替循环装置、水流调节装置、水压调节装置、水温测量装置以及管道预应力和固定支撑等设施,应符合相关产品要求。冷热水的交替能在 1 min 内完成。试验组合系统中的水温变化能控制在规定的范围内,水压能保持在本标准规定值的±0.05 MPa 范围内(冷热水转换时可能出现的水锤除外)。

3. 试验组合系统安装

试验组合系统按图 4—9 所示,并根据制造厂商推荐的方法进行装配和固定。如所用管材不能弯曲成图 4—9 中 C 部分所示的形状,则 C 部分按图 4—10 所示进行装配和固定。

4. 试验组合系统预处理

将安装好的试验组合系统在(23±2)℃的室温条件下放置至少 1 h。

试验前按图 4—9 所示 A 部分施加张力后锁紧两端的固定支架,使其产生一个恒定的收缩应力(即预应力)。

将试验组合系统充满冷水驱尽空气。

5. 试验步骤

将组合系统与试验设备相连接。

启动试验设备并将水温和水压控制在相关产品规定的范围内。

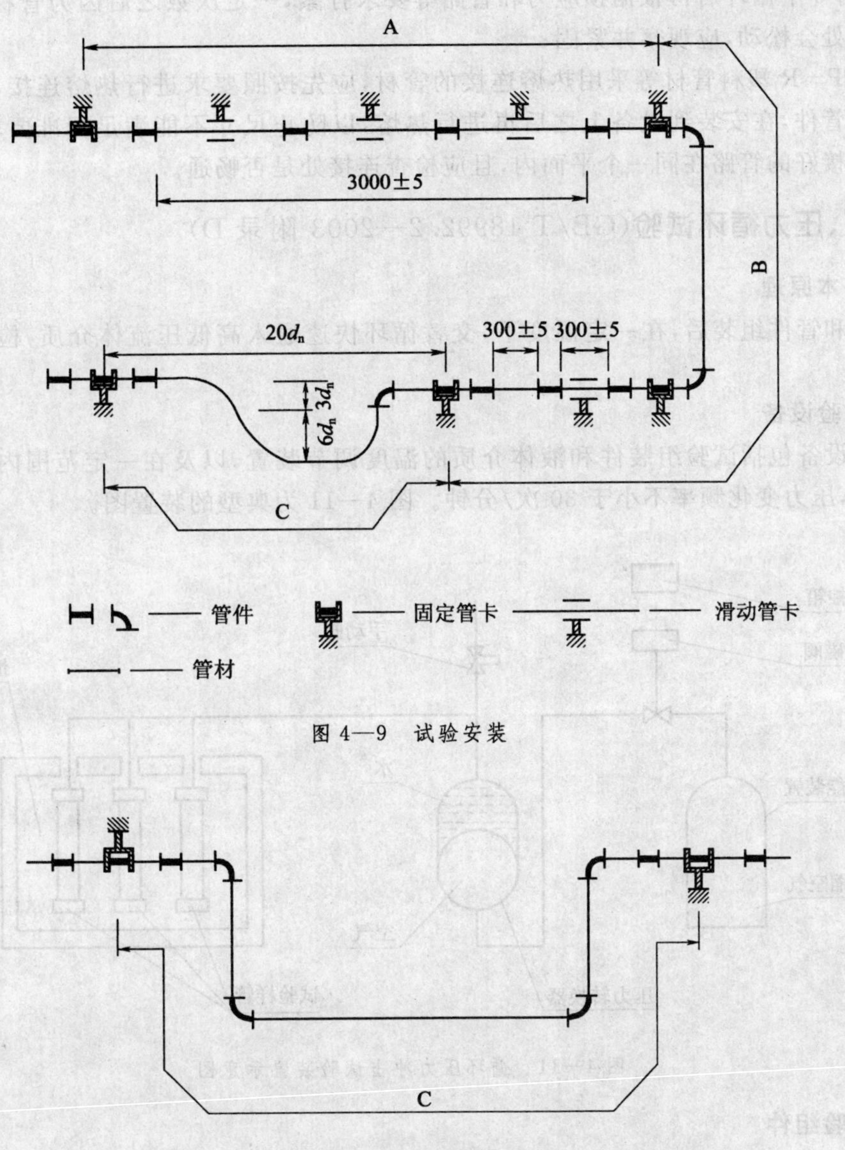

图 4—9 试验安装

C

图 4—10 C 部分可替换安装图

打开连接阀门开始试验循环，先冷水后热水依次进行。

在前 5 个循环中按以下步骤进行：

(1)调节平衡阀控制循环水的流速，使每个试验循环入口与出口的水温差不大于 5℃；

(2)拧紧和调整连接处，防止任何渗漏。

6. 结果表示

按要求完成规定次数的循环，检查所有连接处，看是否有渗漏。如发生渗漏，记录发生的时间、类型及位置。

7. 注意事项

(1)铝塑复合管等采用金属管件机械连接的管材在安装试样时，先不要将管件拧得过紧，应进行 5 个循环后再根据预应力和管路等要求拧紧，一定次数之后因为管材管件材质不同其连接处会松动，应观察并紧固；

(2)PP－R 塑料管材等采用热熔连接的管材，应先按照要求进行热熔连接，一般端部应预留一个管件，在安装到设备上之后再进行热熔，以防止尺寸不能满足标准要求，同时应尽量保证连接好的管路在同一个平面内，且应检查连接处是否畅通。

十五、压力循环试验(GB/T 18992.2—2003 附录 D)

1. 基本原理

管材和管件组装后，在一定温度下，交替循环快速通入高低压流体介质，检查系统渗漏状况。

2. 试验设备

试验设备包括试验组装件和液体介质的温度调节装置，以及在一定范围内进行压力循环的装置，压力变化频率不小于 30 次/分钟。图 4—11 为典型的装置图。

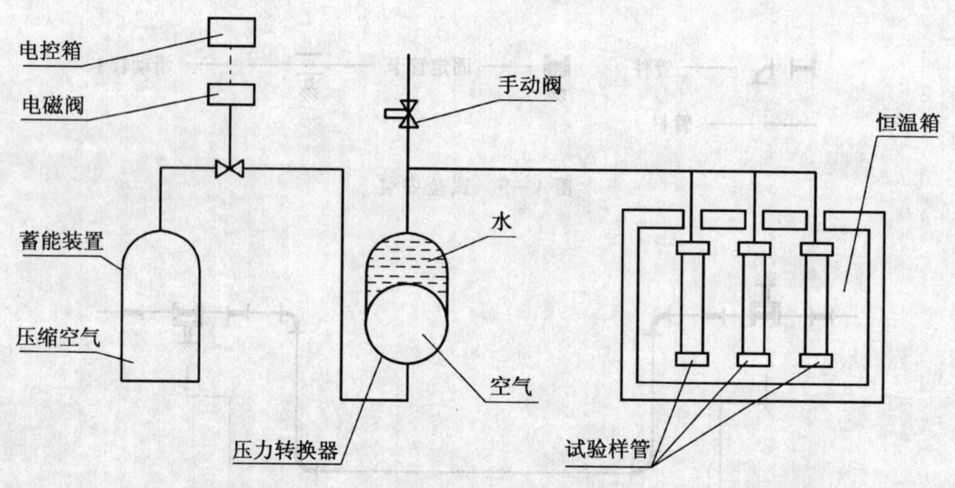

图 4—11　循环压力冲击试验装置示意图

3. 试验组件

试验的组装件应包括：至少一个管件，其连接按生产厂家推荐的方法进行；一个或多个 $10d_n$ 长的管段(d_n 为公称外径)。为包括所需数量的管材和/或管件，可以使用几个组合进行试验。

4. 试验步骤

准备好试验组件，注水以排出空气后将组装试件置于要求温度的水中，状态调节至少 1 h，然后保持温度不变，按规定的内压和频率进行试验。完成规定的试验次数后，检查所有试验组件和连接处是否有渗漏。

5. 注意事项

(1)组件中的空气应排尽，以免压力不均；

(2)若试验在进行过程中中断，应重新取试样进行试验。

十六、管环最小平均剥离力(GB/T 18997.1—2003 附录A)

1. 基本原理

为检查铝塑复合管内层和铝层的粘结力，采用对试样圆周连续均匀剥离的方法，绘制铝塑管的内层和铝层的粘结力曲线，并计算其最小平均剥离力。

2. 试验设备

(1)试验机：能显示剥离力连续曲线的试验机，并且具有夹持试样的夹钳。

(2)管环转盘支架：一个可以固定在试验机上的支架，支架上装有转轴。转轴一端带有可套入需测试剥离力的管环的锥套，并与转轴压紧(图4—12)。

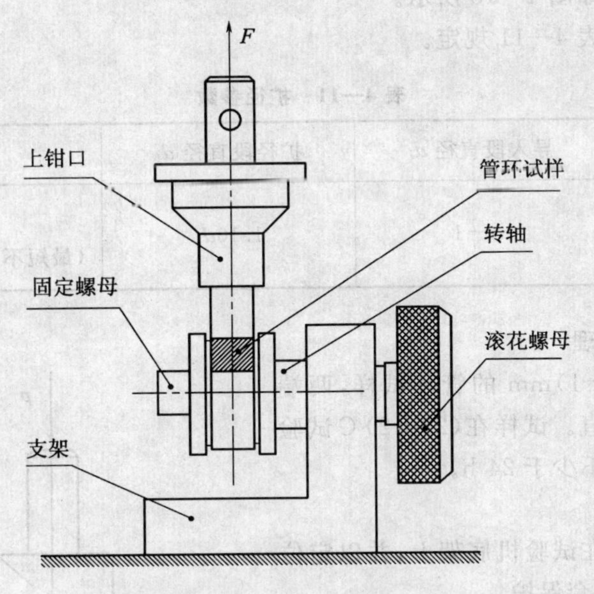

图4—12　管环转盘支架示意图

3. 试验步骤

截取5件长(10±1)mm的管环做试样，两端面应与管环中心线保持垂直。

在(23±2)℃下，试样状态调节时间不少于24 h。

管环试样由焊接处将铝层和塑料内层分离，并剥离出约45°圆周，垂直拉直。

将管环试样套入锥套后装在转轴上，使管环固定在转轴上，使管环固定在转轴上。

将管环剥离段插入试验机上插口，试验机以(50±1.0)mm/min速度进行剥离，并同时记录试样剥离力曲线，读取90°～270°之间的剥离力最小值(精确到0.1 N)。

4. 结果表示

计算5个试样的最小剥离力平均值。

5. 注意事项

(1)截取试样时，试样截面应与管环中心轴线垂直，防止试验时管环发生偏离；

(2)剥离试样时，不能损伤铝管层；

(3)管环在试验过程中应能较易自由旋转。

十七、管环扩径试验方法(GB/T 18997.1—2003 附录 B)

1. 基本原理

为检查铝塑复合管的粘结复合情况,用锥形扩径器插入试样内径,使试样扩径到一定范围,以观察试样各层在径向变形、变形复位时的分层现象。

2. 试验装置

(1)试验机

能控制压入速度的试验机;

(2)锥形扩径器

锥形扩径器结构如图 4—13 所示。

结构尺寸应满足表 4—11 规定。

表 4—11 扩径参数 单位:mm

管环参考内径	导入段直径 d_t	扩径段直径 d_f	插入深度 L
d_i	d_i-1	$1.10d_i$	$0.5d_i$ (最短不小于 5,最长不大于 30)

3. 试样制备和处理

截取 5 件长(10±1)mm 的管环试样,两端面应与管环中心线垂直。试样在(23±2)℃试验环境下状态调节时间不少于 24 h。

4. 试验步骤

将管环试样安装在试验机底架上,并以定位盘定位内孔,外圆用护套保护。

将扩径器插入试验机上插口,并以(50±1.0)mm/min 速度插入管环试样,直至扩径段插入规定深度停止,并立即拔出扩径器。插入和拔出时都应保证管环试样轴心线与扩径器轴心线重合。

试样放置 15 min 后,目测检查。

5. 注意事项

(1)截取管环试样时,应确保两端面与中心线垂直;

(2)试验过程中都应始终保证试样轴心线与扩径器轴心线重合。

(3)拔出扩径器后放置 15 min 后再目测检查。

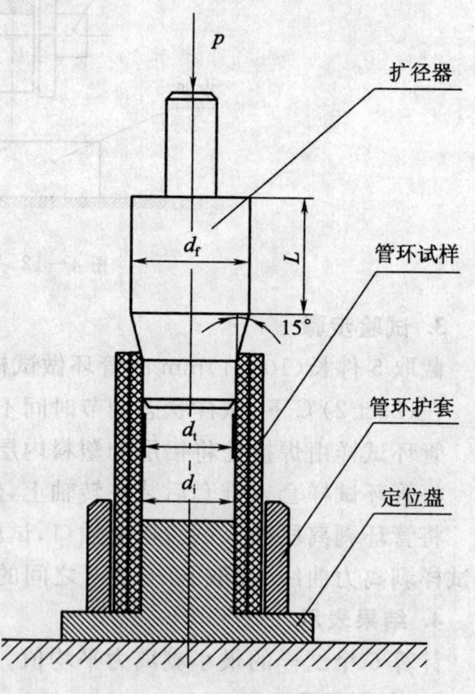

图 4—13 扩径器结构示意图

十八、管环径向拉力(GB/T 18997.1—2003)

1. 试验原理

在管段中间沿轴向插入两根较高强度的钢棒，拉伸至破坏，最大拉力值即为管环最大径向拉力。

2. 试验设备

试验机：能控制拉伸速度的试验机。

3. 试样

试样在环境温度为(23±2)℃下进行状态调节，时间不少于 24 h。

从一段管材上连续截取 15 个试样，长度为(25±1)mm，管环两端面与轴线垂直。

4. 试验步骤

将两根直径 4 mm(适用于管材公称外径 32 mm 及以下的试样)或 8 mm(适用于管材公称外径大于 32 mm 以上的试样)的钢棒插入管环中，再将钢棒固定在试验机夹具上，铝管焊缝与拉伸方向垂直。钢棒应具有较高强度，在试验过程中应尽可能保证钢棒不发生变形。

以拉伸速度为(50±2.5)mm/min 的速度拉伸至试样破坏，读取最大拉力值(精确到 10 N)，计算 15 个试样的算术平均值。

5. 注意事项

(1)应选取强度较高的钢棒，尽可能保证在试验过程中不发生变形，同时因为该拉力一般较大，应防止钢棒在试验时突然断裂伤及试验人员；

(2)为保证铝管焊缝与拉伸方向垂直，试验前可对管段施加一定外力将其轻微压扁，再放入钢棒并固定；

(3)试验过程中若钢棒断裂且未到最大拉力值时，该试验无效。

第五章　常用塑料管材及性能要求

第一节　聚丙烯(PP－R)管材

一、原材料

1. 聚丙烯简介

聚丙烯(Polypropene，简称 PP)是一种半结晶的热塑性塑料。具有较高的耐冲击性，机械性质强韧，抗多种有机溶剂和酸碱腐蚀。在工业上有广泛的应用。

聚丙烯是用石油炼制时的副产品丙烯经过精炼的丙烯单体，在触媒的催化下进行聚合反应，再从聚合物中分离而得。相对分子质量为 10 万～50 万，密度很小，是已知塑料中最小的；无毒、无味，透明度高，机械性能、表面强度，抗摩擦性、抗化学腐蚀性、防潮性均很好；在室温以上时抗冲击性好，但耐低温冲击性能差；易带静电，印刷性能欠佳。

聚丙烯的重复单元由三个碳原子组成。其中两个碳原子在主链上，一个碳原子以支链的形式存在。根据支链原子的位置，聚丙烯可以分为无规立构、等规立构、间规立构。无规立构的聚丙烯的支链原子无规则分布于主链的两侧，其结构如图 5—1 所示。

等规立构的聚丙烯支链原子分布在主链的同一侧，其结构如图 5—2 所示。

图 5—1　无规立构聚丙烯结构示意图

图 5—2　等规立构聚丙烯结构示意图

图 5—3　间规立构聚丙烯结构示意图

间规立构的聚丙烯支链原子间隔对称分布在主链两侧，其结构如图 5—3 所示。

商品聚丙烯通常为90%以上的等规立构和少量无规立构的混合体。聚丙烯的结构和聚乙烯接近,因此很多性能也和聚乙烯类似。但是由于其存在一个甲基构成的侧枝,聚丙烯更易氧化。

聚丙烯的原料来源广泛,价格便宜,性能适应性广,广泛用于食品工业中,多用作制造薄膜、复合薄膜,有良好的透明性和表面光泽,能耐120℃的温度;可制成包装箱,吹塑成塑料瓶,添加某些填料可制成某些机器零件等。

2. 管材用聚丙烯专用料

作为管材专用料的基体树脂聚丙烯,按照分子结构形态的不同可分为均聚聚丙烯(PP-H)、嵌段共聚聚丙烯(PP-B)和无规共聚聚丙烯(PP-R)三种。这三种材料结构的差异使它们具有不同的应用特性,因此也具有不同的用途。

(1)无规共聚聚丙烯(PP-R)

PP-R是由丙烯单体和少量的乙烯单体在加热、加压和催化剂作用下共聚得到的,乙烯单体无规、随机地分布到丙烯的长链中。乙烯的无规加入降低了聚合物的结晶度和熔点,改善了材料的冲击、长期耐静水压、长期耐热氧老化及管材加工成型等方面的性能。PP-R分子链结构、乙烯单体含量等指标对材料的长期热稳定性、力学性能及加工性能都有着直接的影响。乙烯单体在丙烯分子链中的分布越无规,聚丙烯性能的改变越显著。

(2)均聚聚丙烯(PP-H)

PP-H由单一的丙烯单体聚合而成,分子链中不含乙烯单体,因此分子链的规整度很高,材料的结晶度高、冲击性能较差。为改善PP-H较脆的问题,部分原料供应商也采用聚乙烯及乙丙胶共混改性的方法来提高材料的韧性,但却不能从本质上解决PP-H的长期耐热稳定性能。

(3)嵌段共聚聚丙烯(PP-B)

同PP-R相比,PP-B中的乙烯含量较高,一般为7%~15%,但由于PP-B中两个乙烯单体及三个单体连接在一起的概率非常高,因此说明由于乙烯单体仅存在嵌段相中,并未将PP-H的规整度降低,因而达不到改善PP-H熔点、长期耐静水压、长期耐热氧老化及管材加工成型等方面的性能的目的。

二、无规共聚聚丙烯(PP-R)冷热水管材的特点及其应用

PP-R管材有如下特点。

(1)PP-R管材的优点

1)卫生无毒。PP-R管的原料属聚烯烃塑料,分子中仅有碳、氧元素,加工过程中未添加任何有毒的重金属盐类稳定剂。

2)密度低。20℃时,密度为0.89 g/cm³~0.91 g/cm³,重量仅为钢的1/9。

3)耐热、保温。长期使用温度为70℃,其导热系数为0.21 W/(m·K),仅为钢管的1/200。

4)耐腐蚀。可耐多种化学介质的侵蚀、不会生锈。

5)膨胀力小。弹性模量较小,因温度变化产生的膨胀力较小,适宜于采用嵌墙和地面层内暗埋的敷设方式。

6)水流阻力小。摩擦系数仅为0.007,内壁光滑,不会结垢,通水能力较同规格的金属管道提高30%以上。

7)连接简单、牢固。管道采用热熔或电熔连接,将同种材料制造的管材和管件连接成一个

整体，接口处的拉伸、弯曲和冲击强度均高于管材本体强度，连接牢固，从而可消除漏水的隐患。

8)制品资源可再利用，环境效益良好，属绿色产品。

(2)PP—R 管材的缺点

1)受热易变形；

2)浅色管明装易滋生细菌。

(3)PP—R 管应用场合

1)建筑物内的冷热水管道系统；

2)建筑物内中低温热水采暖管道系统；

3)空调管道系统；

4)农业和园林灌溉管道系统；

5)输送或排放对管道无侵蚀的化学流体等工业管道。

三、建筑物内冷热水系统用聚丙烯管技术要求

(1)产品分类

管材按使用原料的不同分为 PP—H，PP—B，PP—R 管三类。管材按尺寸分为 S5，S4，S3.2，S2.5，S2 五个系列。

表 5—1 PP—R 管管系列 S 的选择

设计压力 /MPa	管系列 S			
	级别 1 $\sigma_d=3.09$ MPa	级别 2 $\sigma_d=2.13$ MPa	级别 4 $\sigma_d=3.30$ MPa	级别 5 $\sigma_d=1.90$ MPa
0.4	5	5	5	4
0.6	5	3.2	5	3.2
0.8	3.2	2.5	4	2
1.0	2.5	2	3.2	—

(2)管材检验项目

根据 GB/T 18742.2—2002《冷热水用聚丙烯管道系统》要求，PP—R 管材的检验项目主要有以下内容：

颜色、外观、不透光性、规格及尺寸、管材的物理力学和化学性能、管材的卫生性能、系统适用性。

1)其中管材的物理力学和化学性能指标见表 5—2。

2)管材的卫生性能应复合 GB/T 17219 的规定。

3)系统适用性

管材与符合 GB/T 18742.3 规定的管件连接后应通过内压和热循环二项组合试验。内压试验应符合表 5—3 的规定。热循环试验应符合表 5—4 的规定。

(3)管材检验规则

1)检验规则

产品应经生产厂质量检验部门检验合格后并附有合格标志方可出厂。

2)组批

同一原料、配方和工艺连续生产的同一规格管材作为一批，每批数量不超过 50 t。如果生产 7 天仍不足 50 t，则以 7 天产量为一批。一次交付可由一批或多批组成，交付时应注明批号，同一交付批号产品为一个交付检验批。

表 5—2 PP—R 管材的物理力学和化学性能指标

项目	材料	试验参数			数量	指标
		试验温度/℃	试验时间/h	静液压应力/MPa		
纵向回缩率	PP—R	135±2	e_n≤8 mm:1 8 mm<e_n≤16 mm:2 e_n>16 mm:4	—	3	≤2%
简支梁冲击试验	PP—R	0±2	—		10	破损率<试样的 10%
静液压试验	PP—R	20	1	16	3	无破裂 无渗漏
		95	22	4.2		
		95	165	3.8		
		95	1000	3.5		
溶体质量流动速率，MFR(230℃/2.16kg)g/min					3	变化率≤原料的 30%
静液压状态下热稳定性定性试验	PP—R	110	8760	1.9	1	无破裂 无渗漏

注：摘自 GB/T 18742.2—2002《冷热水用聚丙烯管道系统》。

表 5—3 内压试验

管系列	试验温度/℃	试验压力/MPa	试验时间/h	试验数量	指标
S5	95	0.68	1000	3	无破裂 无渗漏
S4	95	0.80	1000	3	无破裂 无渗漏
S3.2	95	1.11	1000	3	无破裂 无渗漏
S2.5	95	1.31	1000	3	无破裂 无渗漏
S2	95	1.64	1000	3	无破裂 无渗漏

表 5—4　热循环试验

材料	最高试验温度/℃	最低试验温度/℃	试验压力/MPa	循环次数	试验数量	指标
PP－R	95	95	1.0	5000	1	无破裂 无渗漏

注：一个循环的时间为(30^{+2})min，包括(15^{+1})min 的最高试验温度和(15^{+1})min 的最低试验温度。

3)定型检验

定型检验的项目为全部技术要求。同一设备制造厂的同类型设备首次投产或原材料发生变动时，按上表规定选取每一尺寸组中任一规格的管材进行定型检验。

出厂检验的项目为外观、尺寸、纵向回缩率、简支梁冲击试验及静液压试验中 20℃/1 h 和 95℃/22 h(或 95℃/165 h)。

外观、尺寸按 GB/T 2628 采用正常检验一次抽样方案，取一般检验水平，合格质量水平。

4)型式检验

型式检验为除静液压状态下热稳定性试验和热循环试验外的全部技术要求。

按标准技术要求并按规定对外观、尺寸进行检验，在检验合格的样品中随机抽取足够的样品，进行不透光性、纵向回缩率、熔体质量流动速率、静液压试验、简支梁冲击试验和系统适用性试验中的内压实验。

一般情况下，每隔两年进行一次型式检验。

若有以下情况之一，应进行型式检验：

a)正式生产后，若结构、材料、工艺有较大改变，可能影响产品性能时；

b)产品因任何原因停产半年以上恢复生产时；

c)出厂检验结果与上次型式检验结果有较大差异时；

d)国家质量监督机构提出进行型式检验要求时。

5)判定规则

外观、尺寸按标准进行判定。卫生指标有一项不合格为不合格批。其他指标有一项达不到规定时，则随机抽取双倍样品进行该项复验，如仍不合格，则判该批为不合格批。

第二节　聚丁烯(PB)管材

一、聚丁烯管简介

1. 聚丁烯原料

聚丁烯(PB)是一种高分子惰性聚合物，诞生于 20 世纪 70 年代。它由线性直链 α—烯烃中的丁烯—1 聚合而成，并具有柔软性的异性质体。原料及产品生产过程中无任何添加剂。它是无毒、无味、性能稳定的高分子聚合物。聚丁烯属于有机化工材料类的高科技产品。它具有很高的耐温性、持久性、化学稳定性和可塑性，无味、无臭、无毒，是目前世界上最尖端的化学材料之一，有“塑料黄金”的美誉。该材料密度低；柔韧性好；耐腐蚀，用于压力管道时耐高温特性尤为突出，可在 95℃下长期使用，最高使用温度可达 110℃。管材表面粗糙度为

0.007,不结垢,无需作保温,保护水质,使用效果很好。

聚丁烯 PB－1 是 1－丁烯单体的等规立构高分子均聚物,是由纯的丁烯单体和催化剂在反应器中聚合而成。1－丁烯还可以与乙烯以不同含量共聚形成系列共聚物。此材料与其他聚烯烃比较,具有以下特点:

(1)具有刚性;

(2)较高的抗张强度;

(3)好的耐热性;

(4)良好的抗化学腐蚀性,在油、洗涤剂和其他溶剂中,不会像高密度聚乙烯(HDPE)等其他塑料一样产生脆化,只有在 98%浓硫酸、发烟硝酸、液体溴等强氧化剂的作用下,才会产生应力开裂;

(5)优良的抗蠕变性,反复绕缠而不断,即使在提高温度时,也具有特别好的抗蠕变性;

(6)具有与超高分子量聚乙烯媲美的非常好的耐磨性;

(7)可容纳大量的填料。

2. 聚丁烯管的特点

PB 管用于自来水管、热水和暖气用管。具有耐寒、耐热、耐压、不生锈、不腐蚀、不结垢、寿命长(可达 50 年～100 年),且有能长期耐老化特点,它是作为加热盘管的理想材料。

PB 管的主要特点有:

(1)卫生可靠。它是无毒、无味、抗腐蚀的材料,可保持输水水质长期不变,不会对健康产生影响。

(2)节约成本。管材柔软而坚韧,尤其管材可成卷供应,在许多工程中可大量减少配件的使用量,节约工程成本。

(3)耗损少。因成卷供应,管材可在现场现量现剪,耗损少。

(4)耐冲击。管材受冲击后,可恢复原形,可避免外冲击的损坏,克服可金属管及复合管的缺点。

(5)材质轻。材质密度约为钢管的 1/9,搬运贮存十分方便,可节省运输成本。

(6)不积水垢。管内壁非常平滑,因此不会积结水垢,使流量保持长期不受影响。

(7)无噪音。管材本身可吸收水锤的冲击振动,消除噪音,管道系统在工作状态下几乎没有响声。

(8)抗腐蚀。耐酸、碱,绝不会像金属管那样产生锈蚀现象,从而延长使用寿命并保障了用水的卫生。

(9)流量大。PB 管的材性优异。在保证同样设计参数情况下,它是塑料管中壁厚较薄的管材之一。它与其他同口径的塑料管比较,输水流量大。

(10)超强的抓紧力。管件不仅可连接 PB 管,而且可以直接与铜管(紫铜)连接,并且不影响其性能。

(11)快速接头。可旋转的快速插固式接头,在狭窄的空间也能轻松地进行安装。

3. 聚丁烯管的应用领域

由于聚丁烯管优异的热稳定性,使其能在多种采暖形式上运用,从集中区域供暖到分户供暖,主要包括:餐厅、办公楼、商场;室内车站、车库的采暖室;室外车站、停车场地面、道路地面、户外运动场、竞技场地面、加热融雪;建筑的地板采暖及鱼池、游泳池加热;室内滑冰场等。

二、建筑物内冷热水系统用聚丁烯管技术要求

1. 检验项目

根据 GB/T 19473.2—2004 规定，聚丁烯管材的技术要求有以下项目：

颜色、外观、不透光性、尺寸、力学性能、管材的物理和化学性能、管材的卫生性能、系统适用性(包括耐内压试验、弯曲试验、耐拉拔试验、热循环试验、循环压力冲击试验、真空试验)。

其中管材的物理力学性能包括以下项目：

纵向回缩率、静液压状态下的热稳定性、熔体质量流动速率。管材性能要求应符合表5—5～表5—13 的规定。

2. 检验规则

(1)检验分类

检验分为定型检验、出厂检验和型式检验。

表 5—5 PB 管材的物理力学性能指标

项 目	试验参数		指 标
	试验温度/℃	试验参数	
纵向回缩率	110	试验时间:h $e_n \leqslant 8$ mm:1 8 mm$< e_n \leqslant 16$ mm:2 $e_n > 16$ mm:4	≤2%
静液压状态下热稳定性定性试验	110	试验时间:h 8760	无破裂 无渗漏
溶体质量流动速率	230	(230℃/2.16 kg)g/min	变化率≤原料的 30%

表 5—6 管材静液压试验参数

项 目	要 求	静液压压力/MPa	试验温度/℃	试验时间/h
静液压试验	无渗漏，无破裂	15.5	20	1
		6.5	95	22
		6.2	95	165
		6.0	95	1000

表 5—7 系统适用性试验

系统适用性试验项目	热熔承插连接	电容焊接连接	机械连接
耐内压试验	Y	Y	Y
弯曲试验	N	N	Y
耐拉拔试验	N	N	Y
热循环试验	Y	Y	Y
循环压力冲击试验	N	N	Y
真空试验	N	N	Y

注：Y——需要试验；N——不需要试验。

表 5—8 耐内压试验条件

管系列	试验温度/℃	试验压力/MPa	试验时间/h	试样数量
S10	95	0.55	1000	3
S8	95	0.71	1000	
S6.3	95	0.95	1000	
S5	95	1.19	1000	
S4 S3.2	95	1.39	1000	

表 5—9 弯曲试验条件

管系列	试验温度/℃	试验压力/MPa	试验时间/h	试样数量
S10	20	1.42	1	3
S8	20	1.85	1	
S6.3	20	2.46	1	
S5	20	3.08	1	
S4 S3.2	20	3.60	1	

表 5—10 耐拉拔试验条件

温度/℃	系统设计压力/MPa	轴向拉力/N	试验时间/h
23±2	所有压力等级	$1.178d_n^2$	1
95	0.4	$0.314d_n^2$	1
95	0.6	$0.474d_n^2$	1
95	0.8	$0.628d_n^2$	1
95	1.0	$0.785d_n^2$	1

表 5—11　热循环试验条件

项　目	级别 1	级别 2	级别 4	级别 5
最高试验温度/℃	90	90	90	90
最低试验温度/℃	20	20	20	20
试验压力/MPa	p_D	p_D	p_D	p_D
循环次数	5000	5000	5000	5000
每次循环的时间/min	30_{0}^{+2}(冷热水各15_{0}^{+2})			
试样数量	1			

表 5—12　循环压力冲击试验条件

试验压力/MPa			试验温度/℃	循环次数	循环频（次/分钟）	试样数量
设计压力	最高试验压力	最低试验压力				
0.4	0.6	0.05	23±2	10000	30±5	1
0.6	0.9	0.05				
0.8	1.2	0.05				
1.0	1.5	0.05				

表 5—13　真空试验

项　目	试验参数		要　求
真空密封性	试验温度	23℃	真空压力变化≤0.005 MPa
	试验时间	1 h	
	试验压力	−0.08 MPa	
	试验数量	3	

(2)组批

同一原料、配方和工艺连续生产的同一规格管材作为一批，每批数量为 50 t。如果生产 7 天仍不足 50 t，则以 7 天产量为一批。一次交付可由一批或多批组成，交付时应注明批号，同一交付批号产品为一个交付检验批。

(3)定型检验

定型检验的项目为全部技术要求。同一设备制造厂的同类型设备首次投产或原料发生重大变化可能严重影响产品性能时，进行定型检验。

(4)出厂检验

产品须经生产厂质量检验部门检验合格后并附有合格标志，方可出厂。出厂检验的项目包括以下内容：

外观、尺寸、纵向回缩率、静液压试验(20℃，1 h；95℃，22 h；95℃，165 h)。

(5)型式检验

型式检验的项目包括以下内容：

颜色、外观、不透光性、规格尺寸、静液压试验（20℃，1h；95℃，22h；95℃，165h）、纵向回缩率、熔体质量流动速率、卫生性能。

一般情况下，每隔两年进行一次型式检验。

若有下列情况之一，应进行型式检验：

a)正式生产后，若材料、工艺有较大变动可能影响产品性能时；

b)因任何原因停产半年以上恢复生产时；

c)出厂检验结果与上次型式检验结果有较大差异时；

d)国家质量监督机构提出进行型式检验的要求时。

(6)判定规则

外观、尺寸按抽样规则进行判定。给水用管材的卫生指标有一项不合格则判该批为不合格批。其他指标有一项达不到规定时，则随机抽取双倍样品进行该项复验，如仍不合格，则判该批为不合格批。

第三节　聚乙烯(PE)管材

一、聚乙烯管材概述

1. 聚乙烯管材的发展概况

聚乙烯管的应用已有50余年的历史。第一代聚乙烯管在20世纪60年代起，已在燃气和给水领域得到广泛应用。它们要求聚乙烯管原料既具有较高的耐环境应力开裂能力和较高的长期静液压强度，又具备良好的抗蠕变性能，同时兼备良好的刚性和韧性。因而在20世纪70年代，国际上著名的石化公司推出了乙烯和α－烯烃共聚法生产的管材专用树脂。这些中密度树脂或所谓“2型”高密度聚乙烯被称为第二代聚乙烯管的原料。第二代聚乙烯管中的某些品牌可达到目前国际标准中规定的PE80级。20世纪80年代末，苏威(Solvay)公司首先开发了具有双峰分布的聚乙烯管的专用树脂，命名为ELTEX TUB 120。1995年Hoechst和北欧化工公司(Borealis)也分别推出了具有双峰分布的聚乙烯管的专用树脂，分别命名为Hostanlen GM 5010T3和BMPE。这些聚乙烯管的专用树脂可达到目前国际标准中规定的PE100级。

国际上对用于生产聚乙烯管的聚乙烯料一直在研究和改进，尤其是PE100管的出现，大大提高了聚乙烯管的许用应力，可在同样使用压力下减少壁厚，增加输送截面，同时增强了抵抗纹裂扩展的能力，进一步增强了聚乙烯管的优势。

国际上把聚乙烯管的材料分为PE32，PE40，PE63，PE80，PE100五个等级，见表5—14。目前这五种聚乙烯管的专用料都在使用，分别被用在不同的场合。PE100，PE80用在燃气领域；PE100，PE80和PE63主要用于市政给水；PE80和PE63主要用于市政排水，而灌溉用管的压力等级低，主要用PE63，PE40和PE32。

2. 聚乙烯管的类别

聚乙烯管可分为承压管和非承压管，承压管主要指聚乙烯燃气管、聚乙烯给水管；非承压管主要指大口径排水管和灌溉管等。

表 5—14 聚乙烯管专用料的等级

等级	最小要求强度 MRS（在 50 年 20℃条件下）/MPa	最大设计应力（σ_S）/MPa
PE100	10	8
PE80	8	6.3
PE63	6.3	5
PE40	4	3.2
PE32	3.2	2.5

(1)聚乙烯燃气管

聚乙烯燃气管主要是指用高密度聚乙烯(HDPE)树脂通过挤出方式加工的塑料管材。该种管材主要用于城市中低压燃气输送管线。它的特点是，具有较高的承压能力、重量轻、耐腐蚀、易于施工和安装，使用寿命长，应用技术成熟。连接方式可以采用热熔焊接、机械连接和法兰式连接等多种方式。

(2)聚乙烯给水管

我国从 20 世纪 60 年代开始使用聚乙烯输水管。早期主要用于农业灌溉管，其压力较低。据 1990 年统计资料表明：我国城市供水管网中以灰口铸铁管为主，占 88.56%。近十年来国内已引进聚乙烯管材生产线二十余条，生产能力达到 6 万吨以上。管件生产已基本配套，其中聚乙烯热熔对接型管件和电熔连接性管件，有比较齐全的品种规格和一定的生产规模。当前国内聚乙烯管用量最多的还是农村改水工程，占整个聚乙烯管用量的 50%左右。

建筑物内供水管道采用传统的镀锌钢管，已有近百年的历史。我国传统上建筑内一直采用镀锌钢管做给水管。随着经济的迅猛发展，人们的生活质量不断提高，对自来水的水质要求也日趋提高。而自来水的“红水”、“黑水”等现象却越来越严重。而导致管网水质恶化的主要原因是建筑内给水管道的锈蚀严重。尤其是冷镀锌钢管，一般使用寿命不到 5 年就锈蚀，铁腥味严重。水质已成为一种社会问题。聚乙烯管材材质无毒，不腐蚀，不结垢，可以有效地提高水质。因此，近年来，国家有关部门以市场为导向，加大行政推动力度，大力推广没有腐蚀问题的 PE 管及其他塑料管等，逐步替代镀锌钢管作为建筑物内给水管。

建材行业属于高能耗、高污染的行业，尤应推广使用绿色建材。PE 等聚烯烃材料，是典型的“绿色材料”，突出的特点是 PE 材料可回收利用，即使焚烧处理，也不会产生对环境有害的物质。

聚乙烯管内壁绝对粗糙度 K 不超过 0.01 mm，而新的钢管、球墨铸铁管 K=0.06 mm。金属管道运行 20 年，K 值将增大 5～10 倍，而聚乙烯管 K 值不随时间变化，水利特性优异，可以有效地降低供水能耗。

聚乙烯管具有独特的熔接连接方式，韧性高，且施压验收标准严格，可大幅度地降低供水管网的漏失率。

3. 聚乙烯管的优势

五十余年以来，随着聚乙烯管的专用树脂的开发，聚乙烯管道系统与传统的管道系统相比有较大优势，主要有：

(1)耐腐蚀。聚乙烯分子链中不存在烃基以外的其他官能团，因而具有良好的耐腐蚀性能，不受土壤和输送流体中酸、碱腐蚀。它的优良的防腐蚀性能还可以作为金属管道的防腐层。

(2)熔融焊接性好。聚乙烯管道主要采用热熔焊接或电熔焊接。它在本质上保证了接口的材质、结构与管材本身的同一性，实现了管件与管材的一体化。实验证实：接口的拉伸强度及爆破强度均高于管材本体，可有效地抵抗内压力产生的环向应力及轴向拉伸应力。因此，它与橡胶圈类柔性连接或其他机械连接相比，不存在泄露的危险。

(3)力学性能优良。聚乙烯管具有优良的韧性和挠曲性能。它的断裂伸长率一般大于500%，弯曲半径可以小到管材直径的20～25倍，还具有优良的耐刮伤能力，在1995年1月日本的阪神地震中，聚乙烯燃气管和给水管道是唯一没有被破坏的管道系统。

(4)良好的耐快速裂纹增长能力。塑料压力管道系统在偶然发生的开裂和损伤时，裂纹可按100 m/s～500 m/s的速度快速增长能力(Rapid Crack Propagation, RCP)，一瞬间就会造成几十米甚至上千米管道系统开裂的事故。美国、欧洲、中国均发生过塑料压力管道快速开裂的事故，造成灾难性后果。因而，近10年来，国际上对塑料管道系统，特别是聚乙烯管道系统的抵抗快速裂纹增长能力进行了大量研究，取得了令人瞩目的成果。

(5)使用安全。寿命长。应用经验和研究结果表明：聚乙烯管道系统在额定条件下，不但可以安全使用，并可保证寿命达到50年以上。这些已在相关国际标准中予以科学确认。

二、原材料

聚乙烯是结构最简单的高分子，也是应用最广泛的高分子材料。它是由重复的—CH_2—单元连接而成的。聚乙烯是通过乙烯($CH_2=CH_2$)的加成聚合而成的。

20世纪30年代，英国的ICI公司成功完成了合成聚乙烯的商业化过程。但这时候得到的是高压下通过自由基聚合得到的低密度聚乙烯，质地很柔软，通常用作薄膜。1955年，德国的K. Ziegler和意大利的J. Natta使用特殊的催化剂在低温低压下制得了聚乙烯。他们因在开发具有独特立构规整功能的新型聚合反应催化剂方面做出的贡献，分别于1964年和1965年获得了诺贝尔化学奖。20世纪70年代发展了用溶液和气体合成线形聚乙烯的技术。90年代初期实现了高密度聚乙烯的商业化。

聚乙烯的性能取决于其聚合方式。在中等压力(15atm[①]～30atm)有机化合物催化条件下进行Ziegler－Natta聚合而成的是高密度聚乙烯(HDPE)。这种条件下聚合的聚乙烯分子是线性的，且分子链很长，相对分子质量高达几十万。如果是在高压力(100 MPa～300 MPa)，高温(190℃～210℃)，过氧化物催化条件下自由基聚合，生产出的则是低密度聚乙烯(LDPE)，它是支化结构的。

聚乙烯无臭，无毒，手感似蜡，具有优良的耐低温性能(最低使用温度可达－70℃～－100℃)，化学稳定性好，能耐大多数酸碱的侵蚀(不耐具有氧化性质的酸)，常温下不溶于一般溶剂，吸水性小，电绝缘性能优良；但普通聚乙烯对于环境应力(化学与机械作用)是很敏感的，耐热老化性差。

① 注：1atm＝101.33kPa。

聚乙烯(PE)管用途很广,20 世纪 60 年代欧美西方发达国家就开始将 PE 管用于城镇燃气输送和给水管网系统,到 80 年代国外 PE 管应用技术已十分成熟。聚乙烯(PE)管在我国推广应用历史不长,尤其是作为压力输送给水管,仅仅是最近几年的事情。

近年来,国际标准 ISO 4427—1996 根据管材的最小要求强度(MRS)将管材用聚乙烯材料分为 PE32,PE63,PE80,PE100。MRS 的推算方法如式(5—1):

$$MRS=\sigma_{LPL}/C_{\min} \qquad (5—1)$$

式中 MPS——管材的最小要求强度,MPa;

σ_{LPL}——管材在 20℃,50 年使用寿命,预测概率 97.5%相应的静液压强度;

$C_{\min}$——是最小的安全系数,通常 $C_{\min}=1.25$。

也就是说:PE80 通俗解释就是:该材料管材在 20℃,连续受压 50 年不破坏,管壁承受最小要求强度是:8.0 MPa,依此类推。

在塑料管发展的初期,聚乙烯压力管材的使用量远小于聚氯乙烯,其主要原因是受到成本的约束。在早期,聚乙烯管材料主要是 PE63,高性能、高强度的聚乙烯管材尚未开发成功,而使用 PE63 以下的管材料,在同样的压力和直径下,聚乙烯管的管壁要比聚氯乙烯管厚一倍以上。所以其制造成本远比 PVC 高,而且只能用在低压下小直径领域。

例如,同样是直径 ϕ200,同样是 1 MPa 压力等级,PE63 管材壁厚是 18.2 mm,而 UPVC 的管材壁厚是 8.7 mm,也就是说,PE63 的管材重量是 UPVC 管材的 1.42 倍,所以在制造材料成本上,PE63 与 UPVC 相比,在材料成本上无法抗衡。

随着 HDPE 新材料、新技术的出现,这种成本(重量)上的差异发生了很大的变化。第二代聚乙烯管材料(相当于 PE80)和第三代聚乙烯管材料(相当于 PE100)的出现之后,在同样直径 ϕ200 同样压力等级及条件下,相同长度的 PE 的聚乙烯管材重量只是 U-PVC 管材的 0.93。

所以,第二代和第三代的聚乙烯管材料不仅显著地提高了 PE 的最小要求强度,而且也提高了抗环境应力开裂性能,具有显著的抗裂缝快速增长能力,更重要的是在同样使用压力下可以减少壁厚,增加输送截面积,(例如在 1 MPa 压力下输送水,ϕ200 直径的 PE100 聚乙烯管比 ϕ200PE80 的聚乙烯管壁厚可以减少 33%,输送截面增加 16%)。而在同样壁厚下增加所用的压力,可提高输送能力,例如:在同样壁厚下输送天然气,使用 PE100 的聚乙烯管输送压力可以达到 1 MPa,用 PE80 聚乙烯管输送压力只能达到 0.4 MPa。随着聚乙烯技术的改进、经济效益是显著的,最近有报道说,第四代聚乙烯管材料 PE125 已经开发成功,可以预测,更大直径、更具经济性的聚乙烯压力管道更具有广阔的使用领域。

三、聚乙烯给水管材

1. 聚乙烯给水管材检验标准

目前,我国已制定出聚乙烯给水管材的相关国家标准(GB/T 13663—2000 和 GB/T 13663.2—2005),对产品作了相关要求。

(1) 原材料的性能要求:聚乙烯给水管一定要使用分级的聚乙烯材料。我国要求采用 PE63、PE80 和 PE100 三种级别的材料。另外,对颜色、碳黑分散性也有严格的要求,详见表 5—15。

(2) 管材的液压性能要求见表 5—16。

(3)管材的物理性能要求见表 5—17。

表 5—15　聚乙烯给水管材专用料的基本要求

序　号	项　目	要　求
1	碳黑含量(%)①	2.5±0.5
2	碳黑分散①	≤3
3	颜料分散②	≤3
4	氧化诱导时间(200℃)/min	≥20
5	熔体流动速率③(5 kg,190℃)、(g/10 min)	原料和制品相差不超过±25%

①只适用于黑色管材料；

②只适用于蓝色管材料；

③仅适用于混配料。

表 5—16　管材液压性能要求

序　号	项　目	环向应力/MPa			要　求
		PE63	PE80	PE100	
1	20℃,100 h	8.0	9.0	12.4	不渗透、不破坏
2	80℃,165 h	3.5	4.6	5.5	不渗透、不破坏
3	1000℃,165 h	3.2	4.0	5.0	不渗透、不破坏

表 5—17　聚乙烯给水管材的物理性能要求

序　号	项　目		要　求
1	断裂伸长率(%)		≥350
2	纵向回缩率(110℃)(%)		3
3	氧化诱导时间(200℃)/min		≥20
4	耐候性①(管材累计接受≥3.5GJ/m² 老化能量后)	80℃,165 h 试验条件如上	不破裂,不渗透
		断裂伸长率(%)	≥350
		氧化诱导时间(200℃)/min	≥10

①仅适用于蓝色管材。

(4)卫生性能应满足 GB/T 17219 的规定要求。

(5)管材检验的分组：按 $d_n \leqslant 63, 63 < d_n \leqslant 225, 225 < d_n \leqslant 630, 630 < d_n \leqslant 1000$(mm)进行分组。

2. 检验规则

检验分出厂检验和型式检验

1)出厂检验

出厂检验项目为颜色,外观,管材尺寸,(80℃、165 h)静液压试验,断裂伸长率和氧化诱导时间。

组批

同一原料、配方和工艺连续生产的同一规格管材作为一批，每批数量不超过 100 t。生产期 7 天上不足 100 t，则以 7 天产量为一批。

2）型式检验

型式检验项目为颜色，外观，管材尺寸，20℃、100 h 静液压试验、80℃、1000 h 静液压试验，断裂伸长率，纵向回缩率、氧化诱导时间，耐候型（适用于蓝色管材），卫生性能。

若有以下情况之一，应进行型式检验：

a）新产品或老产品转厂生产的试制定型鉴定；

b）结构、材料、工艺有较大变动可能影响产品性能时；

c）产品长期停产后恢复生产时；

d）出厂检验结果与上次型式检验结果有较大差异时；

e）国家质量监督机构提出进行型式检验的要求时。

3）判定规则

颜色、外观、管材尺寸按抽样方案进行判定，其他指标有一项达不到规定时，则随机抽取双倍样品进行复验。如仍不合格，则判该批产品不合格。

四、聚乙烯燃气管

1. 聚乙烯燃气管概况

PE 燃气管是指用于输送天然气、液化气和煤气灯气体的管材。这种管材以埋地敷设为主。它是以 PE 树脂为主要原料，经挤出成型而成。早在 60 多年前，美国就开始了塑料燃气管的研究和开发。Dupont 公司从树脂到管材生产都取得了突破性的进展，荷兰在 20 世纪 60 年代就大量使用燃料燃气管线。美国、日本、德国及新加坡等国使用的 HDPE 燃气管已占全部燃气管总量的一半以上。加拿大和日本在外径小于 110 mm 的燃气管中已几乎全部采用 HDPE 管材。我国于 20 世纪末才开始研制开发 HDPE 燃气管。虽然国内市场开发起步较晚，但对采用这种塑料管道作为燃气管已逐步得到了认同。同时 HDPE 燃气管使用寿命、耐化学腐蚀性、施工、气密性、工程造价等方面均明显优于铸铁管（包括球磨铸铁管）和钢管。特别是 HDPE 燃气管专用料在性能上有了显著提高，管材的成型加工设备和挤出工艺应用技术都有很大改性和提高，因此市场发展前景很好。HDPE 燃气管将成为塑料管材行业最具发展潜力的产品之一。

2. 聚乙烯燃气管的性能指标

根据标准 GB 15558.1—2003《燃气用埋地聚乙烯管材》所规定的性能指标，PE 燃气管材的材料、外观、壁厚和公差、力学性能、物理性能有下列要求：

1）材料的要求

PE 树脂的性能应符合表 5—18 所示参数。

表 5—18　PE 燃气管专用树脂的性能

项　目	单　位	性能要求
密度	kg/m^3	≥930
熔体质量流动速率 *MFR*	g/10min	0.2～1.4，且最大偏差不应超过混配料标称值的 20%。

续表

项目	单位	性能要求
水分含量	mg/kg	＜300
挥发分含量	mg/kg	＜350
炭黑含量	%	2.0～2.5
炭黑分散	级	≤3
颜料分散	级	≤3
热稳定性(200℃)	min	＞20
全尺寸试验：d_n≥250 mm； 或 S4 试验： 管材试样壁厚≥15 mm	MPa	全尺寸试验的临界压力 $p_{c,FS}$≥1.5×MOP S4 试验的临界压力 $p_{c,S4}$≥MOP/2.4－0.072
耐气体组分	h	≥20
耐慢速裂纹增长(e_n＞5 mm)	h	165

2)对管材的性能要求

管材的力学性能符合表 5—19 要求；静液压强度(80℃)——破坏应力和相应的最小破坏时间关系见表 5—20；管材的物理性能见表 5—21。

表 5—19　聚乙烯燃气管的力学性能

项目		单位	性能
短期静液压强度	20℃	MPa	PE80:9.0 PE100:12.4 (韧性破坏时间＞100 h)
	80℃		PE80:4.5 PE100:5.4 (脆性破坏时间＞165 h)
			PE80:4.0 PE100:5.0 (破坏时间＞1000 h)
断裂伸长率		%	≥350
耐候性(管材积累接受≥3.5 MJ/m²老化能量后)			仍能满足老化前性能要求，并能保持良好的焊接性能
全尺寸试验：d_n≥250 mm； 或 S4 试验：适用于所有直径		MPa	全尺寸试验的临界压力 $p_{c,FS}$≥1.5×MOP S4 试验的临界压力 $p_{c,S4}$≥MOP/2.4－0.072
耐慢速裂纹增长(e_n＞5 mm)		h	165

表 5—20 静液压强度(80℃)——破坏应力和相应的最小破坏时间

破坏应力/MPa	最小破坏时间/h	破坏应力/MPa	最小破坏时间/h
4.5	165	5.4	165
4.4	233	5.3	256
4.3	331	5.2	399
4.2	474	5.1	629
4.1	685	5.0	1000
4.0	1000		

表 5—21 聚乙烯燃气管的物理性能

项目	单位	性能要求	试验参数	试验方法
热稳定性(200℃)	min	＞20	200℃	GB/T 17391—1998
纵向回缩率(110℃)	%	≤3	110℃	GB/T 6671—2001
熔体质量流动速率	g/10min	加工前后变化率＜20%	190℃,5 kg	GB/T 3682—2000

第四节 交联聚乙烯(PE－X)管材

一、交联聚乙烯管材简介

1. 交联聚乙烯管材分类

由于普通聚乙烯耐热性、机械强度、耐老化性等较差,从而限制了聚乙烯在许多领域的应用。为了提高其性能,将聚乙烯交联是最好的方法。所谓交联,就是通过高能射线或化学物质将线型或轻度支链型的高分子转化为网状的分子结构,在分子间架起化学键,经交联的聚乙烯不仅提高了耐热性、耐磨性、机械强度,而且提高了耐环境应力开裂性和抗蠕变性等,延长了使用寿命。

交联聚乙烯管材按交联工艺的不同分为过氧化物交联聚乙烯(PE－X_a)管材、硅烷交联聚乙烯(PE－X_b)管材、电子束交联聚乙烯(PE－X_c)管材和偶氮交联聚乙烯(PE－X_d)管材。

由于大分子结构不同,大分子键型也有区别,因此几种 PE－X 管的性能是不完全相同,主要表现在耐热性能(热强度)、抗蠕变性能和抗应力开裂性存在一定差异。一般来说,大分子结构中,二维网状结构的大分子,其热运动比较容易,三维体型结构的大分子,其热运动稍难。PE－X_a 的大分子以二维网状结构为主,而 PE－X_b 和 PE－X_c 的大分子则以三维体型结构为主。

生产 PE－X 管材主要采用化学交联法,化学交联法有过氧化物交联法和硅烷交联法,硅烷交联法又分为一步法和二步法。

(1)过氧化物交联聚乙烯管(PE－X_a)

过氧化物交联法是以有机过氧化物为交联剂,采用柱塞式成型机生产 PE－X 管材。此种方法生产速度较慢，交联度标准要求≥70%，实际水平一般为90%以上，虽然交联度较高，产品仍然比较柔软，其原因是分子结构为碳—碳交联，耐高温和耐低温性较硅烷交联的PE－X管差些。但只要产品符合标准要求，用于地暖是可行的。

(2)硅烷交联聚乙烯管(PE－X_b)

硅烷交联聚乙烯的交联剂是乙烯基硅烷。首先是聚乙烯与硅烷的乙烯基在挤出机中进行接枝反应，然后硅烷接枝的聚乙烯在热水或蒸汽中进行水解交联。形成分子结构为三维网状结构。

硅烷交联聚乙烯管材的生产原理，首先是引发剂中过氧化物受热分解，成为化学活性很高的游离基，这些游离基夺取聚乙烯分子中的氢原子使聚乙烯主链带有活性游离基，然后与硅烷发生接枝反应，接枝后的聚乙烯管材在水的作用下，发生水解缩合反应，形成硅烷交联聚乙烯。

硅烷交联聚乙烯管材的生产方法有两种，即二步法和一步法。二步法是将聚乙烯树脂、硅烷、引发剂和抗氧剂、催化剂分别制成甲、乙两种组分母料，然后将甲、乙两种母料按一定配比混合后制成管材；一步法是将所用的聚乙烯、硅烷等原料分别计量后，在专用挤出机中混配，直接挤出成型管材。无论是二步法还是一步法制成的管材，均要在热水或蒸汽中进行水解交联，最后成为PE－X管。

二步法较一步法虽然工艺复杂，但对设备要求不甚高，采用一般挤管机即可生产，而一步法对工艺技术和设备要求较高，一般采用的是引进国外先进设备或国内制造的PE－X管材专用设备。

2. 交联聚乙烯管材的原料

交联聚乙烯是以高密度聚乙烯作为主要原料，通过高能射线或化学引发剂的作用，将线性大分子结构转变为空间网状结构的热固性塑料。

聚乙烯为线性结构的热塑性塑料普通聚乙烯分子的相对分子质量为4万～30万。做一个通俗的比喻：聚乙烯分子链相当于一个非常长的带有分叉的绳索，而这个绳索本身具有类似于蛇类的缠绕能力，相互缠结，穿透成为一个整体。当温度升高时，这种缠结穿透的力量就削弱，同时绳索本身的强度下降，柔韧度升高。当温度升高到一定的程度，这种能力就会完全消失，材料就会流动，从而可以加工成各种形状。当温度下降时，又会恢复这种能力。当温度继续下降时，下降到非常低的时候，绳索会变得脆弱，容易折断。交联过程就是相当于将这些绳索相互打结，织成一个立体网的过程。打的结越多，其网状结构越密，也就是交联度越高，其流动的性能就越低。

交联可以明显地改善聚乙烯的性能。交联聚乙烯具有卓越的耐环境应力开裂性、耐热性及热强度、耐热老化性、耐蠕变性、较高的抗撕裂性、抗缺口开裂性、电绝缘性、阻燃性、阻隔性、耐汽油性和芳烃性，并克服了普通聚乙烯对填料的敏感性。

3. 交联聚乙烯管的主要应用领域

1)建筑用冷热水供应系统。它适用于住宅和公寓等民用建筑，以及商业办公楼、医院等公用建筑物内的冷热水管道系统，是代替传统镀锌钢管的管材之一。

2)建筑用空调冷热水系统。它适用于各类公用建筑内的集中空调用冷热水管。

3)房屋建筑集中供暖系统。它适用于集中供暖系统中各类建筑物内供热用热水管道以及新型的家用独立供暖系统用热水管道。

4)地面辐射采暖系统。交联聚乙烯管在国外普遍应用于地面采暖系统。它适用于家庭起居室、卧室以及公用浴池、游泳池、幼儿园、托儿所、养老院等采暖用。它还适用于其他特殊需要用地面采暖管道的场所。

5)管道饮用水系统。交联聚乙烯管具有无毒、无有害物质、不滋生细菌的特性,是管道饮用水系统的理想管材(PE－X_b 除外)之一。

6)家用热水器系统配管及各类接驳管。食品工业中饮料、酒类、牛奶等流体的输送管线(PE－X_b 除外)。

7)化工、石油工业流体输送管线,制冷系统及水处理系统管线。

8)其他相关工业技术领域用管。

二、建筑物内冷热水系统用交联聚乙烯管技术要求

1. 技术要求

交联聚乙烯管材的技术要求应满足 GB/T 18992.2—2003 的要求。该标准中所规定的技术要求项目包括:颜色、外观、不透光性、规格尺寸、力学性能、物理和化学性能、管材的卫生性能、系统适用性(静液压试验、热循环、循环压力冲击、耐拉拔、弯曲、真空六种系统适用性试验)。具体要求如下:

1)力学性能的技术要求见表 5—22。

表 5—22　PE－X 管材力学性能

项　目	要　求	试验参数		
		静液压压力/MPa	试验温度/℃	试验时间/h
耐静液压	无渗漏、无破裂	12.0	20	1
		4.8	95	1
		4.7	95	22
		4.6	95	165
		4.4	95	1000

2)管材的物理和化学性能要求见表 5—23。

表 5—23　PE－X 管材的物理和化学性能

项目	试验环应力/MPa	试验温度/℃	试验时间/h	试验数量	指标
纵向回缩率	—	120	($e_n \leqslant 8$ mm)1 (8 mm $< e_n \leqslant 16$ mm)2 ($e_n > 16$ mm)4	3	<3%
静液压状态下热稳定试验	2.5	110	8760	1	无破裂 无渗漏

续表

项目	试验环应力/MPa	试验温度/℃	试验时间/h	试验数量	指标
交联度					
过氧化物交联			≥70%		
硅烷交联			≥65%		
电子束交联			≥60%		
偶氮交联			≥60%		

3)PE－X 管材的系统适用性

PE－X 管材与管件连接后应通过静液压试验、热循环、循环压力冲击、耐拉拔、弯曲、真空六种系统适用性试验。具体要求见表 5—24～表 5—29。

表 5—24 静液压试验

管系列	试验温度/℃	试验压力/MPa	试验时间/h	试样数量
S6.3	20	$1.5p_D$	1	3
	95	0.70	1000	
S5	20	$1.5p_D$	1	
	95	0.88	1000	
S4	20	$1.5p_D$	1	
	95	1.10	1000	
S3.2	20	$1.5p_D$	1	
	95	1.38	1000	

表 5—25 热循环试验条件

项目	级别 1	级别 2	级别 4	级别 5
最高设计温度/℃	80	80	70	90
最高试验温度/℃	90	90	80	95
最低试验温度/℃	20	20	20	20
试验压力/MPa	p_D	p_D	p_D	p_D
循环次数	5000	5000	5000	5000
每次循环的时间	一个循环周期的时间(30＋2)min,包括(15＋1)min 最高试验温度和(15＋1)min 最低试验温度			
试样数量	1			

表 5—26　循环压力冲击试验条件

最高试验压力/MPa	最低试验压力/MPa	试验温度/℃	循环次数/次	试样数量/件	循环频率（次/分钟）
1.5±0.05	0.1±0.05	23±2	10000	1	≥30

表 5—27　耐拉拔试验条件

温度/℃	系统设计压力/MPa	轴向拉力/N	试验时间/h
23±2	所有压力等级	$1.178d_n^2$	1
95	0.4	$0.314d_n^2$	1
95	0.6	$0.471d_n^2$	1
95	0.8	$0.628d_n^2$	1
95	1.0	$0.785d_n^2$	1

表 5—28　弯曲试验条件

项　目	级别 1	级别 2	级别 4	级别 5
最高设计温度/℃	80	80	70	90
管材材料的设计应力/MPa	3.85	3.54	4.00	3.24
试验温度/℃	20	20	20	20
试验时间/h	1	1	1	1
管材材料的静液压压力/MPa	12	12	12	12
试验压力/MPa				
设计压力为：0.4	1.58	1.58	1.58	1.58
0.6	1.87	2.04	1.80	2.23
0.8	2.50	2.72	2.40	2.97
1.0	3.12	3.39	3.00	3.71
试样数量	3			

表 5—29　真空试验参数

项　目	试验参数		要　求
真空密封性	试验温度	23℃	真空压力变化≤0.005 MPa
	试验时间	1 h	
	试验压力	−0.08 MPa	
	试样数量	3	

2. 检验规则

同一原料、配方和工艺连续生产的管材作为一批，每批数量为 15 t，不足 15 t 按一批计。一次交付可由一批或多批组成，交付时应注明批号，同一交付批号产品为一个交付检验批。

1)定型检验

定型检验的项目为规定的全部技术要求。同一设备制造厂的同类型设备首次投产或原料发生重大变化可能严重影响产品性能时，按表规定选取每一尺寸组中任一规格的管材进行定型检验。

定型检验中的热稳定性试验应在投产 18 个月内完成。系统的适用性试验应在产品投产 12 个月内完成，当管件材料或结构型式发生变化时也须进行该项试验。

2)出厂检验

产品须经生产厂质量检验部门检验合格后并附有合格标志，方可出厂。出厂检验项目为外观、尺寸、纵向回缩率、静液压试验和交联度。

3)型式检验

按表规定选取每一尺寸组中任一规格的管材进行型式检验。

管材型式检验项目为除静液压状态下的热稳定性试验和系统适用性以外的所有试验项目。

一般情况下，每隔两年进行一次型式检验。若有下列情况之一，也应进行型式检验：

a)正式生产后，若材料、工艺发生较大变化，可能影响产品性能时；

b)因任何原因停产半年以上恢复生产时；

c)出厂检验结果与上次型式检验结果有较大差异时；

d)国家质量监督检验机构提出进行型式检验要求时。

4)判定规则

外观、尺寸按表进行判定。输送生活饮用水的管材的卫生指标有一项不合格判为不合格批。其他指标有一项达不到规定时，则随机抽取双倍样品进行该项复验，如仍不合格，则判该批为不合格批。

第五节　耐热聚乙烯(PE－RT)管材

一、耐热聚乙烯管材简介

1. 耐热聚乙烯管材原料

PE－RT(polyethylene of raised temperature resistance)树脂是乙烯和少量辛烯的特殊共聚体，通过分子设计进行支链分布控制而得到独特的分子结构，使其具有优异的抗压力开裂性和优良的静压强度。PE－RT 是一种可以用于生产热水管道的非交联聚乙烯材料。PE－RT 是一种新型的中等密度聚乙烯材料，世界上有美国陶氏化学和韩国 SK 化学两家成功开发并投向市场。目前两家公司的产品的长期稳定性均已获得国际专业认证机构 Bodycote 的测试认可。材料以辛烯作为共聚单体，通过精确控制聚合而得到独特的分子结构，使得材料的耐热、耐长期静压及抗应力开裂等性能都得到显著的强化。

2. PE－RT 管材介绍

PE－RT 管材、管件是由耐热聚乙烯专用料即中密度(乙烯—辛烯)共聚物经挤塑、注塑而成。该专用料是通过选用辛烯共聚单体,在聚合反应中对聚乙烯分子链上支链的数目和分布进行适度的控制,使其具有耐热的性能。

PE－RT 管具有耐热、耐低温和可热熔连接的特性,可广泛用于工业及民用建筑的冷热水、饮用水输送和地板采暖及散热器采暖等工程领域。目前,在低温热水地板辐射采暖领域中应用最为广泛。

PE－RT 管的产品分类:

管材按结构的不同分为带阻氧和不带阻氧两种。管材按尺寸分为 S6.3,S5,S4,S3.2,S2.5 五个管系列。管件按连接方式不同分为热熔承接连接管件,电热熔承接连接管件和机械连接管件。管件按管系列 S 分类与管材相同,管件壁厚不应小于相同管系列 S 的管材的壁厚。

3. PE－RT 管材的优点

1) 具有良好的抗蠕变性能和优良的长期耐静压能力。在较高使用温度下仍然保持较好的耐压性,短期使用温度可达 90℃,长期使用温度可达 70℃～80℃(根据管系列的不同)。从蠕变曲线上看,PE－RT 的耐温升虽然稍逊于 PB 管道,却与采暖管材市场上最常用的PE－X(交联聚乙烯)相当,具有较好的性能价格比。

2) 耐低温抗霜冻性好,在低温下仍可以保持高弹性,可用于室外路面融雪等特殊的使用场合。PE－RT 材料秉承了普通中密聚乙烯材料的耐低温特性,可以在－40℃的低温下工作,这是 PB 材料和 PE－X 所无法比拟的。

3) 重量轻、柔韧性好,可盘管使用,正符合地板辐射采暖的要求。PE－RT 的弯曲模量和弹性与 PE－X 相近。

4) 具有良好的抗化学腐蚀性和抗酸碱性。这和 PE 的基本性质相同。

5) 无毒、无味、卫生性能好。而 PE－X 材料由于交联试剂的使用,卫生性能不理想。

6) 热传导性好,符合采暖的要求。

7) 安装简易,连接方便。PE－RT 管材可以使用热熔承插连接,而 PE－X 和铝塑管使用丝扣等机械连接方式,相比之下 PE－RT 管材的连接方式更加方便可靠。

8) 材料可以回收,具有环保效益。PE－RT 为热塑性材料,一些废弃的管材可以通过少量比例回加到原料中而得到回收。而 PE－X 材料加工成管材后,由热塑性材料变成了热固性,无法回收利用,给 PE－X 管材带来了一定的环保压力。

9) 具有优异的抗冲击性,受到冲击后可很快地恢复原状。

4. PE－RT 管的安装和使用特点

耐低温性能优越,冬季施工时弯曲管材无需预热。

管材柔软型好,优于 PP－R 和 PE－X 管材,易于安装,尤其是地面辐射采暖工程。管道施工后不易出现“回弹”现象,易于施工操作。管道弯曲后弯曲部分应力可以很快得到松弛,从而避免长期使用过程中,由于应力集中引起管道弯曲处的破裂现象。

较好的热稳定性和长期耐压性能。

接头可以热熔连接,也可使用螺母压紧式或卡压式的金属接头连接。有多种方式可供选择,便于管道系统的施工和安装。

环保型产品。符合国家饮用水要求，同时可以回收再利用。

PE－RT 管的热膨胀系数较大，热胀冷缩变形明显。管道柔软，易受机械性损伤，造成开裂。明装不是最佳安装方式。因此工程上较多地采用暗埋和暗敷的安装方式。

二、建筑物内冷热水系统用耐热聚乙烯管技术要求

1. 检验标准和技术要求

目前国内 PE－RT 管材适用的标准为 CJ/T 175—2002，根据该标准，PE－RT 管材的技术要求包括以下项目：外观、规格及尺寸、物理力学性能、透氧率、卫生性能、系统适用性，见表 5—30～表 5—34。

表 5—30　PE－RT 管材、管件的物理力学性能

项目	试验环应力/MPa	试验温度/℃	试验时间/h	试验数量/件	指标
纵向回缩率	—	110	($e_n \leqslant 8$ mm)1 (8 mm $< e_n \leqslant 16$ mm)2 ($e_n > 16$ mm)3	3	<3%
静液压试验	10.00	20	1	3	无破裂 无渗漏
	3.55	95	165	3	
	3.50	95	1000	3	
静液压状态下热稳定试验	1.9	110	8760	1	无破裂 无渗漏
溶体质量流动速率 *MFR*(190℃,2.16 kg)g/10min				3	变化率≤原料的 30%

表 5—31　系统静液压试验

试验温度/℃	试验环应力/MPa	试验时间/h	试验数量件
95	3.05	1000	3

表 5—32　耐拉拔试验

管系列	试验温度/℃	轴向拉力/N	试验时间/h	试样数量/件
S6.3	23	$1.178d_n^2$	1	3
	90	$0.314d_n^2$		
S5	23	$1.178d_n^2$	1	3
	90	$0.471d_n^2$		
	95	$0.314d_n^2$		

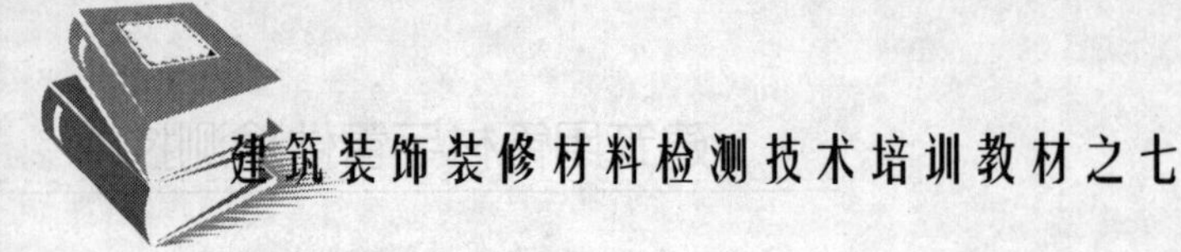

续表

管系列	试验温度/℃	轴向拉力/N	试验时间/h	试样数量/件
S4	23	$1.178d_n^2$	1	3
	90	$0.471d_n^2$		
S3.2	23	$1.178d_n^2$	1	3
	90	$0.628d_n^2$		
S3.2	95	$0.471d_n^2$	1	3
S2.5	23	$1.178d_n^2$	1	3
	90	$0.785d_n^2$		
	95	$0.628d_n^2$		

表 5—33　循环压力冲击试验条件

最高试验压力/MPa	最低试验压力/MPa	试验温度/℃	循环次数/次	试样数量/件	循环频率(次/min)
1.5±0.05	0.1±0.05	23±2	10000	1	≥30

表 5—34　热循环试验

管系列	最高试验温度/℃	最低试验温度/℃	试验压力/MPa	循环周期次数/次	试样数量/件
S6.3	95	20	0.4	5000	1
S5	95	20	0.6	5000	1
S4	95	20	0.6	5000	1
S3.2	95	20	0.8	5000	1
S2.5	95	20	1.0	5000	1

注：一个循环周期的时间(30±2)min，包括(15±1)min 最高试验温度和(15±1)min 最低试验温度。

2. 检验规则

检验分为出厂检验、型式检验和定型检验。

1) 出厂检验的项目包括外观要求、尺寸、纵向回缩率、管材 20℃/h 和 95℃/165h 静液压试验、熔体质量流动速率试验。

2)若有以下情况之一，应进行型式检验：

a)正式生产后，若结构、材料、工艺有较大改变，可能影响产品性能时；

b)产品因任何原因停产半年以上恢复生产时；

c)出厂检验结果与上次型式检验结果有较大差异时；

d)国家质量监督机构提出进行型式检验要求时。

一般情况下，每隔两年进行一次型式检验。型式检验的项目包括所有出厂检验项目和 95℃/1000h 静液压试验、透氧率、卫生性能、系统静液压试验、耐拉拔试验、耐弯曲试验。

3)定型检验

同一设备制造厂的同类设备首次投产或原材料发生变动时或管材选配管件定型时，应进行定型检验，定型检验为全部技术要求。

第六节　硬聚氯乙烯(PVC—U)管材

一、硬聚氯乙烯(PVC—U)管材概述

1. 简介

聚氯乙烯(PVC)是目前产量仅次于聚乙烯的第二大通用塑料，广泛应用于各行各业中。其中PVC硬质制品(PVC—U)占其总量的60%，且正朝着高韧性高强度的新领域发展。PVC—U管材广泛应用于给水、建筑排水、排污、化工等领域，是PVC—U制品中重要的种类，也是塑料管道中使用最广泛的产品之一。

2. 发展历史

1835年，法国化学家雷诺首先发现了氯乙烯(VC)，3年后他又观察到PVC树脂，1842年包曼通过研究确定了PVC的密度和基本结构式。雷诺在实验室采用碱皂法制取氯乙烯，即把1,2—二氯乙烷与芳性钾酒精溶液混合，静置4天，然后加热进行反应。此后人们进行了大量的研究和改进，但都不适合工业化生产。

PVC树脂是1872年由包曼开始详细研究的。老的聚合方法采用光聚合和热压聚合。在20世纪一二十年代里，研究工作异常活跃。在改进热压聚合方法的基础上出现了引发聚合、溶液聚合、乳液聚合、连续乳液聚合、悬浮聚合和特种聚合等多种方法。其中乳液聚合方法生产比较容易控制，聚合速度较快，且能得到颇为均一的长链聚合物。1931年首先在德国法本公司实现小规模工业生产，德国大多数工厂采用乳液聚合法。1933年美国碳化学公司采用溶液聚合法建立了小型工厂。

自20世纪40年代悬浮聚合法替代乳液聚合和溶液聚合法成为主流生产方法后，20世纪五六十年代悬浮聚合工艺又有了进一步提高，特别是聚合后处理——干燥、包装、贮运的密闭化，减少尘埃，大大提高了质量。在20世纪五六十年代树脂质量有所提高的同时，出现了硬质制品成型加工的新型热稳定剂和挤出机，促进了硬制品的加工与应用。特别是在给排水管道和建筑领域打开了应用市场。

3. 硬聚氯乙烯(PVC—U)管材

硬聚氯乙烯(PVC—U)管是国内外发展最早、产量最大、使用最为广泛的塑料管材。自20世纪40年代起由欧洲、美国、日本等地相继开发、推广。我国从20世纪60年代开始使用，广泛应用于建筑和市政的排水和给水工程中。2005年，我国塑料管道用量约为240万吨，其中PVC管道的应用量约为130万吨。据调查，PVC—U管中大约45%用于各种排水领域，其中主要是建筑物排水管，30%左右用于供水领域，15%左右用于各种护套管。

二、硬聚氯乙烯管的主要特性与分类

1. PVC—U管的主要特性

(1)耐化学腐蚀好，不生锈；

(2)具有自熄性和阻燃性；

(3)耐老化性能好，可在－15℃～60℃之间使用30～50年；

(4)内壁光滑，内壁表面张力小，很难形成积垢，流体输送能力比铸铁管高43.7%；

(5)密度低，约为铁管的1/5，施工安装便利，安装工作量仅为钢管的1/2，故劳动强度低、工期短；

(6)电性能良好，体积电阻率 1×10^{15} Ω·cm～3×10^{15} Ω·cm，击穿电压23 kV/mm～28 kV/mm；

(7)管材韧性低，线膨胀系数不大，使用温度范围窄。

(8)PVC－U管刚性好，并可达到建筑材料难燃性能的要求，使用寿命长。接口方式可采用粘接或胶圈柔性接口连接，安装较为简便。

2. 分类

PVC－U管一般可分为压力管和非压力管。

压力管主要用于城乡供水管、建筑给水管和低压农业灌溉管。

非压力管主要用作建筑排水管和城镇排水管和电线套管。

建筑排水管可区分为：实壁管、内螺旋实壁管、双壁内螺旋管、芯层发泡管等。

城镇排水管又可区分为：实壁管、双壁波纹管、径向加筋管等。

三、给水压力管

1. 原料与配方

PVC－U压力管的生产应采用专用的混配料。混配料应以PVC树脂为主，其中加入必需的添加剂，所有添加剂应分散均匀。PVC树脂应符合标准GB/T 5761—1993的要求，树脂的 K 值应大于64，氯乙烯单体含量小于5 mg/kg。

PVC－U饮用水管，因涉及人身安全，卫生性能要求很高。所选用的PVC树脂应为食品级树脂，其中氯乙烯单体(VCM)含量必须低于 10^{-6}(≤1 ppm[②])。同时，在生产管材过程中，由于PVC的黏流温度 T_f(136℃)与分解温度 T_d(140℃)非常接近，需要加入热稳定剂。热稳定剂中性价比最好的是铅盐。但因重金属铅会在人体内造成累积，对人体健康潜存隐患。因此，国际上使用铅盐稳定剂的PVC－U给水管正在逐步退出饮用水管的市场。2004年3月18日建设部发布的《关于发布〈建设部推广应用和限制禁止使用技术〉的公告》(建设部第218号)，以及2006年8月1日开始执行的GB/T 10002.1——2006《给水用硬聚氯乙烯(PVC－U)管材》新标准，提出PVC－U供水管应禁止使用铅盐稳定剂。因此当前国内PVC－U饮用水管基本上采用有机锡稳定剂或钙—锌稳定剂生产。实现了饮用水管无铅化，只要符合国标要求的管，可放心使用。

2. 管材壁厚的确定

在设计管材尺寸时，长期强度(最小要求强度 MRS)起着决定性作用。

根据《压力用管材和管件的热塑性塑料材料—分级和命名—总体使用(设计)系数》ISO 12162，设计应力 σ_s 由式(5—2)计算：

$$\sigma_s = MRS/C \qquad (5—2)$$

② 1ppm＝1×10^{-6}。

式中 σ_s——设计应力，MPa；

MRS——最小要求强度，MPa；

C——总使用(设计)系数。

总体使用系数 C 按管材公称外径 d_e 分两个档次选择，即 $d_e \leqslant 90$ mm，C 选用 2.5，设计应力 σ_s 为 10 MPa；$d_e \geqslant 110$ mm，C 选用 2，设计应力 σ_s 为 12.5 MPa。

在不同公称压力 PN 下各种公称外径管材的壁厚计算，都是按照式(5—3)计算：

$$e_n = \frac{d_e}{\frac{2\sigma_s}{PN}+1} \tag{5—3}$$

式中 e_n——壁厚，mm；

d_e——公称外径，mm；

σ_s——设计应力，MPa；

PN——公称压力，MPa。

3. 使用范围、规格尺寸与连接方式

PVC－U 给水管主要适用于建筑物内的给水管和城乡供水的室外埋地管。据国内城乡供水管网的统计资料表明，选用口径多在 d_n250 mm 及其以下。

PVC－U 管道系统通常采用承插式弹性密封圈接口或插入式粘接接口，安装时，由于不用工作坑即可完成安装，同时 PVC－U 管也可以省去钢管、铸铁管的那些复杂繁琐的内外防腐工序。则可使 PVC－U 管的安装时间减少 60％以上，安装费降低 50％以上。

还有一种连接方式是法兰连接。一般适用于 PVC－U 管与金属管等其他管材、阀件的连接上。

四、排水非压力管

(一)PVC－U 建筑排水管

1. PVC－U 建筑排水管

PVC－U 建筑排水管是塑料管材在建筑领域里应用最早、用量最大的品种之一。PVC－U 排水管外观漂亮、光洁、不结露，内壁光滑、不易堵塞，质轻，便于加工、安装，可减轻劳动强度，缩短工期、提高工作效率。工程造价低于铸铁管，节省金属与能源，耐化学腐蚀，不结垢。

生产管材的原料为硬聚氯乙烯混配料。混配料应以 PVC 树脂为主，加入必需的添加剂，添加剂应分散均匀。管材的混配料中，PVC 的树脂质量百分含量不宜低于 80％，允许使用本厂产生的清洁回用料。

适用于建筑物内或住宅小区内排水用管材。在考虑材料的耐化学性和耐热性的条件下，也可用于工业排水用管材。连接方式有胶粘剂连接和弹性密封圈连接。

2. 降噪管材

由于普通塑料排水管材质轻、壁薄，在使用中容易产生噪声，给使用者造成一定的不便。特别是随着现代人生活水平的提高、环境意识的增强，人们对于工作和居住环境的噪声问题越来越重视。有关文献指出，发达国家中人们在室内滞留的时间已占全天的 90％，人们对室内环境的要求也越来越高。除了对室内装潢、照明、温湿度、空气洁净程度等提出了一定的要求外，人们对室内声环境也有了较高的要求，它关系到人们的安全、健康、舒适等。建筑排水噪声对人们生活的影响已不容忽视。建筑内部排水系统的噪声是建筑噪声最主要的来源之一，直接影响着人们的正常生活和工作。所以如何防治室内排水噪声、减小噪声污染显得非常必要。

根据国标 GBJ 118—1988《民用建筑隔声设计规范》中的规定：夜间卧室噪声不得超过 30 dB，最高不得超过 40 dB。而在实际测试中，目前相当部分的普通排水管材及管件排水时所产生的噪声远大于 40 dB。在工程实例中，也不乏由于管道产生噪声而干扰居民睡眠和产生烦恼效应以及由此引起的神经衰弱和其他非特异性疾病等。鉴于此，市场上涌现出了一大批隔音、消音管材及管件等降噪产品，品种繁多，目前主要有以下几种：

(1)PVC－U 芯层发泡管；

(2)PVC－U 内螺旋管；

(3)PVC－U 双壁中空管；

(4)PVC－U 双壁中空内螺旋管。

以上四种管材的示意图见图 5—4～图 5—7。

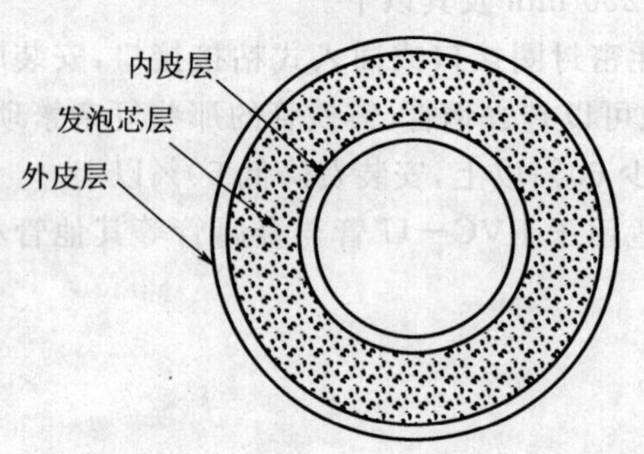

图 5—4 芯层发泡管剖面图

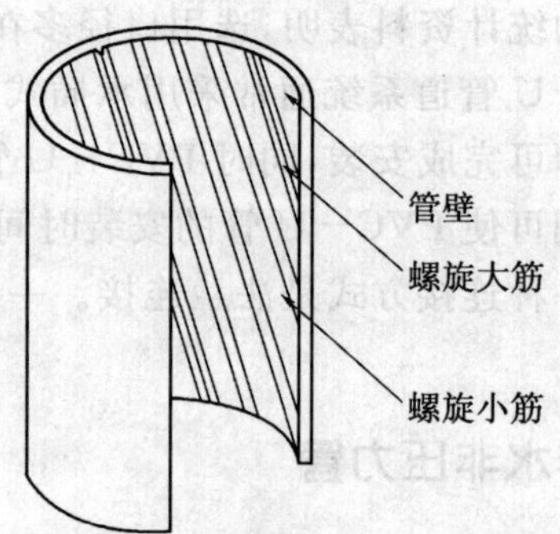

图 5—5 内螺旋管立体剖面图

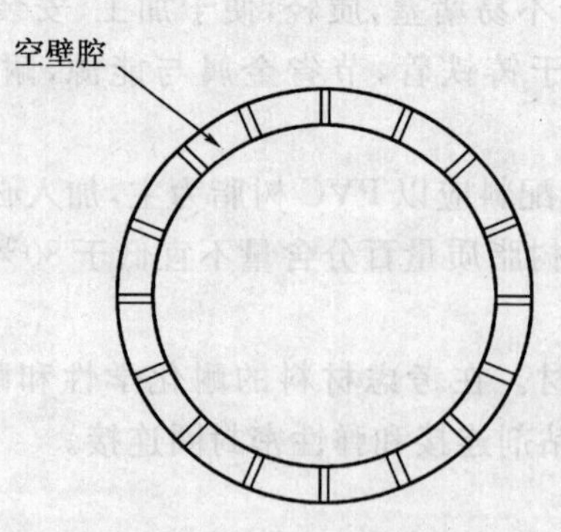

图 5—6 双壁中空管剖面图

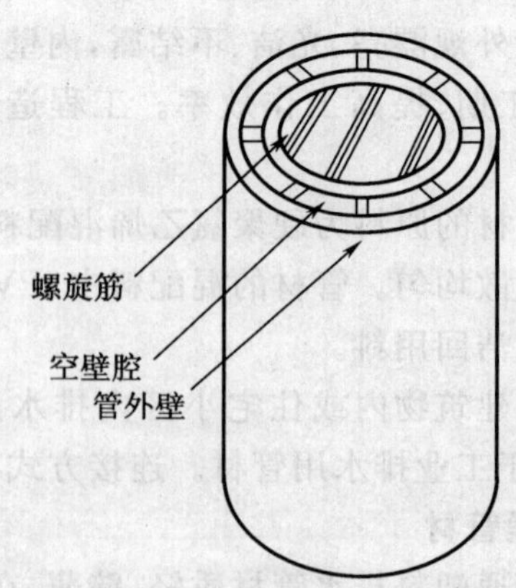

图 5—7 中空壁内螺旋管剖面图

内螺旋管由若干条凸起三角形肋条，沿内壁均匀地呈螺旋线分布，螺旋线与管轴线呈一定的夹角（理论上可推导出，螺旋线与管轴线保持这种夹角时，排水管具有最佳的排水能力和通气效果）。水流进入立管后，在螺旋肋的导流作用下，沿内壁形成较为稳定而密实的水流膜旋流，旋转下落。由于水流紧贴管壁，避免了横向水流进入立管后，对立管壁的反复冲撞，由此大大减小了水流对排水立管的撞击噪声。同时由于水流沿立管壁旋转下落，管中形成了一个畅通的漩涡空气柱，减少了管道内的压力波动，避免了横向水流被冲撞后散乱落下与空气相遇形成的管道噪声和混杂夹带气泡产生的噪声。

双壁中空管和芯层发泡管则是利用中空或芯层发泡形成的多孔结构起到隔声和吸声的作用，从而降低排水时所产生的噪声。然而，排水管道受到水的冲击而振动，本身就是声源，中空或发泡结构由于管材的质量较小，更容易受到震动发出噪声，因此在实际测试时，一些双壁中空管材和芯层发泡管材的降噪效果并不是很理想，甚至有些不如普通的排水管材。

目前，降噪管材以 PVC 材质为主，有其他少量的复合降噪管（如 PP 静音管等）。

然而，降噪管材行业在蓬勃兴起的同时，由于管材质量的良莠不齐，且国内没有一种统一的测试方法和评价体系，给建筑设计者带来了判断上的困难，也给塑料管道行业也带来了一定的影响。鉴于此，国家建筑材料测试中心正负责编制标准《排水管材及管件的噪声测试方法》，该标准等同采用欧标 EN 14366:2004《废水装置噪声的实验室测量》。该标准于 2007 年开始编制，2009 年 3 月完成报批稿。

（二）城镇排水管

1. 原料与配方

（1）PVC－U 排水用实壁管。以 PVC 树脂为主要原料，加入必要的添加剂，其中的聚氯乙烯树脂含量（质量分数）不少于 80％。

（2）PVC－U 双壁波纹管。以 PVC 树脂为主，其含量一般在 80％以上，当使用符合条件的碳酸钙作填料时，PVC 树脂含量应在 75％以上，其余为稳定剂、润滑剂、加工助剂、填料及其他助剂。

（3）PVC－U 径向加筋管。以 PVC 树脂为主要原料，可加入为提高管材加工性能和物理力学性能所必需的添加剂，允许使用本厂的清洁回用料。

2. 适用范围、规格尺寸与连接方式

（1）PVC－U 排水实壁管。连接方式有弹性密封圈连接（适用于管材外径 110 mm～1000 mm）和粘接式连接（110 mm～200 mm），主要用于无压埋地排污、排水管道系统，在考虑了材料的耐化学性和耐热性条件下，也可用于工业用无压埋地排污管道系统。

（2）PVC－U 双壁波纹管。一般采用橡胶密封圈连接。它可应用于城镇排水、埋地无压农田灌溉和建筑物外排水。在考虑到材料的耐化学性和耐热性后亦可用于工业排污。

（3）PVC－U 加筋管。适用于市城镇排水工程，公共建筑室外、住宅小区的埋地排污、排水、排气用管材，通讯线缆穿线管材。它也可用于系统工作压力不大于 0.2 MPa、公称尺寸不大于 300 mm 的低压输水灌溉。管材的连接使用弹性密封圈连接方式。

五、硬聚氯乙烯（PVC－U）管材技术要求

1. 建筑排水用 PVC－U 管材技术要求

（1）技术要求

目前国内建筑排水用PVC－U管材适用的标准为GB/T 5836.1—2006，根据该标准，PVC－U排水管材的技术要求包括以下项目：颜色、外观、尺寸、密度、维卡软化温度、纵向回缩率、二氯甲烷浸渍试验、拉伸屈服强度、落锤冲击试验、系统适用性试验（水密性试验、气密性试验），见表5—35～表5—36，其中系统适用性针对于弹性密封圈连接型接头。弹性密封圈连接型管材用弹性密封圈性能应符合HG/T 3091—2000的相关要求。

表5—35　管材物理力学性能

项　目	要　求
密度/(kg/m³)	1350～1550
维卡软化温度(VST)/℃	≥79
纵向回缩率(%)	≤5
二氯甲烷浸渍试验	表面变化不劣于4 L
拉伸屈服强度/MPa	≥40
落锤冲击试验 *TIR*	*TIR*≤10%

表5—36　系统适用性

项　目	要　求
水密性试验	无渗漏
气密性试验	无渗漏

(2)检验规则

用相同原料配方、同一工艺和同一规格连续生产的管材作为一批，每批数量不超过50 t，如果生产7天仍不足批量，以7天产量为一批。

管材出厂检验和型式检验见表5—37。

表5—37　检验项目

检验类别	检验项目
出厂检验	颜色、外观、尺寸、纵向回缩率、落锤冲击试验
型式检验	颜色、外观、尺寸、密度、维卡软化温度、纵向回缩率、二氯甲烷浸渍试验、拉伸屈服强度、落锤冲击试验 *TIR*、水密性试验、气密性试验

产品需经生产厂质量检验部门检验合格并附有合格标志方可出厂。

型式检验一般情况下每两年至少一次。若有以下情况之一，应进行型式检验：

a)新产品或老产品转厂生产的试制定型鉴定；

b)结构、材料、工艺有较大变动可能影响产品性能时；

c)产品长期停产后恢复生产时；

d)出厂检验结果与上次型式检验结果有较大差异时；

e)质量监督机构提出进行型式检验时。

在进行上述任一检验时，如“颜色、外观、不透光性、尺寸”中任意一条不符合规定时，则判该批为不合格。物理力学性能（密度、维卡软化温度、纵向回缩率、二氯甲烷浸渍试验(15℃，15 min)、落锤冲击试验(0℃)*TIR*)中有一项达不到要求，则在该批中随机抽取双倍样进行该项复验。如仍不合格，则判该批为不合格批。卫生性能指标有一项不合格则判为不合格批。

2. 给水用硬聚氯乙烯(PVC－U)管材技术要求

(1)技术要求

目前国内给水用 PVC－U 管材适用的标准为 GB/T 10002.1—2006，根据该标准，给水用 PVC－U 管材的技术要求包括以下项目：颜色、外观、尺寸、密度、维卡软化温度、纵向回缩率、二氯甲烷浸渍试验、落锤冲击试验、液压试验、系统适用性试验（连接密封试验、偏角密封试验、负压密封试验）、卫生性能，见表 5—38～表 5—40，其中偏角密封试验和负压密封试验仅针对于弹性密封圈接头。

表 5—38　物理性能

项　目	技术指标
密度/(kg/m³)	1350～1460
维卡软化温度(*VST*)/℃	≥80
纵向回缩率(%)	≤5
二氯甲烷浸渍试验(15℃，15 min)	表面变化不劣于 4 N

表 5—39　力学性能

项　目	技术指标
落锤冲击试验(0℃)*TIR*(%)	≤5
液压试验	无破裂，无渗漏

表 5—40　系统试验

项　目	要　求
连接密封试验	无破裂，无渗漏
偏角试验①	无破裂，无渗漏
负压试验①	无破裂，无渗漏

①仅适用于弹性密封圈连接方式。

连接用胶粘剂应符合 QB/T 2568—2002，弹性密封圈应符合 HG/T 3091—2000。

输送饮用水的管材的卫生性能应符合 GB/T 17219—1998 的要求，另外，其氯乙烯单体含量应不大于 1.0 mg/kg。

(2)检验规则

用相同原料、配方和工艺生产的同一规格的管材作为一批。当 $d_n \leqslant 63$ mm 时，每批数量不超过 50 t；当 $d_n > 63$ mm 时，每批数量不超过 100 t。如果生产 7 天仍不足批量，以 7 天产量为一批。按照管材尺寸进行分组，见表 5—41。

表 5—41　管材的尺寸分组

尺寸组	公称外径/mm
1	$d_n \leqslant 90$
2	$d_n > 90$

管材定型检验、出厂检验、型式检验见表 5—42。

表 5—42　检验项目

检验类别	检验项目
定型检验	颜色、外观、不透光性、尺寸、密度、维卡软化温度、纵向回缩率、二氯甲烷浸渍试验(15℃,15 min)、落锤冲击试验(0℃)*TIR*、液压试验、连接密封试验、偏角试验、负压试验
出厂检验	纵向回缩率、落锤冲击试验、液压试验(20℃,1 h)
型式检验	颜色、外观、不透光性、尺寸、密度、维卡软化温度、纵向回缩率、二氯甲烷浸渍试验(15℃,15 min)、落锤冲击试验(0℃)*TIR*

产品需经生产厂质量检验部门检验合格并附有合格标志方可出厂。

型式检验一般情况下每两年至少一次。若有以下情况之一，应进行型式检验：

a)当原料、配方、设备发生较大变化时；

b)长期停产后恢复生产时；

c)出厂检验结果与上次型式检验结果有较大差异时；

d)国家质量监督机构提出进行型式检验时。

在进行上述任一检验时，如“颜色、外观、尺寸”中任意一条不符合规定时，则判该批为不合格。物理力学性能(密度、维卡软化温度、纵向回缩率、二氯甲烷浸渍试验、拉伸屈服强度、落锤冲击试验 *TIR*)中有一项达不到要求，则在该批中随机抽取双倍样进行该项复验，如仍不合格，则判该批为不合格批。

第七节　铝塑复合管

一、铝塑复合管概述

1. 结构与发展历史

铝塑复合管是以聚乙烯(PE)或交联聚乙烯(PE－X)为内外层，中间芯层夹一焊接铝管，在铝管的内外表面涂覆胶粘剂与塑料层粘接，通过复合工艺成型的管材。简言之，它是一种具有五层结构的复合管材(图 5—3)。结构为塑料/粘接剂/铝材/粘接剂/塑料,即内外层是聚乙烯塑料,中间层是铝材。

铝塑复合管技术是在 20 世纪 70 年代末期由英国学者 Kiti 申请专利,在 80 年代由英国、德国经过 10 年的工艺研究实现了工业化生产。20 世纪 90 年代英国凯达技术集团有限公司发明了铝塑复合管生产技术,将用该技术生产的铝塑复合管称为“凯达管”。德国 UNICOR(尤尼克)公司也将自己生产的铝塑复合管称为“尤尼克管”。根据中间铝层成型方式的不同,铝塑复合管主要有两种生产工艺,称为搭接法和对接法。

(1)先做搭焊式纵向铝管,然后在成型的铝管上做内外层的塑料管,称为搭接法生产工艺。

(2)先做内层的塑料管,然后再在上面做对焊的铝管,最后在外面包上塑料层,称为对接法生产工艺。

这两种方法都是将内外层的塑料层通过粘结层与铝层连接在一起,管材结构均为五层。搭接法成型,铝层在焊接点有一搭接结构,铝层一般较薄,约 0.2 mm~0.3 mm,生产设备结构简单,产品主要集中在 32 mm 以下的小口径管材。搭接法主要不足之处在于整体壁厚不均匀,会影响与管件的连接质量;铝层薄,管材机械强度较差。

采用对接法生产的铝塑复合管,一般采用亚弧焊等焊接工艺,将铝带焊接为一均匀壁厚的铝管,这种管材的铝层厚度可根据管材的直径规格和耐压条件自由选择,可以从 0.2 mm ~2 mm。由于管材中间层为一高强度铝管,具有金属管在强度和可靠性方面的优势,管材的圆周强度较高,弯曲半径 $4D$,最小可达到 $2D$。同时,由于严格的控制工艺保证了管材尺寸精度,各层均匀,加工速率高。可生产最大至 63 mm 直径的复合管。与搭焊法相比,主要不足之处是设备投资较高,管材成本偏高。

根据所采用的材料不同,铝塑复合管常见的有两种类型:(1)采用普通 HDPE(或 MDPE)的铝塑复合管(PE/Al/PE),它只能用于低温水输送;(2)采用 PE－X 的铝塑复合管(PE－X/Al/PE－X)其各项机械理化性能都有很大提高,管材的耐热温度从 PE/AI/PE 管的 65℃~75℃提高到 90℃~110℃,爆破强度高,可输送温度为 95℃的介质,短时间可达 110℃。

塑料外管根据用途不同,通常做成不同颜色:

冷水管——白色、蓝色;

热水管——红色;

燃气管——黄色。

2. 性能特点

内外层是聚乙烯塑料,中间层是铝材,可分别集塑料(PE)管与金属管的优点于一身。铝塑复合管与 PE 管相比,突出之处在于铝塑复合管,中间层对 PE 起加强作用,使管的耐压强度提高,耐温提高。非交联铝塑复合管适合于 60℃以下的工作环境,流体压力＜1.0 MPa;交联铝塑复合管可在 95℃以下的工作温度中使用,流体工作压力＜1.0 MPa。

此外,铝塑复合管还有以下几方面的优点。

(1)100%隔氧,彻底消除渗透;

(2)因复合了铝材,管子在相当大的范围内可以任意弯曲(管子弯曲的最小半径为管外径的 5 倍),不回弹;

(3)降低管的综合热膨胀系数,使管的尺寸稳定;铝塑复合管的热膨胀系数为 2.5×10^{-5} m/(m·K),是 PE—X 管的 1/6;

(4)用作通讯线路的屏蔽,可以防止各种音频、磁场的干扰;

(5)用金属探测器可以探测出管的埋藏位置;

(6)连接简便。

铝塑复合管的主要缺点有:生产中产生的废品因复合有铝材无法回收,生产成本高,废品的处理很困难;管件价格较贵;管结构复杂,质量控制难度大,受成型工艺的影响较大。

3. 应用领域

铝塑复合管用管件与连接,一般采用卡圈卡紧式管件连接。

铝塑复合管可用于建筑内冷热水输送用管材,采暖系统(包括地面辐射采暖系统用管),工业领域用管。

二、铝管搭接焊式铝塑管(以下简称“搭接焊铝塑管”)技术要求

1. 技术要求

根据 GB/T 18997.1—2003 要求,搭接焊铝塑管的检验项目主要有以下项目:

外观、颜色、结构尺寸、管环径向拉力、复合强度(管环最小平均剥离力和扩径试验)、气密性和通气试验、爆破试验、静液压强度、交联度、耐化学性能、耐气体组分性能、卫生性能、系统适用性(耐冷热水循环性能、循环压力冲击性能、真空性能、耐拉拔性能)。

其中,管材的部分物理力学性能见表 5—43 和表 5—44。

表 5—43 铝塑管管环径向拉力及爆破试验

公称外径 d_n/mm	管环径向拉力/N		爆破试验/MPa	管环最小平均剥离力/N
	MDPE	HDPE、PEX		
12	2000	2100	7.0	25
16	2100	2300	6.0	25
20	2400	2500	5.0	28
25	2400	2500	4.0	30
32	2500	2650		35
40	3200	3500		40
50	3500	3700		50
63	5200	5500	3.8	60
75	6000	6000		70

其他性能及要求如下。

(1)扩径试验:管环扩径后,其内层和外层与嵌入金属层之间不应出现脱胶,内外层管壁不应出现损坏。

(2)气密和通气试验:对盘卷式铝塑管进行气密试验时,管材不应发生破裂。

(3)交联度:交联铝塑管内外层塑料进行交联度测定时,出厂时其交联度对于硅烷交联

应不小于65%；对于辐射交联应不小于60%。

表 5—44　静液压强度试验

公称外径 d_n/mm	用途代号 L,Q,T 试验压力/MPa	L,Q,T 试验温度/℃	R 试验压力/MPa	R 试验温度/℃	试验时间/h	要求
12						
16						
20	2.72		2.72			
25						
32		60		82	10	应无破裂、局部球型膨胀、渗漏
40						
50	2.10		2.00　2.10①			
63						
75						

①系采用中密度聚乙烯(乙烯与辛烯共聚物)材料生产的铝塑管。

(4)耐化学性能：特种流体用铝塑管进行耐化学试验时应符合表5—45要求。

表 5—45　特种流体用铝塑管耐化学性能

化学介质	质量变化平均值/(mg/cm²)	外观要求
10%氯化钠	±0.2	
30%硫酸	±0.1	
40%硝酸	±0.3	试样内层应无龟裂、变粘等现象
40%氢氧化钠溶液	±0.1	
体积分数为95%的乙醇	±1.1	

(5)耐气体组分性能：燃气用铝塑管进行耐气体组分试验时应符合表5—46要求。

表 5—46　燃气用铝塑管耐气体组分性能

化学介质	质量变化平均值/(mg/cm²)	外观要求
矿物油(usp)	+0.5	
叔丁基硫醇	+0.5	±12
防冻剂：甲醇或乙烯甘醇	+1.0	
甲苯	+1.0	

(6)卫生性能：应符合GB/T 17219的要求。

(7)耐冷热循环性能:管道系统按表5—47的规定条件进行冷热循环试验时,试验中管材、管件及连接处应无破裂、泄露。

表5—47 冷热水循环试验条件

最高试验温度①/℃	最低试验温度/℃	试验压力/MPa	循环次数	每次循环时间②/min
T_0+10℃	20±2	$p_0\pm0.05$	5000	30±2

①最高试验温度不超过90℃;

②每次循环冷热各(15±1)min。

(8)循环压力冲击性能:管道系统按表5—48的规定条件进行循环压力冲击试验,试验中管材、管件及连接处应无破裂、泄露。

表5—48 循环压力冲击试验条件

最高试验压力/MPa	最低试验压力/MPa	试验温度/℃	循环次数	循环频率/(次/分钟)
1.5±0.05	0.1±0.05	23±2	10000	≥30

(9)真空性能:管道系统进行真空试验时应符合表5—49的要求。

表5—49 真空试验条件

试验温度/℃	试验压力/MPa	试验时间/h	压力变化/MPa
23	−0.08	1	≤0.005

(10)耐拉拔性能

1)短期拉拔试验

按表5—50所规定参数进行短期拉拔试验,管材与管件连接处应无任何泄露、相对轴向移动。

2)持久拉拔试验

按表5—50所规定参数进行持久拉拔试验,管材与管件连接处应无任何泄露。相对轴向移动。

2. 检验规则

检验分为出厂检验、型式检验和定型检验。

同一原料、配方和工艺连续生产的同一规格产品,每90 km作为一个检查批。如不足90 km,以上述生产方式7天产量作为一个检查批。不足7天产量,也作为一个检查批。

抽样原则按照GB/T 2828—1987规定采用一次抽样方案抽样、正常检查、一般检查水平Ⅰ。

表 5—50 耐拉拔性能

公称外径 d_n/mm	短期拉拔试验/h		持久拉拔试验/h	
	拉拔力/N	试验时间/h	拉拔力/N	试验时间/h
12	1100	1	700	800
16	1500		1000	
20	2400		1400	
25	3100		2100	
32	4300		2800	
40	5800		3900	
50	7900		5300	
63				
75				

(1)出厂检验

铝塑管出厂前均应由生产企业的质量部门进行出厂检验，出具合格证后方能出厂。出厂检验项目要求和方法见表 5—51。

表 5—51 铝塑管出厂检验项目

出厂检验项目
外观、结构尺寸、管环径向拉力、复合强度试验、气密性和通气试验、静液压强度试验、交联度测定①

①适用于交联聚乙烯的铝塑管。

先进行外观和结构尺寸检查，判定产品合格质量水平。每卷铝塑管均应进行气密性和通气试验，出现一件试样或一次检验不合格则判定为不合格产品。再进行表 5—51 中其他性能检验，如出现一件试样或一次检验不合格时，应从批量中加倍取样进行该项试验，如再出现一件试样或一次检验不合格，则判定该出厂检验项目不合格。

所有出厂检验项目合格，判定本生产批为合格批。

(2)型式检验

凡属下列情况之一者，应进行型式检验：

a)结构、材料、工艺有较大改变，可能影响产品性能时；

b)产品停产一年以上恢复生产时；

c)产品正常生产时，每隔两年进行一次；

d)出厂检验结果与上次型式检验结果有较大差异时；

e)国家质量监督机构提出进行型式检验要求时。

型式检验项目见表 5—52。

型式检验试样在出厂检验合格的检查批中抽样。型式检验项目中所有试样合格，则项目合格；如有一件试样不合格，则允许二次抽样，即抽取同数量试样进行检验，如仍有一件试样或一次检验不合格，则该检验项目不合格。所有型式检验项目合格为型式检验合格。型式检验不合格，应停止产品出厂，直到型式检验合格为止。

表 5—52 铝塑管型式检验项目

检验项目	铝塑管用途代号			
	L型	R型	Q型	T型
出厂检验项目	√	√	√	√
爆破试验	√	√	√	√
耐化学性试验				√①
耐气体组分试验			√	
卫生性能试验	√			√①

①可根据流体特征需要供需双方确定的项目。

(3)定型检验

冷热水用铝塑管新产品鉴定或铝塑管选配新型管件，应进行定型检验。定型检验项目要求和方法见表 5—53。

表 5—53 冷热水铝塑管定型检验项目

检验项目
型式检验项目、冷热水循环试验、循环压力冲击试验、真空试验、拉拔试验

对管材进行尺寸分组，可选取每一尺寸组中任一规格进行定型试验。

3. 铝管对接焊式铝塑管(以下简称对接焊铝塑管)技术要求

对接焊铝塑管的技术要求在结构尺寸等方面与搭接焊铝塑管不同，相同之处请参照 1.，不同之处如下。

(1) 径向拉力及爆破强度，见表 5—54。

表 5—54 管环径向拉力及爆破强度

公称外径 d_n/mm	管环径向拉力/N		爆破压力/MPa
	MDPE	HDPE、PEX	
16	2300	2400	8.00
20	2500	2600	7.00
25(26)	2890	2990	6.00
32	3270	3320	5.50
40	4200	4300	5.00
50	4800	4900	4.50

(2)静液压强度

静液压强度试验见表5—55和表5—56。

表5—55　1 h 静液压试验

铝塑管代号	公称外径 d_n/mm	试验温度 /℃	试验压力 /MPa	试验时间 /h	要求
XPAP1 XPAP2	16～32	95±2	2.42±0.05	1	应无破裂、局部球形膨胀、渗漏
	40～50		2.00±0.05		
PAP3、PAP4	16～50	70±2	2.10±0.05		

表5—56　1000 h 静液压强度试验

铝塑管代号	公称外径 d_n/mm	试验温度 /℃	试验压力 /MPa	试验时间 /h	要求
XPAP1 XPAP2	16～32	95±2	1.93±0.05	1000	应无破裂、局部球形膨胀、渗漏
	40～50		1.90±0.05		
PAP3、PAP4	16～50	70±2	1.50±0.05		

附录一　GB/T 2918—1998《塑料试样状态调节和试验的标准环境》

本标准提出了各种塑料及各类试样在相当于实验室平均环境条件的恒定环境条件下进行状态调节和试验的规范，不包括用于某些特殊试验或材料或模拟某特定气候条件的专用环境。

1. 原理

如果把试样暴露在规定的状态调节环境和温度中，试样和状态调节环境或温度之间即可达到可再现的温度和/或含湿量平衡的状态。

2. 标准环境

除非另有规定，使用表1所给的条件作为标准环境。

表1　标准环境

标准环境代号	空气温度 t/℃	相对湿度 U（%）	备注
23/50	23	50	应该使用这种标准环境，除非另有规定
27/65	27	65	对于热带地区如各方商定，可以使用

注：表中的数值适用于大气压强在 86 kPa 和 106 kPa 之间的一般海拔高度及空气循环速度≤1m/s 的场合。

3. 标准环境的等级

表2给出了标准环境的两种不同等级，对应于温度和相对湿度的不同容许偏差水平，该容许偏差适用于试验环境内或状态调节环境内试样所处的空间，并且包括了对时间和对环境内试样位置两方面的偏差。

表2　对应于不同容许偏差的标准环境等级

等　级	温度容许偏差 Δt/℃	相对湿度容许偏差 ΔU（%）	
		23/50	27/65
1（加严）	±1	±5	±5
2（一般）	±2	±10	±10

4. 标准温度和室温

如果湿度对所测性能没有影响或影响可忽略不计，则不必控制相对湿度。相应的两个环境称作“温度23”和“温度27”。同样，如果温度和湿度对所测性能没有任何显著影响，则温度和相对湿度都不必控制。在这种情况下，该环境称为“室温”。“室温”指的是这样一种环境：其空气温度操持在规定范围内，而不考虑相对湿度、大气压或空气循环流速的影响。通常，空气温度范围为18℃～28℃，应称作“18℃～28℃的室温”。

5. 调节程序

(1)状态调节

状态调节周期应在材料的相关标准中规定。当在相应标准中未规定状态调节周期时，应采用下列周期：

1)对于标准环境 23/50 和 27/65,不少于 88 h;

2)对于 18℃～28℃的室温,不少于 4 h。

对于具体试验和已知能够很快或很慢才能达到温度和湿度平衡的塑料或试样,可以在相应的标准中规定一个较短或较长的状态调节周期,见附录。

(2)试验

除非另有规定,状态调节后的试样应在与状态调节相同的环境或温度下进行试验。在任何情况下,试验部分都应在将试样从状态调节环境内取出后立即进行。

附录:在状态调节环境中塑料湿平衡的到达

在某种环境中进行状态调节的试样,其吸收量和吸收或解吸湿气的速率显著取决于制作试样材料的特性和形状。

调解程序给出的状态调节时间可能不适用,特别是对于以下情况:

(1)已知只有经很长时间才能与其状态调节环境达到平衡的材料(如某些聚酰胺类材料);

(2)其吸湿能力与到达平衡所要求的时间都无法事先估算的不熟悉的材料。

在这些情况下,可任选下列一种方法:

a)在不会使材料发生明显或永久变化的高温下烘干该材料[对于很多材料,可接收的温度为(50±2)℃];

b)在标准环境 23/50 中调节该试样,直至达到平衡;

c)将放置在鼓风烘箱或状态调节箱内的试样保持在一个指定的高温下,直至到达湿含量平衡(该温度和相对湿度应由有关各方商定并应写入试验报告中)。

采用方法 a)时,某些性能值,尤其是力学性能值,在干态下与标准环境 23/50 中状态调节后得到的测定值不同。

采用方法 b)时,可采用如下做法:如果间隔 d^2 个星期进行称量,所得结果的变化率不大于 0.1%时,可以假定为已达到平衡(其中 d 为试样厚度,单位为毫米)。

如果已知聚合物的湿扩散特性并能用来确定适宜的暴露周期和条件时,则使用方法 c)。应把试样放置在烘箱或状态调节箱内,直到其处在湿含量平衡的状态。如果在状态调节期间材料平均湿含量的变化率小于 0.01%时,即达到了该状态。使用以下准则估计到达湿含量平衡的时间:如果已知扩散系数 D_z,则到达湿含量平衡的时间应为 $0.02d^2/D_z t$ 或 1 天,取两者中的较大者(d 为试样厚度,单位为 mm;t 为状态调节时间,单位为 s)。

附录二　常用塑料术语

1. 促进剂　accelerator;promoter

能提高化学体系(反应物与其他添加剂)反应速率的一种用量较少的物质。

2. 丙烯腈/丁二烯/苯乙烯[ABS]塑料　acrylonitrile/butadiene/styrene[ABS] plastic

由丙烯腈、丁二烯和苯乙烯制得的三元共聚物和(或)其聚合物与共聚物的共混物制得的塑料。

3. 丙烯腈/甲基丙烯酸甲酯[A/MMA]塑料　acrylonitrile/methyl methacrylate[A/MMA]plastic

由丙烯腈与甲基丙烯酸甲酯的共聚物制得的塑料。

4. 活性剂　activator

能提高促进剂效果的用量较少的物质。

5. 加成聚合物　addition polymer

由加(成)聚(合)反应制得的聚合物。

6. 加(成)聚(合)反应　addition polymerization;polyaddition

按重复加成过程进行的聚合反应。

注:重复加成过程无水或其他小分子放出。

7. 添加剂　additive

加入聚合物中改进或改变一种或几种性能的任何物质。

注:通常术语"添加剂"仅指少量添加的成分;用量较大时用术语"改性剂"。

8. 附着　adhere

处于粘着状态。

9. 粘着　adherence

两个表面依靠界面力结合在一起的状态。

注:粘着可用或不用粘合剂。

10. 被粘物　adherend

用粘合剂到或准备粘到另一物体上的物体。

11. 粘合;粘附　adhesion

借助粘合剂使两个表面依靠化学力、物理力或两者兼有的力结合在一起的状态。

12. 粘合破坏　adhesion failure;adhesive failure

在粘合剂与被粘物界面,出现目视可见分离的粘合接头破坏。

13. 粘合剂;胶粘剂　adhesive

能通过粘合使材料结合在一起的物质。

14. 胶粘层　adhesive line

在被粘接的两个部件之间或在粘接的产品中,被粘合剂填充的空间。

15. 绝热挤出　adiabatic extrusion;
自热挤出　autothermal extrusion
仅通过挤塑料熔体的粘滞阻力使驱动能量转换成热能的挤出方法。
16. 余焰　afterflame
在规定的试验条件下,移开火源后材料的持续火焰。
17. 余焰时间　afterflame time
在规定的试验条件下,移开火源后材料火焰持续的时间。
18. 余辉　afterglow
燃烧停止或移开火源后,材料的持续辉光。
19. 老化　ageing
随时间推移,材料中发生的各种不可逆的化学和物理变化过程的总称。
20. 合金　alloy
通常借助另一组分使两种或两种以上不相容的聚合物结合形成具有增强特征性能的聚合物组成。
21. 烯内基聚合物　allyl polymer;
聚烯丙基树脂　polyallyl resin
由含烯丙基基团的化合物聚合制得的树脂或聚合物。
22. 交替共聚物　alternating copolymer
分子中两种单体单元按交替顺序分布的共聚物。
23. 交替共聚反应　alternating copolymerization
形成交替共聚物的聚合反应。
24. 无定形的　amorphous
非结晶的或无结晶结构的。
25. 无定形区　amorphous regions
根据X—射线或其他测试技术检查,聚合物材料内部不显示任何可见结构的区域。
26. 厌氧粘合剂　anaerobic adhesive
在无氧状态下能自行固化的粘合剂。氧的存在会抑制固化而金属离子能催化其固化。
27. 角速度 ω(rad/s) angular velocity ω(rad/s)

$$\omega=2\pi f$$

式中:f——频率。
28. 抗氧剂　antioxidant
用于延缓聚合物因氧化而引起变质的物质。
29. 抗静电剂　antistatic agent
少量加入材料中或其表面上,阻止电荷积聚的物质。
30. 表观密度　apparent density
材料样品的质量与其体积之比。该体积通常包括存在地材料中的可渗透与不可渗透的空洞。
31. 表观摩尔质量[Mapp]　apparent molar mass [Mapp];
表观相对分子量 apparent relative molecular mass

由未作相应修正(例如对一定的聚合物浓度、缔合、有选择溶剂化、组分杂质或结构的不均匀性等)的实验数据计算的摩尔质量。

32. 面积燃烧速率　area burning rate

在规定的试验条件下,单位时间内材料燃烧的表面积。

33. 芳香族聚酯　area burning rate

聚芳酯 polyarylate

由全部羟基和羧基直接连在芳核上的单体生成的聚酯。

34. 人工气候老化　artificial weathering

材料暴露在包括温度、相对湿度及辐射能,用或不用水直接喷淋等循环变化的实验条件下,使其产生类似于长期连续暴露在室外所出现的各种变化。

注:为了获得加速老化效果,一般实验室的暴露条件比实际暴露在室外的条件要苛刻得多。该术语不包括诸如臭氧、盐雾喷淋、工业气体等特殊条件。

35. 装配　assembling

用机械配件、粘合剂、热封合、焊接或其他方法,使各部件固定在一起的二次加工操作。

36. 装配件(粘合)　assembly(for adhesives)

粘接时放在一起或已粘接在一起的包括粘合剂在内的一组材料或部件。

37. 装配时间　assembly time

被粘物涂完胶到开始固化之间的时间。

注:装配时间包括晾胶时间和叠装时间。

38. 无规立构嵌段　atactic block

具有相等数目可能构型的基本单元按无序分布的规整嵌段。

39. 无规立构聚合物　atactic polymer

具有相等数目可能构型的基本单元,按无序分布的分子所构成的规整聚合物。

40. 平均聚合度($\overline{X}_K$) average degree of polymerization($\overline{X}_K$)

聚合物聚合度的某一种平均值。

41. 反斜度　back draft;counterdraft;

倒锥度　back taper;reverse taper

模具壁上用以阻止模塑件移动的轻微斜度。

42. 镶条式模具　bar mould

阴模按分离的条状排列成行,制品可以逐个取出的多腔模具。

43. 机筒　barrel;

料筒　cyhnder

套在挤出机螺杆、注射机螺杆或活塞外的钢管。

44. 生物降解性塑料　biodegradable plastic

由自然界存在的微生物如细菌、霉菌和海藻等作用引起降解的塑料。

45. 二元共聚物　bipolymer

由两种单体生成的聚合物。

46. 冲击除边　blast finishing

用钢球、胡桃壳或塑料粒作冲击介质,以足够的力除去制品飞边和(或)消光其表面的方法。

47、气泡　blister

形状和大小各异的表面凸起，其下有一空穴。

48. 嵌段　block

由许多结构单元组成的聚合物分子的一部分，其中至少有一种结构或构型特征不在相邻区段出现。

49. 嵌段共聚物　block copolymer

由一种以上单体生成的嵌段聚合物。

50. 嵌段共聚反应　block copolymerization

形成嵌段共聚物的聚合反应。

51. 嵌段聚合物　block polymer

分子由线形连接的嵌段所组成的聚合物。

52. 嵌段聚合反应　block polymerization

形成嵌段聚合物的聚合反应。

53. 压片机　block press

用多层薄片制成较厚片材的压机。

54. 封闭型固化剂　blocked curing agent;

潜伏性固化剂　latent curing agent

暂时不显活性而需要时可用物理或化学方法活化的固化剂或硬化剂。

55. 粘连　blocking

材料之间非有意的粘着现象。

56. 渗霜　bloom

塑料制品表面可见的渗出物或粉化物。

注：渗霜可能由润滑剂、增塑剂等引起。

57. 吹塑　blow moulding

用压缩空气使进入型腔的型坯膨胀形成中空制品的方法。

58. 发泡剂　blowing agent;foaming agent

在制备空心制品或微孔制品中用来引起发泡的物质。

注：发泡剂可以是压缩气体、挥发性液体或者经分解(或)反应能形成气体的化学物质。

59. 吹胀比　blow-up ratio

(1)吹塑中，指吹塑型腔最大直径与型坯直径之比。

(2)在管状挤出吹塑薄膜中，指吹胀管直径与挤出口模直径之比。

60. 分支　branch

高分子链侧的低聚或聚合分枝。

61. 支化聚合物　branched polymer

由具有分支结构、分支接点之间或链端与分支接点之间呈链状的分子所构成的聚合物。

注：分支由一个以上链节组成。

62. 断裂应力　breaking stress

试样破坏瞬间的应力。

63. 放气　breathing

在固化过程的早期阶段，瞬间启闭模具或压机的操作。

注：放气是让气体或水蒸气从模塑料中逸出，以避免较厚模制品产生气泡。

64. 脆化温度　brittleness temperature

按照标准方法试验时，试样中有50%脆化破裂时的温度。

65. 体积压缩　bulk compression；volume compression

各向同性压缩 X（无量纲）　isotropic compression X(dimensionless)

静液压引起的体积相对减少。

66. 体积密度　bulk density

粉料、粒料和颗粒料的表观密度。

67. 体积系数　bulk factor

一定质量的模塑料的体积与其模制品体积之比。

注：体积系数又等于模制品的密度与未模塑材料的表观密度之比。

68. 体积模量　K(Pa) bulk modulus K(Pa)

液压(P)与相应体积压缩(X)之比。

69. 本体聚合　bulk polymerization；mass polymerization

单体（气体、液体或固体）不加溶剂或不加分散介质的均相聚合反应。

70. 烧痕　burn

材料因局部热分解产生的颜色变化，乃至变黑的痕迹。

注：该缺陷能引起制品表面变形或破坏。

71. 烧毁面积　burned area

在规定的试验条件下，材料因燃烧或热解而破坏的面积，不包括因收缩损伤的面积。

72. 燃烧性能　burning behaviour；

着火性能　fire behaviour

当材料、产品和（或）构件燃烧和（或）遇火时所发生的一切物理和（或）化学变化。

73. 对接接头　butt joint

垂直于被粘物主表面的两个端面所形成的接头。

74. 铸塑　casting

在无外部压力下，将液体和粘稠物料注入模腔中或用其他方法引入模腔中或倒在准备好的基材表面上使之凝固的方法。

75. 催化剂　catalyst

能加快化学反应速率、而反应结束后理论上保持无化学变化的用量较少的物质。

76. 型腔（模具）　cavity(of a mould)

模具中用来装填物料形成模制品的空间。

77. 泡孔　cell

部分或全部被泡壁包围的单个小孔穴。

78. 链长　chain length

沿分子链测量的从原子到原子的链状分子总长。

注：本术语不适用于分子两端之间的直线距离。

79. 链转移　chain transfer

链式聚合反应中通常发生的一种化学反应。反应中，活化大分子的活性官能种转移到另一分子上而自身失去活性。

80. 链转移聚合反应　chain transfer polymerization

通过链转移过程，频繁进行链增长反应的链式聚合反应。

81. 手性　chirality

分子与其镜像不完全相同的特性。

注：给定构形或构象的分子当它与其镜像不完全相同时称为手性分子。所有不对称分子是手性分子，但并非所有手性分子都是不对称的，因为有些带有旋转轴的分子是手性分子。手性和准手性原子分别具有立体异构位置或潜在立体异构位置。

82. 氯化聚氯乙烯[PVC－C]　chlorinated polyvinyl chloride[PVC－C]

经氯化改性的聚氯乙烯。

83. 氯化聚乙烯[PE－C]　chlorinated polyethylene[PE－C]

经氯化改性的聚乙烯。

84. 摩擦系数　coefficient of friction

摩擦力与垂直于两个接触面的作用力(通常为重力)之比。IUPAP 符号，μ，(f)。

85. 线性热膨胀系数　coefficient of linear thermal expansion

温度每变化一度，每单位长度材料的长度可逆变化。IUPAP 符号：α。

注：其值可随不同温度范围而改变。

86. 冷拉伸　cold drawing

不加热拉伸热塑性塑料的方法。

87. 冷固化　cold setting

热固性材料在室温下进行的固化。

88. 冷固化粘合剂　cold-setting adhesive

不用加热而固化的粘合剂。

89. 褪色　colour fading

包括颜色变浅或变弱的变化。

90. 颜色不均匀性　colour heterogeneity

同一制件上出现的非人为的色差。

91. 可燃的　combustible

能够燃烧的。

92. 燃烧　combustion

物质与氧化剂作用发生的放热反应。通常伴有火焰和(或)发光和(或)发烟的现象。

93. 相容性　compatibility

塑料掺混物中物质不会渗出、渗霜或产生类似分离的状态。

94. 复合材料　composite

(1)由两个或两个以上不同相，包括粘结料(基料)和粒料或纤维材料组成的固体产物。

注：例如含有增强纤维、粒状填料或空心球的模塑料。

(2)由两层或两层以上(通常对称组合)的塑料薄膜或片材、普通的或复合的微孔塑料、金属、木材及定义(1)所述的复合材料等，层间用或不用粘合剂组成的固体产物。

注：例如包装用复合膜；结构材料用夹芯微孔复合材料；纸或织物制成的层合材料等。

95. 配混料　compound

一种或几种聚合物与其他组分如填料、增塑剂、催化剂和着色剂等的均匀掺混料。

96. 压缩应变　compression strain

在压缩应力下，试样减少的厚度与其初始厚度之比。

97. 压缩强度　compressive strength

压缩试验中，试样能承受的最大压缩应力。

98. 压缩应力　compressive stress

由垂直于作用平面施加的压缩力所产生的法向应力。

99. 缩聚物　condensation polymer; polycondensate

由缩聚反应制得的聚合物。

100. 缩聚反应　condensation polymerization; polycondensation

按重复缩合过程(即失去小分子的过程)进行的聚合反应。

101. 状态调节　conditioning

使样品或试样达到标准状态的温度和湿度所规定的全套操作。

102. 调节环境　conditioning atmosphere

进行试验前，保存样品或试样的环境。

103. 构型基本单元　configurational base unit

聚合物分子主链上，有一个或几个立体异构位置确定了构型的重复结构单元。

104. 构型重复单元　configurational repeating unit

由一个，两个或两个以上连续的构型基本单元构成的最小单元，确定聚合物分子主链上一个或一个以上立体异构位置的构型重复情况。

105. 构型单元　configurational unit

具有一个或一个以上规定立体异构位置的结构单元。

106. 构型序列　configurational sequence

结构单元中，立体异构位置上具有一种或几种相对或绝对构型的结构单元所组成的高分子的规定部分。

107. 重复结构单元　constitutional repeating unit

经重复即能表述规整聚合物的最小结构单元。

108. 结构序列　constitutional sequence

由一种或几种结构单元构成的高分子的规定部分。

109. 结构单元　constitutional unit

聚合物或低聚物分子链上存在的一种原子或原子团。

110. 共聚物　copolymer

由一种以上单体生成的聚合物。

111. 共聚反应　copolymerization

形成共聚物的聚合反应。

112. 空心螺杆　cored screw

带有供加热或冷却介质循环用的纵向通道的挤出机螺杆。

113. 共溶解性　co-solvency

聚合物在多组分溶剂中的溶解性能，其中任一组分都是聚合物的非溶剂。

114. 偶联剂　coupling agent

在树脂基体与增强材料界面能促进或产生较强粘接的物质。

注：偶联剂可以加入增强材料中或加入树脂中，或加入两者中。

115. 开裂；裂纹　crack

贯穿或未贯穿材料外表面或其整个厚度的裂缝。处于裂纹两侧壁之间的聚合材料是完全分离的。

116. 陷坑　crater；

麻点　pit

小而浅的表面孔穴。

注：该孔穴一般较针眼大且形状更不规则。

117. 银纹　craze

塑料制品表面或潜表层的一种缺陷。是由于聚合物材料的表观密度降低所造成桥搭的表观裂纹。

118. 蠕变　creep；

因应力引起的随时间而变化的应变。

注：不包括瞬间应变。

119. 蠕变恢复　creep recovery

消除应力后，应变随时间而减小的现象。

注：不包括瞬间恢复。

120. 直角机头　crosshead

与挤出机机筒轴线成直角的挤出机机头。

121. 交联　crosslink

在高分子链之间形成多分子间的共价键或离子键。

122. 交联链节　crosslink

连接高分子(原来是独立分子)两部分的结构单元。

123. 交联　crosslinking

在高分子链间形成多分子间的共价键或离子键的过程。

124. 交联剂　crosslinking agent

促进或调节高分子键间形成分子间共价键或离子键的物质。

注：也可由辐射产生交联。

125. 横向　crosswise

与纵向成90°的方向。

126. 结晶聚合物　crystalline polymer

显示结晶性的聚合物。

127. 结晶性　crystallinity

在原子范围存在的三维有序性。

128. 微晶(聚合物)　crystallite(polymer)

小的结晶区域。

注:1.(聚合物)结晶通常指有清晰边界限制的结晶区域;

2. 该定义与经典结晶学中使用的不同。

129. 固化(聚合物;粘合剂)　cure;curing(of a polymer. an adhesive)

通过缩合、聚合或交联,将预聚物的或聚合物的组成转变成较稳定的更适合使用的状态的过程,或使粘合剂提高强度的过程。

130. 固化温度　cure temperature;curing temperature

装配件中粘合剂或聚合物组成完成固化所需的温度。

131. 固化时间　cure time;curing time

在规定的温度或压力下,或两者兼有的条件下,装配件中粘合剂或聚合物组成固化所需的时间。

132. 固化剂　curing agent

促进或调节固化反应的物质。

133. 阻尼(机械)　damping(mechanical)

材料或材料体系经受振荡负荷时,以热量形式耗散能量的量度。

注:自由振荡中,阻尼是体系的振幅随时间而减小。

134. 阻尼系数　$C(N \cdot s \cdot m^{-1})$damping coefficient $C(N \cdot s \cdot m^{-1})$

同变形位相相差90°的作用分力与变形速度之比。

135. 除边　deflashing

用机械加工或手工方法,除去模制品飞边、锐边及棱角的过程。

136. 降解性塑料　degradable plastic

在规定环境条件下,因化学结构发生重要变化而损失某些性能的塑料。应使用能反映性能变化的标准试验方法进行测试,并按使用周期确定其类别。

137. 降解　degradation

包括有性能变坏的塑料化学结构的变化。

138. 聚合度　degree of polymerization

(1)如分子由规整的重复单元组成,则聚合度是每个分子的(平均)基本单元数。

(2)如分子是(或假设是)由相同单体聚合而成,则聚合度是每个分子的(平均)链节(实际的或假设的)数。

注:两种定义不一定等同,例如对聚乙烯,其基本单元是CH_2,而链节是C_2H_4。

139. 聚合物分子的聚合度　degree of polymerization of a molecule of polymer

聚合物分子的链节数。

140. 聚合物的聚合度　degree of polymerization of polymer

聚合物分子聚合度的平均值。

注:必须说明平均的方法,例如数均聚合度或重均聚合度。

141. 脱层;分层　delamination

层合制品中因粘接部或其邻近处破坏而引起的层间分离现象。

142. 树枝(状)晶体　dendrite

由骨架生长产生的外观呈树枝状的结晶形态。

143. 解聚　depolymerization

聚合物转变成单体或相对分子量较低的聚合物的过程。

144. 深度;厚度(试样)　depth(of specimen)

在条状试样的弯曲试验情况下,指与加荷方向平行的尺寸。

145. 劣化;变质　deterioration

塑料因某些性能受损所表现出的物理性能的永久变化。

146. 口模(挤出)　die(in extrusion)

使模塑料通过一定形状孔眼而成型的金属部件。

147. 塑模(模塑)　die(in moulding)

与模具(mould)同义。

148. 冲模(冲切)　die(in punching)

冲切片材或薄膜材料的工具。

149. 差示扫描量热法　[DSC]differential scanning calorimetry[DSC]

当物质与参比物经受同一程序控制温度时,测量输入到物质与参比物的能量差与温度关系的一种技术。

注:根据所使用的方法,可分为功率补偿型差示扫描量热法(功率补偿 DSC)和热流型差示扫描量热法(热流型 DSC)两种方法。

150. 差热分析[DTA]　differential thermal analysis[DTA]

当物质与参比物经受同一程序制温度时,测量物质和参比物之间的温差与温度关系的一种技术。

注:1. 记录的是差热曲线或 DTA 曲线。温差(ΔT)标在向下表示吸热反应的纵坐标上,温度或时间在从左至右表示增加的横坐标上。

2. 术语"定量差热分析(定量 DTA)"适用于所用仪器能使能量和(或)其他物理参数产生定量结果的差热分析。

151. 光漫射　diffusion of light

当射线束通过一表面或一介质在许多方向发生偏离而单色组分频率无变化时,射线速空间分布变化的过程。

注:只有物质运动反射的射线束不产生多普勒效应,频率才无变化。

152. 稀释剂　diluent;thinner(deprecated)

唯一作用是降低固体物质浓度和降低复合物(如粘合剂、涂料、清漆)粘度的液体添加物。

153. 尺寸稳定性;因次稳定性　dimensional stability

塑料制品或试样在各种环境条件下的尺寸不变性。

注:塑料的尺寸稳定性受蠕变、后固化、后收缩、添加剂的挥发或渗移以及吸水等因素影响。

154. 分散体　dispersion

细碎物分布在另一物质中的非均相体系。

155. 击穿电压　disruptive voltage;breakdown voltage

介电击穿电压　dielectric breakdown voltage

两个导体之间产生击穿放电所需的电压。

156. 分布函数　distribution function

以一个或几个随机变量的规定值或范围值，给出部分聚合物质相对量的规范化函数。

157. 拉伸比　draw ratio

拉伸操作中拉伸程度的量度，以未拉伸与拉伸塑料的截面积之比表示。

158. 牵引比　draw-down ratio

挤出中，模口厚度与制品最终厚度之比。

159. 拉伸　drawing

为减小材料截面积和(或)通过取向改进其物理性能而拉伸热塑性片材、棒材或长丝的方法。

160. 干混料　dry blend；

共混粉料　powder blend

不经熔融或不加溶剂制得的松散混合物。

161. 干斑点　dry patch；

干斑　dry spot

增强材料未被树脂充分润湿的区域。

162. 态力学分析(DMA)　dynamic mechanical analysis(DMA)

当负荷或位移承时间改变，测量物质的模量或阻尼，或模量和阻尼与温度、频率和(或)时间关系的一种技术。

163. 动态应力　dynamic stress

作用力大小和(或)方向随时间变化所产生的应力。

164. 动态热机械测量　dynamic thermomechanical measurment

当物质经受程序控制温度时，测量物质在振动负荷 F 的动态和(或)阻尼与温度关系的一种技术。

注：扭辫测量是材料支承在扭辫上进行的一种特殊的动态热机械测量。

165. 易点燃性　ease of ignition

在规定的试验条件下，材料容易引起着火的性质。

166. 弹性变形　elastic deformation

受力塑料总应变中随应力解除而消失的那部分应变。

167. 弹性极限　elastic limit

材料在完全解除应力且不遗留任何永久变形的条件下所能承受的最大应力。

注：实际上，测量变形通常使用小负荷而不用零负荷作为起始和最终参考负荷。

168. 弹性　elasticity

解除变形力时材料能恢复原来尺寸和形状的性能。

注：1. 如果应变与施加应力成正比，则材料显示虎克弹性或理想弹性。

2. 其机理可能似橡胶弹性(熵弹性)或似钢弹性(能量弹性)。

169. 弹性体　elastomer

能因轻微应力产生明显变形，而在应力解除后又能迅速恢复到接近其原来尺寸和形状的高分子材料。

注:该定义适用于室温试验条件。

170. 电气强度　electric strength;
介电强度　dielectric strength
抵抗击穿放电的介电性能。由击穿介质时的电场强度测量。

171. 伸长率　elongation
拉伸时试样长度的增加。通常以试样原始长度的增长百分率表示。

172. 乳液　emulsion
一种液体以细滴状分散在另一液体中的非均相体系。
注:工业上有些称为乳液的体系实际是悬浮液,例如聚乙酸乙烯酯(PVAC)乳液。

173. 乳液聚合反应　emulsion polymerization
使用乳化剂使单体分散并稳定成极小液滴,生成胶乳产品的悬浮聚合反应。

174. 端基　end group
只有一个连接点同聚合物分子链端部相连的结构单元。

175. 能量损耗　energy loss;
单位阻尼能 $W(J \cdot m^{-3})$ unit damping energy $W(J \cdot m^{-3})$
变形周期中损失的能量与材料体积之比。
注:能量损耗是以坐标标度为基准计算的滞后回线面积。

176. 环氧[EP](模塑料)　epoxy[EP](moulding compound)
由环氧树脂制得的模塑料及其制品。

177. 环氧[EP]树脂　epoxy[EP]resin
含有能交联的环氧基团的树脂。

178. 外增塑剂　external plasticizer
作为添加剂加进塑料配混料中的增塑剂。

179. 挤出机机头　extruder head
安装在机筒与口模之间的挤出机部件。
注:某些情况下机头可以是口模的一部分。

180. 挤出机螺杆　extruder screw
具有一条以上螺纹带,一般按不同螺槽深度有时按不同螺距分为不同区段,通常一端为圆柱形,另一端为曲面或尖面,能驱动塑性物质沿机筒推进的传动轴。

181. 挤出　extrusion
使加热或未经加热的塑料,通过成型孔变成连续成型制品的方法。

182. 疲劳　fatigue
材料承受交变应力或应变时,局部产生永久性结构变化的发展过程,最终可能出现开裂或完破坏。

183. 疲劳寿命　fatigue life;
疲劳强度　fatigue strength
给定试样在规定性能发生损坏之前,能承受某规定特性的应力或应变的周期数。

184. 疲劳极限　fatigue limit
当应力周期数 N 变得极大时,中值疲劳寿命的极限值。

注：某些材料和某些环境使不可能达到疲劳极限。

185. 加料(挤出或注塑)　feed(in extrusion or injection moulding)

将物料放进料斗中。

186. 注料系统；注料道模塑料　feed system

(1)加热料筒或传递料腔与浇口之间的通道；

(2)在上述通道中的模塑料。

187. 供(给)料(塑料)　feeding(of plastic)

指供给加工机械的塑料原料(例如粉料、颗粒料或粒料)。

188. 填料　filler

加入塑料中改善其强度、耐久性、工作性能或其他性能，或降低塑料成本的相对惰性的固体材料。

189. 耐火性　fire resistance

建筑构件、配件或结构，在一定时间内满足标准耐火试验中规定所需稳定性、完整性、隔热性和(或)其他预期功能的能力。

190. 鱼眼　fish-eye

没有完全掺混到周围物料中的鱼眼状小粒。

注：在透明或半透明材料中此缺陷尤为明显。

191. 剥落　flaking

表层的局部破裂或分离。

192. 火焰　flame

发光的气相燃烧区域。

193. 阻燃性　flame retardance

物质具有的或材料经处理而具有的明显推迟火焰蔓延的性质。

194 阻燃剂(产品)　flame retardant(product)

能明显推迟火焰蔓延的物质。

注：阻燃剂可作为添加剂加进塑料中(外阻燃剂)，或在聚合过程中使用反应性中间物，使基础聚合物带有阻燃的化学基团(内阻燃剂)。

195. 飞边；溢料　flash

(1)模塑期间，从模腔逸出的部分加料。

(2)在模具合模面之间形成的过量塑料。

196. 溢料槽　flash groove;spew groove

为溢出模塑操作中的余料而在模具中设计的沟槽。

197. 合模线　flash line;

溢料线　spew line

在模具部件接合处形成的出现在模制品表面的凸线。

198. 溢料式模具　flash mould

允许过量的加料以飞边形式溢出的模具。

注：该飞边承受部分压力。

199. 柔韧性　flexibility

材料可反复挠曲或弯曲而不破裂或不产生可见缺陷的性能。

200. 弯曲强度　flexural strength

弯曲试验中试样产生破坏的最大弯曲应力。

201. 弯曲应力(弯曲试验)　flexural stress(in flexural testing)

试验中,在任何规定的时间内,于跨距中部测量的试样外表面的最大公称应力。

202. 常规挠度的弯曲应力　flexural stress at conventional deflection

挠度等于试样厚度 1.5 倍时的弯曲应力。

203. 二次成型　forming

将塑料制品如片材、棒材或管材制成所需外形的方法。

204. 起霜　forsting

指一种类似于微晶体光散射表面的缺陷。

205. 浇口(注塑和传递模塑)　gate(in injection and transfer moulding)

流道从主流道(或多腔模具的分流道)进入模腔所经过的槽或孔。

206. 标距　gage length

试样应变或长度变化的试样的部分原始长度。

207. 标记　gauge marks;

基准标记　bench marks;

标在试样上(例如测量应变的试样)指示已知间距的记号。

208. 凝胶　gel

树脂形成过程中出现的初始胶状固体相。

209. 凝胶点　gel point

液体开始呈现假弹性的阶段。

注:此阶段容易从粘度一时间曲线上的拐点观察到。

210. 凝胶时间　gel time

在规定的温度条件下液态物料形成凝胶所需的时间。

211. 凝胶(作用)　gelation;gelling

物质向凝胶态转变的过程。

212. 玻璃化转变　glsass transition

无定形聚合物或部分结晶聚合物的无定形区,从粘性态或橡胶态转向硬而较脆的状态,或从硬而较脆状态转向粘性态或橡胶态的可逆变化。

213. 玻璃化转变温度(T_g)　glass transition temperature(T_g)

产生玻璃化转变的温度范围的近似中值。

注:玻璃化转变温度(T_g)随材料的某种性能、试验方法及条件而明显变化。

214. 光泽　gloss

表面反光能力接近理想光学平滑性的程度。

215. 灼热燃烧　glowing combustion

材料固相无火焰但燃烧区发光的燃烧。

216. 接枝共聚物　graft copolymer

由一种以上单体生成的接枝聚合物。

217. 接枝共聚反应　graft copolymerization

形成接枝共聚物的聚合反应。

218. 接枝聚合物　graft polymet

分子主链连接有一种或几种嵌段侧链的聚合物。除连接点外，这些侧链的结构或构型特征不同于主链的结构单元。

219. 接枝聚合反应　graft polymerization

形成接枝聚合物的聚合反应。

220. 碎粒机　granulator

将大块材料或不合格模制品粉碎成颗粒状的机器。

221. 颗粒料　granule

采用切割、研磨、粉碎、沉淀和聚合等操作制得的尺寸和形状各异的较小粒状物。

注：这些操作中，还会得到粉末状物质；在某些沉淀和聚合过程中，可产生珠状物质。

222. 硬化剂　hardening agent；hardener

通过参加反应，能促进或调节树脂或粘合剂固化反应的物质。

223. 硬度　hardness

材料抗压痕或抗划痕的能力。

注：由于测量的材料质量和特征多少有变化，用不同疗法评定硬度得到的级别不同。每种试验方法有各自随意规定的硬度标准来定量表示硬度，例如莫氏（Moh's）硬度标度是由对矿物的耐划痕（云母＝1～金刚石＝10）评定硬度。

224. 雾度　haze

塑料制品内部或表面的混浊程度。

225. 热斑　heat mark

塑料制品表面极浅的凹陷或细槽，实际不深（相对于面积而言），因其轮廓清晰或表面粗糙而明显可见。

226. 燃烧热（质量）　heat of combustion(mass)；

潜热能　calorific potential

单位质量的物质完全燃烧所释放出的热能。

227. 高聚物　high polymer

由相对分子量高的聚合物组成的物质。

注：通常，某种给定的线形聚合物，如果其物理性能（尤其是粘弹性）不随相对分子量明显变化，则认为是高聚物，习称“聚合物”。

228. 均聚物　homopolymer

由一种单体生成的聚合物。

229. 均聚合反应　homopolymenzanon

形成均聚物的聚合反应。

230. 料斗　hopper

放在模塑机，如挤出机进料口上的漏斗状容器。

231. 热固化粘合剂　hot-setting adhesive

只需加热便能固化的粘合剂。

232. 着火　ignite。
材料在有或无外部热源下起火。
233. 点燃　ignition
燃烧开始。
234. 着火温度　ignition temperature
在规定的试验条件下，能引起材料持续燃烧的最低温度。
235. 冲击强度　impact strength
简支梁和悬臂梁冲击试验中，在冲击负荷下试样破坏时吸收的能量与其截面积之比。
注：试样可以无缺口或有缺口；对有缺口试样，截面积是缺口底部的截面积。
236. 浸渍　impregnation
使液状、熔融状、分散状或溶液状的聚合物或单体，通过微孔或孔隙进入基材的方法。
237. 阴模　impression
模具的凹形部分。
238. 比浓对数粘度　η_{inh} inherent viscosity η_{inh}；
对数粘数 η_{in} logarlrthtaic viscosity number η_{in}
溶液相对粘度的自然对数与其质量浓度之比。
239. 阴聚剂　inhibtor
能抑制化学反应的用量较少的物质。
240. 应力松弛的初始应力　initial stress in stress relaxation
松弛试验中，试样应变时立刻出现的应力。
注：因为几乎不可能在应变瞬间获得应力读数，记录的应力值是在应变后规定时间内的值。
241. 引发剂　initiator
能引起化学反应（例如，通过提供游离基）的用量较少的物质。
242. 注坯吹塑　injection blow moulding
在芯模上注塑型坯，再于第二个模具内将型坯吹成最终形状和尺寸的吹塑方法。
243. 注塑：注射成型　injection moulding
在加压下，将物料由加热料筒经过主流道、分流道、浇口，注入闭合模具型腔的模塑方法。
244. 注塑压力　injection moulding pressure
注塑中加在料筒内腔横截面上的压力。
245. 无机聚合物　inorganic polymer
分子主链上无碳原子的聚合物。
注：例如聚二氯磷腈，聚二甲基硅氧烷。无机聚合物中，可含有机基团侧链，该聚合物有时称为“半有机聚合物”。
246. 蠕变瞬间应变　instantaneous strain in creep
蠕变试验中，加负荷时试样发生任何蠕变之前一瞬间所产生的应变。
注：因不可能得到加负荷瞬间的应变读数，记录的应变值是在加负荷后的规定时间内的值。
247. 绝缘电阻　insulation resistance

与试样接触的或嵌入试样的两电极之间的绝缘电阻是在施加电压后的给定时间内，作用于两电极的直流电压与电极间的总电流之比。绝缘电阻依赖于试样的体积电阻和表面电阻。

248. 国际橡胶硬度等级(IRHD)　internationalrubber hardness degree(IRHD)

硬度的一种量度，其量值由在规定条件下以规定压痕器压入试样的深度获得。

注：国际橡胶硬度等级是：以 0 度表示材料不呈现可测量的抗压痕性，100 度表示材料不呈现可测量的压痕。

249. 特性粘度　intrinsic viscosity；

极限粘数　limiting viscosity number

无限稀释的聚合物溶液的比浓粘度或比浓对数粘度的极限值。

250. 离子(型)聚合反应　ionic polymerization

活性官能种是离子的链式聚合反应。

251. 离子交联聚合物　ionomer

有极少离子基因的聚电解质。

252. 非规整嵌段　irregular block

不通用只用一种重复结构单元，按单一顺序排列的嵌段。

253. 非规整聚合物　irregular polymer

分子不能只用一种重复结构单元，按单一顺序排列表述聚合物。

254. 全同立构聚合物；等规聚合物　isotactic polymer

只由一种构型基本单元(在主链上具有手性或准手性的原子)，按单一顺序排列的分子所构成的规整聚合物。

255. 等温质量变化测定　isothermal mass-change determination

恒温下记录物质质量与时间(t)关系的一种技术。

注：记录的是等温质量变化曲线：通常是质量标在向下表示减少的纵坐标上；时间(t)标在从左向右表示增加的横坐标上。

256. 接头(粘接)　joint(in adhesive bonding)

用粘合剂将两个相邻被粘物结合在一起的连接处。

257. 纵向　lengthwise

随意规定或选择的方向，例如：

(1)试样的较长方向。

(2)机加工方向，即在制造过程中材料在机器内(或其上)成型和移动的方向。

(3)已知某一指定性能较强的试样方向。

(4)任意选定的方向，特别当期望在测量平面内所测性能均匀时任意选定的方向。

258. 极限氧指数　limiting oxygen index

在规定的试验条件下，能刚好维持材料进行有焰燃烧的氧、氮混合气中氧的最低浓度。

259. 线性燃烧速率　linear burning rate

在规定的试验条件下，单位时间内材料燃烧的线性距离。

260. 线形链　linear chain

不含长、短支链的聚合物分子链。

261. 线形共聚物　linear copolymer

分子是线形链的共聚物。

262. 线密度(用于纺织玻璃纤维)　linear density (as applied to textile glass)

单位长度的退浆烘干玻璃纤维纱或夫捻粗纱的质量。

263. 线膨胀　linear expansion

在规定的试验条件下,试样尺寸的变化。

264. 线形聚合物　linear polymer

链节互相连接成分子链无分支的聚合物。

265. 活性聚合反应　living polymerization

在适当的合成条件下,活性官能种足够稳定的链式聚合反应。含有活性官能种的典型大分子在超过合成周期若干倍的时间内具有活性。

266. 负荷一形变曲线　load-deflection curve

弯曲试验中用负荷与形变的对应值绘制的图。

267. 装料腔　loading chamber

模具中,模腔外用以容纳过剩的不受压的模塑料的空间,使模塑料保持一定时间而达到熔融流动温度。

268. 加料盘　loading tray

加料用的装置,抽出盘的滑动底,能使模塑料同时加进群腔模的各型腔中。

269. 批　lot

在假设一致条件下,制造或生产的某商品定量。

270. 润滑剂　lubricant

塑料配方中有利于加工或防止粘连的用量较少的物质。

271. 机械加工　machining

诸如钻、磨、铣、冲切、刻纹、砂磨、锯、攻丝和车螺纹之类的二次加工操作。

272. 高分子　macromolecure

分子量很高的有机或无机分子。

273. 主链　main chain;backbone

即高分子的线形部分,相应的其他所有链(长链和/或短链)是附属链;当有两个或两个以上的链均可看作主链时,则选择其中使分子几何模型最简单的一个为主链。

274. 芯模;模芯(挤出)　mandrel (im extrusion)

确定中空产品内部形状和尺寸的挤出口模的中心部件。

275. 质量分布函数　mass distribution function;

重量分布函数　weight distribution function

用质量分数表示的随即变量的规定值或范围值,给出部分物质相对量的分布函数。

276. 母料　masterbatch

聚合物与高百分比的一种或几种组分(着色剂、其他添加物),按已知配比制得的分散良好的混合物。使用时,以适量与基础聚合物共混制备配混料。

277. 暗斑　matt spot

制品光泽局部减弱。

278. 熔体流动速率　melt flow rate

在规定的试验条件下，一定时间内挤出的热塑性物料的量。

279. 熔融行为　melting behaviour

物料在加热作用下伴随的软化现象(包括收缩、滴落和熔融物的燃烧等)。

280. 熔融温度　melting temperature

在规定的试验条件下，半结晶聚合物加热时其结晶消失的温度。

281. 计量装置　metering device

使物料或组分预定量计量的机械装置。

282. 计量段　metering zone

挤出机螺旋杆的末段，熔体在其中匀速前进至多孔板或口模。

283. 模量 M(Pa)　modulus M(Pa)

应力与应变之比：

$$M=\sigma/\varepsilon$$

E 为拉伸模量；G 为剪切模量；K 为体积模量；L 为纵向压缩模量。

284. 弹性模量　modulus of elasticity; elasyic modulus

在比列极限内，应力与材料相应应变之比。

285. 摩尔质量平均　molar-mass average;

相对分子量平均　relative molecular-mass average;

分子量平均　molecular-weight average

多分散聚合物的摩尔质量或相对分子质量(分子量)的任一平均。

注：1. 物质的摩尔质量和相对摩尔质量在数值上是相等的，聚合物科学中摩尔质量 M 的单位推荐用克每摩尔(g/mol)。

2. 通常使用数均、重均和粘均三种平均。

286. 分子量分布　molecular-mass distribution

聚合物中存在的各种分子量的相对量。

注：商品聚合物分子并非只有一种分子量，其分子量分布遵循统计原理。所测的分子量分布与分析方法有关，必须说明所用方法。通常，用重均分子量与数均分子量之比来表征分子量分布。分子量分布明显影响加工性能。

287. 单体　monomer

能提供一个或一个以上结构单元的分子所组成的化合物。

288. 链节　monomeric unit; mer

聚合过程中，由一个单体分子构成的最大结构单元。

289. 模具　mould;

塑模　die

构成模制品成型空间(型腔)的所有部件的组合体。

290. 合模力　mould clmpingforce;

锁模力　locking force;

闭模压力　locking pressure

模塑过程中为保持模具闭合而加在模具上的力。

291. 模具痕　mould mark

模制品表面由模具引起的缺陷。

292. 模塑;成型(方法)　moulding(process)

利用塑模或模具通过加压并通常需加热使塑料成型的方法。

293. 模制品(产品)　moulding(product)

在闭合模具中(例如经压塑,传递模塑,注塑)制得的制品。

294. 模塑料　moulding compound;moulding material

采用模塑方法能成型的配混料。

295. 模塑周期　moulding cycle

(1)模塑加工中,生产一个模制品需要的全部操作工序。

(2)完成全部操作工序所需的时间。

296. 模塑压力　moulding pressure

模塑过程中作用于模塑料上的压力。

297. 模塑收缩　moulding shrinkage;mould shrinkage

模制品与模具型腔之间的尺寸差。模具与模制品均在标准室温下进行测量。

298. 低聚物　oligomer

由几个含有一种或几种原子团(结构单元)相互重复连接的分子所组成的物质。

注:低聚物的物理性能随分子中加入或除去一个或几个结构单元而变化。

299. 低聚物分子　oligomer molecule

其结构能用若干结构单元表述的中等分子量的分子。

300. 低聚反应　oligomerization

单体或单体混合物转变成低聚物的过程。

301. 光学烟密度　optical density of smoke

混浊程度的量度,即透光率的负通用对数。

302. 振荡应力　oscillating stress

数值随时间周期性变化的应力。

303. 剥离强度　peel strength

以剥离方式施加应力,使粘接面达到破坏点和(或)保持规定的破坏速率每单位宽度所需要的力。

304. 粒料　pellet

在规定批内具有较均匀尺寸,作模塑和挤出操作用原料的预制模塑料小粒。

305. 切粒机　pelletizer

一种机器。能将挤出条或其他形状的物料切成供模塑和挤出操作用原料恶尺寸较均匀的粒料。

306. 永久性　permanence

材料抵抗性能随时间和环境明显变化的能力。

307. 渗透性　permeability

材料通过扩散和吸收过程,使气体或液体透过一个表面传递到另一表面渗出的性能。

注:不能与多孔性混淆。

308. 酚醛树脂　phenolic resin

通常由苯酚、苯酚的同系物和(或)衍生物,与酚类或酮类缩聚反应制得的一类树脂。

309. 光解性塑料　photodegradable plastic

由自然日光作用引起降解的塑料。

310. 针孔　pinhole

材料表面出现的直径极小的孔。

注:对于薄膜,针孔常贯穿整个厚度。

311. 点浇口　pin-point gate

模制品上几乎不留流道残料、截面极小的圆形注射通道或孔。

312. 管材　pipe

硬质或半硬质管。

313. 塑料　plastic

以高聚物为主要成分,并在加工为成品的某阶段可流动成型的材料。

注:弹性材料也可流动成型,但不认为是塑料;

314. 塑料合金　plastic alloy

能很好相容的两种或两种以上聚合物的紧密混合物,该混合物比纯聚合物具有更优异的性能。

315. 塑性变形　plastic deformation

受力塑料解除施加应力后所保留的那部分变形。

316. 塑炼　plasticate

使热塑性塑料配混料通过机械作用和(或)加热,而更易加工。

317. 塑化能力(挤出机)　plasticating capacity(of an extruder)

一台挤出机每单位时间能塑炼规定类型物料的最大量。

318. 塑性　plasticity

变形应力降到等于或低于屈服应力后,材料保持变形的倾向性。

319. 增塑　plasticize

通过添加增塑剂或聚合物化学改性使聚合材料变软、变柔韧和(或)更易加工。

320. 增塑剂　plasticizer

为降低塑料的软化温度范围和提高其加工性、柔韧性或延展性,加入的低挥发性或挥发性可忽略的物质。

321. 增塑剂极限　plasticizer limit

在规定条件下,能与给定物料相容的增塑剂的最大用量。

322. 板材　plate

厚度和面积有限的均质光滑平面材料。

323. 泊松比　Poisson's ratio

在材料的比例极限范围内,由均匀分布的轴向应力引起的横向应变与相应的轴向应变之比的绝对值。IUPAP 符号:μ,γ。

注:对于各向异性材料,泊松比随应力的施加方向而改变。超过比例极限,该比值随应力变化且不应认为是泊松比;如果仍报告该比值,应说明测定时的应力值。

324. 聚酰胺[PA]　polyamide[PA]

分子链的重复结构单元是酰胺型的聚合物。

325. 聚丁烯[PB](模塑料) polybutylene[PB](moulding compound)

由基本以丁烯为唯一单体的聚合物制得的模塑料及其制品。

326. 聚碳酸酯[PC](模塑料) polycarbonate[PC](moulding compound)

由分子链的重复结构单元是碳酸酯型的聚合物制得的模塑料及其制品。

327. 聚酯(模塑料) polyester(moulding compound)

由分子链的重复结构单元基本是酯型的聚合物制得的模塑料及其制品。

328. 聚醚 polyether

分子链的重复结构单元是醚型的聚合物。

329. 聚乙烯[PE] polyethylene (polyethene)[PE]

由乙烯制得的聚合物。

330. 聚对苯二甲酸乙二酯[PET] poly (ethylene terephthalate)[PET]

由对苯二甲酸或对苯二甲酸二甲酯与乙二醇缩聚反应制得的聚合物。

331. 聚烃类(模塑料) polyhydrocarbon(moulding compound)

由单体仅含氢和碳原子的聚合物制得的模塑料及其制品。

332. 聚合物 polymer

以相互连接的一种或一种以上原子或原子团(结构单元)多次重复为特征的分子所组成的物质,其分子最大的足以使整体性能不随加入或除去一个或几个结构单元而明显改变。

333. 高分子链 polymer chain

各端以端基或分支连接的聚合物分子的一部分。

334. 聚合物形态学 polymer morphology

(1)通常指与结构有关的形状或形态,其结构尺寸大于单元晶胞,但需要显微镜观察检验。

(2)材料中的相分布;线性、面积或体积的形状和尺寸;表面结构或形貌;或结晶晶形。

335. 聚合反应 polymerization

单体或单体混合物转变成聚合物的过程。

336. 聚烯烃 polyolefin

烯烃(或两种以上烯烃)的聚合物。

337. 聚丙烯[PP] polypropylene(polypropene)[PP]

由丙烯制得的聚合物。

338. 聚苯乙烯[PS] polystyrene[PS]

由苯乙烯制得的聚合物。

339. 聚四氟乙烯[PTFE] polytetrafluoroethylene[PTFE]

由四氟乙烯制得的聚合物。

340. 预混料 premix

树脂、增强材料、填料等非网状或非长纤维状的参混料。通常,在使用前由加工者制备。

341. 预聚物 prepolymer

聚合物介于单体与最终聚合物之间的聚合物。

342. 型材　profile

除薄膜、片材、棒材和管材之外，具有恒定轴向截面的挤出塑料制品。

注：型材只包括除直线形或圆形以外的截面，例如U一型材，T一型材，L一型材等。

343. 无规共聚物　random copolymer

分子中两种或两种以上单体链节按无序分布的共聚物。

344. 无规共聚反应　random copolymerization

形成无规共聚物的聚合反应。

345. 再结晶　recrystallization

聚合物试样经历：(1)无定形区或较少有序区转变为结晶；(2)变为更稳定的晶体结构；(3)结晶内部缺陷减少；(4)上述三种情况的任意结合等熔融过程。

346. 回收塑料　recycled plastic

由经清洗和粉碎的废弃制品制得的塑料。

注：1. 广义而言，回收塑料指边角料或废弃制品的任何再利用，包括热解回收有用的原始化学物质。

2. 回收塑料可以再配或不再配填料、增塑剂、稳定剂、着色剂等。

347. 基准环境　reference atmosphere

可以用来校正或比较在其他环境下所测试验结果的约定环境。

348. 规整嵌段　regular block

分子只用一种重复结构单元，按单一顺序排列的嵌段。

349. 规整聚合物　regular polymer

分子只用一种重复结构单元按一种顺序排列的聚合物。

350. 调节剂　regulator

聚合反应中控制相对分子质量的用量较少的物质。

351. 增强塑料　reinforced plastic

组分中含有高强度纤维，使某些力学性能比原来树脂有较大提高的塑料。

352. 增强填料　reinforcing filler

加入塑料中能改进塑料制品一种或多种力学性能的填料。

注：增强填料可含纤维或不含纤维制得，用增强填料加入聚合物材料中不一定能得到增强塑料。

353. 相对冲击强度　relative impact strength;

同一材料的缺口试样与无缺口试样或两种缺口试样的冲击强度之比。

354. 相对分子质量　M_r relative molecular mass M_r:

分子量 M_W molecular weight M_W

每分子单元物质的平均质量与1/12的 C^{12} 原子核质量之比。

注：相对分子质量(分子量)是纯数字，与任何单位无关。

355. 脱模剂(模塑)　release agent(in moulding)

为使模制品容易脱模而涂在模具上或加入模塑料中的物质。

356. 再生塑料　reworked plastic

经工厂模塑、挤塑等预先加工后，用边角料或不合格模制品在二次加工厂再加工制备的热塑性塑料。

注：许多规范中再生塑料限于清洁塑料使用，它满足对新料规定的要求，而且其产品质量实际相当于由新科制得的产品。

357. 刚性　rigidity

抗弯曲性。

注：弹性模量是与厚度有关的材料的固有性能，并由其确定材料的刚性。

358. 环形浇口　ring gate

沿模制品整个边缘扩展的注射通道。

359. 室温　room temperature

指15℃～35℃范围内的环境温度。

注：该术语通常用于未规定相对湿度、大气压力和气流的环境。

360. 橡胶　rubber

能改性或已改性成基本不溶解（但能溶胀）于沸腾的苯、甲基乙基酮和乙醇一甲苯共沸液等溶剂的弹性体。

注：改性后的橡胶，不易在加热和中等压力下重新模制成形；无稀释剂时，在标准室温（18℃～29℃）下拉伸到两倍长度保持1min后放松，能在1min内回缩到原长度的1.5倍以下。

361. 样品　sample

从大量物料或汇集的部件中，取出的用来代表整体的一小部分物料或一组部件。

362. 半结晶聚合物　semi-crystalline polymer

含有结晶相和无定形相的聚合物。

363. 半硬质塑料　semi-rigid plastic

在规定条件下，弯曲弹性模量或（弯曲弹性模量不适用时）拉伸弹性模量在70MPa～700MPa之间的塑料。

注：材料通常在有关标准规定的标准温度和相对湿度条件下分类。

364. 残留形变　set

全部解除变形负荷后试样所保留的应变。

注：由于实际条件，例如试样变形和应变指示系统松弛，通常在小负荷而不是在零负荷下测量应变。如果显示的形变不随时间进一步改变，则称为永久形变。一般应说明解除负荷到最后读取残留形变值之间所经过的时间。

365. 固化（过程）　setting(process)；

固化（粘合剂）　set(of an adhesive)

通过化学或物理作用（例如聚合、氧化、凝胶、水合作用、冷却或挥发组分的蒸发等），提高粘合强度和（或）内聚强度的过程。

366. 固化温度　setting temperature

粘合剂或装配件中的粘合剂进行固化的温度。

367. 固化时间（粘合剂）　setting time(of adhesive)

在规定的温度或压力下，或两者兼备的条件下，装配件中粘合剂进行固化所需的时间。

368. 固化时间（塑料）　setting time(of plastics)

塑料充分变硬的时间。

369. 缝纫线　sewing thread

由具有高捻度的单丝制或的高强、光滑的纺织玻璃纤维纱。

370. 剪切模量 G(Pa)　shear modulus G(Pa)

在比例极限内，材料剪切应力与剪切应变之比。

371. 剪切速率 $v(s^{-1})$　shear rate $v(s^{-1})$

剪切应变随时间变化的速率。

372. 剪切应变 v(无量纲)　shear strain v(dimensionless)

通过物体内某一点的两条原来相互垂直的直线，因作用力而产生的角度变化的正切。

373. 剪切强度 shear strength

剪切试验中，试样能承受的最大剪切应力。

374. 剪切应力 σ_{ii}(Pa) shear stress σ_{ii}(Pa)

平行于试样原始工作面的作用力与其工作面截面积之比。

375. 片材　sheet;sheeting

同长度和宽度相比厚度较小的薄平面制品。

376. 邵氏硬度　Shore hardness

一种硬度的量度。即在有关标准规定的条件下，测定规定压头压进材料的锥入度。

377. 短链　short chain

指线形低聚物分子，或高分子链短到足可看作是低聚物的线形部分。

378. 短支链　short-chain branch

高分子链侧的低聚分枝。

379. 注射量　shot

一模塑周期内供给组装模具的物料量。

380. 注射能力　shot capacity

一台注塑机每周期能注入模具的最大物料量。

381. 侧基　side group

高分子链侧非低聚的或聚合的分枝。

382. 凹痕　sink mark;

缩痕　shrink mark

模制品的表面凹陷。

注：该缺陷发生处物料缩离模具，通常出现在制品厚度有较大变化的区域。

383. 试样　specimen;test polishing

用于试验的一件或一部分样品。

384. 稳定剂　stabilizer

加工和使用期间为有助于材料性能保持原始值或接近原始值而在某些塑料配方中所使用的物质。

385. 应变 ε(无量纲)　strain ε(dimensionless)

因作用力使物体的线性尺寸或形状相对于原来尺寸或形状所产生的变化。

注：一点的应变由六个分应变确定，即相对于一组坐标轴的三个法向分力和三个剪切

分力。

386. 应变速率 $\dot{\varepsilon}$(s^{-1})　strain rate $\dot{\varepsilon}$(s^{-1})

应变随时间变化的速率。

387. 应力 σ(Pa)　stress σ(Pa)

通过物体某点，作用于给定平面单位面积上的内力或分力在物体一点上的强度。

注：一点上的应力由六个分应力确定，即相对于一组坐标轴的三个法向分力和三个剪切分力。如果用于产品规范中规定的拉伸、压缩和剪切试验，应力根据试样原来的截面积尺寸计算。

388. 应力开裂　stress crack

由低于塑料短时机械强度的各种应力引起的塑料内部或外部开裂。

注：这类开裂常常随塑料所暴露的环境而加速发展。引起开裂的应力可存在于外部或内部，或两种应力的结合。

389. 应力松弛　stress relaxation

应力随时间而减小的现象。

390. 应力一应变曲线　stess-strain curve

由应力于应变的对应值绘制的关系图。

注：通常，以应力值作纵坐标(垂直)，应变值作横坐标(水平)。

391. 溶胀　swelling

试样浸入液体中或暴露于蒸汽中体积增加的现象。

392. 撕裂　tear

用两个相反的力拉材料，使之分离或破裂。

393. 撕裂强度　tear strength

耐撕裂性　tear resistance

撕裂薄型材料试样所需的力。

394. 拉伸强度　tensile strength

材料拉伸断裂之前所承受的最大拉力。

395. 试验环境　test atmosphere

试验中样品或试样所暴露的环境。

396. 热分析　thermal analysis

物质经受程序控制温度时，测量其物理性能与温度关系的一类技术。

397. 热降解　thermal degradation

在高温下，塑料产生的一切有害化学变化的总称。

398. 热稳定　thermal stability

在热作用下，材料抵抗降解的性能。

注：热稳定性由根据材料颜色、电性能或力学性能变化或质量损失等任意试验方法测定。

399. 热塑性的塑料　thermoplastic

在整个特征温度范围内，能反复加热软化和反复冷却硬化，且在软化状态下采用模塑、挤塑或二次成型通过流动能反复模塑为制品的塑料。

400. 热固化塑料　thermoset plastic

通过加热或其他方法固化时,能变成基本不溶、不熔产物的塑料。

401. 热固性塑料 thermosetting plastic

通过加热或其他方法,例如辐射、催化等固化时,能变成基本不溶、不熔产物的塑料。

402. 韧性 toughness

材料能吸收能量的性能,通常意味着脆性小和断裂伸长率较高。

403. 半透明性 translucency

材料的一种性能。这种材料散射大部分透射光。较难或不能看清楚其背面的物体。

404. 透明性 transparency

材料的一种性能。这种材料基本不散射透射光,能清楚看清其背面物体。

405. 管 tube

(1)空心圆筒制品;

(2)装奶油或膏状物用的挤压容器。

406. 软管 tubing

柔性管。

注:例如,胶皮管;实验设备中的输水或输汽软管;医用软管。

407. 均一聚合物 uniform polymer;

单分散聚合物 monodisperse polymer

由相对分子质量均匀和结构一致的分子所组成的聚合物。

408. 未增塑聚氯乙烯 unplasticized poly(vinyl chloride)

不含任何增塑剂的聚氯乙烯。

注:加入聚氯乙烯中的组分,如稳定剂、润滑剂等通常不认为是增塑剂。

409. 不饱和聚酯[UP] unsaturated polyester[UP]

聚合物分子链含有不饱和碳—碳链,可进一步与不饱和单体或预聚物产生交联的聚酯。

410. 新料 virgin plastic

未经使用或除原来生产时必需的处理外,未经加工的粒状、颗粒状、粉状、絮片状等塑料材料。

411. 粘弹性 viseoelasticity

在流动随时间、温度、负荷和负荷速率变化的关系上,作用于材料的应力响应兼有弹性固体和粘性液体的双重特性。

412. 粘度 η(Pa·s) viscosity η(Pa·s)

流体内部显示的抵抗稳定流动的性能。

注:试验中,液体的剪切应力与剪切速率之比。粘度通常系指“牛顿粘度”,此时,剪切应力与剪切应变之比为常数。对于非牛顿行为(塑料常属此类),其比值随剪切应力变化,该比值称为在对应剪切应力下的表观粘度。

413. 粘度系数(Pa·s) viscosity coefficient(Pa·s)

流体中产生单位流动速度梯度所需要的剪切应力。

注:实际测量中,物质的粘度系数是由剪切应力与剪切速率之比值得到的。假定该比值为常数且与剪切应力无关,这一条件只有牛顿液体才能满足。在所有其他情况下,得到的数值都是表观值且只代表流动曲线上的某一点。

414. 体积膨胀　volume expansion

在规定的试验条件下，试样体积的变化。

415. 体积电阻　volume resistance

与试样接触或嵌入试样两边的两个电极之间的体积电阻，是加在电极上的直流电压与流过试样体积的电流（不包括沿表面流过的电流）之比。

416. 体积电阻率　volume resistivity

材料的体积电阻率为电位梯度与电流密度之比。

注：公制单位中，体积电阻率以Ω·cm表示，等于一立方厘米材料两边之间的体积电阻。

417. 吸水量　water absorption;

吸湿性　moisture absorption

在规定的试验条件下，材料单位表面积吸收的水分量。

注：条件可以是浸在水中或暴露于潮湿环境中，后种情况又称吸水蒸气性。

418. 磨耗　wear;abrasion

使用中遇到的有损于材料可靠性的所有有害机械作用的累积效应。

419. 气候老化　weathering

材料暴露于室外条件下产生的各种不可逆变化。

420. 计重供料　weight feeding

模塑中计重控制装料的供料方法。

421. 焊接　welding

通常指借助加热使材料表面软化而结合的方法。

注：对采用加热和加压使薄膜表面结合的方法，有时使用术语“封合”(sealing)，而不用“焊接”，例如介电封合、高频封合、射频封合和超频封合。

422. 宽度（试样）　width(of specimen)

在条状（梁式）试样的弯曲试验情况下，指与加荷方向垂直的较短尺寸。

423. 屈服点　yield point

材料出现应变增加而应力不增加时的初始应力，该应力可能低于能达到的最大应力。

424. 杨氏模量　E(Pa) Young's modulus E(Pa);

拉伸弹性模量 modulus of elasticity in tension

应力与应变之比（正割模量），或应力－应变曲线的正切（正切模量）：

$$E=\frac{\sigma}{\varepsilon}\text{或}E=\frac{d\sigma}{d\varepsilon}$$

注：1. 通常，对于粘弹材料，两者都与时间有关。

2. $E=\frac{\sigma_z}{\varepsilon_z}$

式中，$\sigma_y=\sigma_x=0$，$\varepsilon_x=\varepsilon_y=-\mu\varepsilon_z$

425. 段（挤出机螺杆）zone　(of an extruder screw)

螺纹按照完成某一特定功能，如加料、压缩、排气、混合、计量等而设计的挤出机螺杆的一部分。

附录二　常用塑料术语

附录二 建筑用管材管件的相关标准

1	GB/T 5836.1—2006	建筑排水用硬聚氯乙烯管材
2	GB/T 10002.1—2006	给水用硬聚氯乙烯管材
3	GB/T 20221—2006	无压埋地排污、排水用硬聚氯乙烯(PVC－U)管材
4	GB/T 16800—2008	排水用芯层发泡硬聚氯乙烯管材
5	GB/T 18477—2001	埋地排水用硬聚氯乙烯双壁波纹管材
6	GB/T 13664—2006	低压输水灌溉用薄壁硬聚氯乙烯管材
7	QB/T 2480—2000	建筑用硬聚氯乙烯雨落水管材
8	QB/T 2782—2006	PVC－U 径向加筋管
9	GB/T 18993.2—2003	冷热水用氯化聚氯乙烯管材
10	GB/T 18998.2—2003	工业用氯化聚氯乙烯管材
11	GB/T 13663—2000	给水用聚乙烯管材
12	GB 15558.1—2003	燃气用埋地聚乙烯管材
13	GB/T 19472.1—2004	聚乙烯双壁波纹管材
14	GB/T 19472.2—2004	聚乙烯缠绕结构壁管材
15	QB/T 1930—2006	给水用低密度聚乙烯(LDPE、LLDPE)管材
16	QB/T 3803—1999	喷灌用低密度聚乙烯管材
17	GB/T 18742.2—2002	冷热水用聚丙烯管材
18	QB/T 1929—2006	给水用聚丙烯(PP)管材
19	GB/T 18992.2—2003	冷热水用交联聚乙烯管材
20	CJ/T 175—2002	冷热水用耐热聚乙烯(PE－RT)管材
21	GB/T 19473.2—2004	冷热水用聚丁烯(PB)管材
22	GB/T 20207.1—2006	丙烯腈－丁二烯－苯乙烯(ABS)管材
23	GB/T 18997.1—2003	铝管搭接焊式铝塑管
24	GB/T 18997.2—2003	铝管对接焊式铝塑管
25	CJ/T 193—2004	内层熔接型铝塑复合管
26	CJ/T 195—2004	外层熔接型铝塑复合管
27	CJ/T 210—2005	无规共聚聚丙烯(PP－R)塑铝稳态复合管
28	CJ/T 120—2008	给水涂塑复合钢管
29	CJ/T 136—2007	给水衬塑复合钢管

续表

30	CJ/T 123—2000	给水用钢骨架聚乙烯塑料复合管
31	CJ/T 184—2003	不锈钢塑料复合管
32	CJ/T 183—2003	钢塑复合压力钢管
33	JC/T 838—1998	玻璃纤维缠绕增强热固性树脂夹砂压力管
34	JB/T 7525—1994	聚丙烯－玻璃纤维增强塑料复合管
35	GB/T 1033.1—2008	非泡沫塑料密度的测定 第1部分：浸渍法、液体比重瓶法和滴定法
36	GB/T 2913—1982	塑料白度试验方法
37	GB/T 9345—1988	塑料灰分通用测定方法
38	GB/T 2411—2008	塑料和硬橡胶使用硬度计测定压痕硬度(邵氏硬度)
39	GB/T 2406—1993	塑料燃烧性能试验方法 氧指数法
40	GB/T 1040—2006	塑料拉伸性能的测定 第2部分：模塑和挤塑塑料的试验条件
41	GB/T 8806—1988	塑料管材尺寸测量方法
42	GB/T 3682—2000	热塑性塑料熔体流动速率的测定
43	GB/T 6671—2001	纵向回缩率的测定
44	GB/T 8802—2001	维卡软化温度
45	GB/T 13526—2007	硬聚氯乙烯(PVC－U)管材二氯甲烷浸渍试验方法
46	GB/T 8804—2003	拉伸性能测定
47	GB/T 6111—2003	耐内压试验方法
48	GB/T 14152—2001	耐外冲击性能试验方法(时针旋转法)
49	GB/T 9647—2003	管材环刚度和环柔性的测定
50	GB/T 8803—2001	管件热烘箱试验方法
51	GB/T 8801—2007	硬聚氯乙烯(PVC—U)管件坠落试验方法
52	GB/T 18474—2001	交联度的试验方法
53	GB/T 17391—1998	聚乙烯管材与管件热稳定性试验方法

参考文献

1　孙逊编著．聚烯烃管道．北京：化学工业出版社，2002

2　卢少忠等编著．塑料管道工程—性能·生产·应用．北京：中国建材工业出版社，2003

3　李公藩编著．塑料管道施工．北京：中国建材工业出版社，2001

4　马德柱等编著．高聚物的结构与性能．北京：科学出版社，1995

5　潘才元主编．高分子化学．合肥：中国科学技术大学出版社，1996